港口碳排放控制技术及应用

李海波　陈俊峰　著

清华大学出版社

北京

内 容 简 介

本书是作者从事港口能耗和碳排放控制技术研究的全面总结,是一部系统论述港口碳达峰、碳中和实现路径的学术专著。全书共分为4篇11章,主要内容包括港口碳排放控制实现路径,碳排放源头控制技术,碳排放过程控制技术,碳排放终端处理技术等4篇,按总体"路线图"及碳排放产生过程顺序的"施工图",系统地论述了相关技术。

本书可为港口,特别是集装箱码头碳排放、碳达峰及碳中和技术研究、政策制定、技术选型提供重要的数据和技术支撑,是港口企业制定碳达峰行动方案、碳中和实现路径的指导用书,是社会各界关心港口绿色低碳技术、碳达峰及碳中和政策和技术的相关人士的参考资料。

图书在版编目(CIP)数据

港口碳排放控制技术及应用/李海波,陈俊峰著.—北京:清华大学出版社,2022.12
ISBN 978-7-302-62320-5

Ⅰ.①港… Ⅱ.①李…②陈… Ⅲ.①港口－二氧化碳－排气－控制－研究 Ⅳ.①X511.06

中国版本图书馆 CIP 数据核字(2022)第 255061 号

责任编辑:张占奎
封面设计:陈国熙
责任校对:薄军霞
责任印制:杨 艳

出版发行:清华大学出版社
　　网　　　址:http://www.tup.com.cn,http://www.wqbook.com
　　地　　　址:北京清华大学学研大厦 A 座　　　邮　　编:100084
　　社 总 机:010-83470000　　　　　　　　　　邮　　购:010-62786544
　　投稿与读者服务:010-62776969,c-service@tup.tsinghua.edu.cn
　　质量反馈:010-62772015,zhiliang@tup.tsinghua.edu.cn
印 装 者:三河市东方印刷有限公司
经　销:全国新华书店
开　本:185mm×260mm　印　张:19.75　字　数:478 千字
版　次:2022 年 12 月第 1 版　印　次:2022 年 12 月第 1 次印刷
定　价:128.00 元

产品编号:098442-01

作者简介

李海波,交通运输部水运科学研究院研究员,国家注册咨询工程师,交通运输节能减排专家,交通运输部水运科学研究院学术委员会委员,中国发明协会会员,全国优秀科技工作者,交通运输部中青年科技创新领军人才,交通运输青年科技英才,中国航海学会首届青年科技奖获得者,中国航海学会科技突出贡献团队"水运绿色生态技术团队"核心成员、交通运输行业科技创新人才推进计划重点领域创新团队核心成员,曾任武汉理工大学兼职教授、全国起重机标委会臂架分委会委员、中国机械工程学会连续输送专委会常务理事。长期从事水运节能环保及装备领域的产品研发及政策研究工作,先后主持或参与了国家和交通运输部科研与产品研发项目 100 余项。获得 37 项国家专利、22 项省部级科技奖励(其中 3 项为中国专利奖),编写 23 项国家和行业标准,主持或参编 6 部著作,发表 50 余篇专业论文。

陈俊峰,交通运输部水运科学研究院正高级工程师,大连海事大学硕士研究生导师,注册安全工程师、环评工程师。现任交通运输部水运科学研究院环保节能中心主任,交通运输部水运科学研究院专家委员会委员,中国航海学会理事,中国航海学会航运环保与生态专业委员会秘书长;全国港口标准化技术委员会委员,交通运输环境保护标准化技术委员会委员,交通运输部水路交通安全应急专家库专家,生态环境部环境影响评价技术评估专家库国家级专家,农业农村部长江生物完整性指数评价体系专家咨询委员会专家。主要从事水路交通行业环境保护与节能减排技术及政策研究,先后获得省部级一等奖 3 项、二等奖 7 项,多项成果入选交通运输重大科技创新成果库,作为学术带头人率领的水运绿色生态技术团队荣获 2019 年中国航海学会科技突出贡献团队奖。近年来编写重要科研报告 30 余篇,参编专著 4 部。

目前,碳达峰、碳中和已经成为国际社会广泛关注的热点问题。自 2020 年 9 月以来,习近平总书记多次在国际和国内重要会议等场合强调中国的 2030 碳达峰、2060 碳中和目标,中国生态文明建设进入了以降碳为重点战略方向、推动减污降碳协同增效、促进经济社会发展全面绿色转型、实现生态环境质量改善由量变到质变的关键时期。

近年来,随着经济的快速增长和能源消费的持续增加,中国的二氧化碳排放量也大幅增长。中国 90% 以上的对外贸易货物通过港口的海运完成,港口是碳排放的重点单位之一,具有排放区域集中、对周边城市环境影响较大等特点。由于中国港口控制二氧化碳的任务艰巨,因此,探索未来港口碳达峰、碳中和的途径是一个重要的课题,也是未来一段时间政府主管部门、港口企业、科研人员不断追寻、为之奋斗的一个远大目标。目前还没有系统论述港口碳达峰、碳中和方面的技术资料,本书是在上述背景下撰写的学术专著,以期为港航主管部门、企业提供有帮助的信息,为科学决策提供依据。

本书共分为 4 篇。第 1 篇总体论述了港口碳排放控制的实现路径,第 2~4 篇分别按照碳排放的供给侧、过程侧和终端处理 3 个方面设置:第 2 篇港口碳排放源头控制技术,第 3 篇港口碳排放过程控制技术,第 4 篇港口碳排放终端处理技术,详细系统地论述了碳排放的全过程、全方位控制技术。全书的具体内容如下。

第 1 篇为港口碳排放控制的实现路径,共 2 章:第 1 章主要论述碳排放的定义,全球碳排放的现状、趋势和路线图,以及中国碳排放目标和发展趋势;第 2 章分析了中国二氧化碳排放量、集装箱码头能耗和碳排放清单,系统性地提出了港口碳达峰、碳中和的实现路线图。第 2 篇为港口碳排放源头控制技术,共 1 章,主要从能源供给侧可再生能源发电、化石能源发电清洁化、源网荷储一体化技术等方面论述能源供应零碳技术。第 3 篇为港口碳排放过程控制技术,共 7 章:其中第 4 章主要从中国运输结构现状、国内外水路运输的优势分析、水水中转运输技术、码头空轨集疏运技术等方面论述绿色集疏运技术;第 5 章主要从港口能源结构、港口流动机械电能替代技术、岸电绿色发展技术、氢能和燃料电池技术、无接触式供电技术等方面论述港口能源结构优化技术;第 6 章主要从码头总平面布置、装卸作业流程、装卸工艺比较、作业流程仿真分析与比较等方面论述港口工艺优化技术;第 7 章主要从设备能耗情况、节能减排技术现状和趋势等方面论述了港口设备节能低碳技术;第 8 章从全球和中国港口生产率现状和提升技术、土地和岸线利用率提升技术等方面论述了港口生产率提升技术;第 9 章从智能化发展现状、智能控制技术、自动化码头效益分析等方面论述了港口智能化技术；第 10 章从碳排放清单制度、碳排放监测技术应用、绿色港口等级评价制度、节能低碳第三方服务模式等方面论述了构建绿色低碳发展长效机制。第 4 篇为港口碳排放终端处理技术，共 1 章，主要从生态碳汇，碳捕集、利用和封存，碳关税、碳税和碳排放权交易等方面论述了碳排放终端处理及负碳技术。

本书是团队合作的结果，主要由李海波、陈俊峰撰写，其他相关人员有李涛、崔艳、李睿瑜、李雯、任川、庞博、孙晓伟等。本书得到交通运输部人才资助计划的支持。在此对交通运输部人事教育司和科技司、交通运输部水运科学研究院、港航企业相关领导和人员的大力支持表示感谢，对本书所列的参考文献作者及相关观点的提出者表示感谢。

由于时间仓促和作者的能力所限，加之碳达峰、碳中和技术与政策的快速发展，其中的疏漏和不妥之处在所难免。本书作为探索港口碳达峰、碳中和途径的抛砖引玉之作，我们深知所做的工作远远不够，欢迎读者提出批评和修改意见。

作　者

2022 年 7 月于北京

目 录 ‹‹‹‹‹‹‹‹‹‹‹‹

第4篇 港口碳排放的终端处理技术

第1篇

港口碳排放控制实现路径

第1章 >>>>>>>>>>>

概论

1.1　碳排放控制的相关定义

碳排放是指煤炭、石油、天然气等化石能源燃烧活动和工业生产过程以及土地利用变化与林业等活动产生的温室气体排放,也包括因使用外购的电力和热力等所导致的温室气体排放。化石能源燃烧活动如港口使用煤炭烧的锅炉、柴油发动机驱动的港口流动设备、天然气发动机驱动的港口流动设备等直接排放的二氧化碳;工业生产过程如水泥行业,由石灰石生产石灰的过程中排放大量的二氧化碳;土地利用变化与林业活动主要指农田功能改变、植树造林、砍伐森林等活动造成的二氧化碳排放的增加或降低;外购的电力主要指港口电动起重机和相关设备在使用市电时,在电厂排放的二氧化碳。

碳达峰指某个地区或行业在某一个时间节点(或时间段),二氧化碳的排放量不再增长,达到历史最高值,达到最高值之后再慢慢持续下降。碳达峰时间是二氧化碳排放量由增转降的拐点,即地区或行业年度碳排放量达到历史最高值,然后经历平台期、持续下降的过程(图 1-1)。达峰目标包括达峰年份和峰值。中国提出的 2030 年碳达峰的目标主要指二氧化碳的碳排放力争于 2030 年前达到峰值。

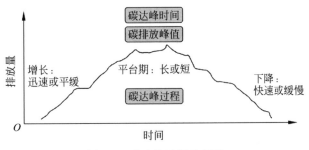

图 1-1　碳达峰过程示意图

碳中和(carbon neutral)指国家、企业、产品、活动或个人在一定时间内能源消费(煤炭、石油及天然气)直接或间接产生的二氧化碳或温室气体排放总量,等于通过植树造林、新技术(例如碳捕集、利用和封存(carbon capture,utilization and storage,CCUS))等形式减少的二氧化碳或温室气体排放量,实现正负抵消,达到相对"零排放"。

　　碳中和主要分两种情况：一种是零碳排放的最理想状态，能源供给侧的碳排放量接近零，也就是不使用煤炭、石油及天然气等有碳排放的化石能源。因为现有碳减排措施不是起效太慢（例如植树），就是难以商用（例如 CCUS），所以最直接的方法是使用无碳排放的风力发电和太阳能发电的绿色电力和绿色能源。另一种是能源供给侧有碳排放，能源需求侧排放的碳通过植树或新技术等进行抵消，总碳排放量为零。

　　根据联合国政府间气候变化专门委员会（Intergovernmental Panel on Climate Change，IPCC）的表述，碳中和指人类活动造成的二氧化碳排放与全球人为二氧化碳吸收量在一定时期内达到平衡。根据 IPCC《全球升温 1.5℃特别报告》，碳中和定义如下：当一个组织在一年内的二氧化碳排放通过二氧化碳去除技术达到平衡，就是碳中和或净零二氧化碳排放。

　　通常所说的"碳减排""碳交易""碳足迹""低碳"，甚至"零碳""负碳"，其实这里的"碳"并不是指实物的二氧化碳，而是二氧化碳当量（CO_2e），是指多种温室气体的排放。二氧化碳当量是联合国政府间气候变化专门委员会（IPCC）的评估报告，为统一度量整体温室效应的结果，规定二氧化碳当量为度量温室效应的基本单位。其他温室气体折算二氧化碳当量的数值称为全球变暖潜能值（global warming potential，GWP），即在 100 年的时间框架里，各种温室气体的温室效应，对应到相同效应的二氧化碳的质量，二氧化碳的 GWP 为 1。如甲烷的全球变暖潜能值为 25，表示减少 1t 甲烷排放就相当于减少了 25t 二氧化碳排放，1t 甲烷的二氧化碳当量是 25t。净零碳排放和净零气候影响的定义见表 1-1。

表 1-1　净零碳排放和净零气候影响的定义图解

能源消费产生的碳排放（A）		碳减排（B）		非二氧化碳温室气体（C）
	电力		植树		牲畜产生的甲烷
	工业			
	交通运输		碳捕集、利用和封存（CCUS）		其他温室气体
	建筑			
净零碳排放（碳中和）		A－B＝0		
净零气候排放（气候中和）		A＋C－B＝0		

　　1997 年制定的《京都议定书》规定，需要控制的温室气体有 6 种：分别是二氧化碳（CO_2）、甲烷（CH_4）、氧化亚氮（N_2O）、氢氟碳化物（HFCs）、全氟化碳（PFCs）、六氟化硫（SF_6），其中氧化亚氮是一氧化二氮的别名，俗称笑气。根据中国国家标准 GB/T 32150—2015《工业企业温室气体排放核算和报告通则》的规定，需要控制的温室气体有 7 种，比《京都议定书》的规定多了三氟化氮（NF_3）。

1.2 全球碳排放控制历程

联合国政府间气候变化专门委员会(IPCC)是一个附属于联合国的跨政府组织,在1988年由世界气象组织、联合国环境署合作成立,专责研究由人类活动所造成的气候变化。该会会员限于世界气象组织及联合国环境署的会员国。

1992年6月,联合国大会通过了《联合国气候变化框架公约》(*Unitied Nations Framework Convention on Climate Change*,UNFCCC),并于1994年3月21日生效。目前,所有关于"碳"方面的全球协议,追根溯源,均源于这个公约及其相关文件。该协议是全球温室效应控制最重要的文件,是全球的第一个为全面控制二氧化碳等温室气体排放、应对气候变暖给人类经济和社会带来不利影响的国际公约,也是国际社会在应对全球气候变化问题上进行国家合作的框架文件。IPCC本身并不开展研究工作,也不对气候相关现象进行监测,它的主要工作是发表与执行UNFCCC的有关专题报告。IPCC主要根据成员互相审查对方报告及已发表的科学文献来撰写报告。IPCC已分别在1990、1995、2001、2007、2013年及2021年发表六次正式的《气候变化评估报告》,为UNFCCC提供支持。

1997年12月,149个国家和地区的代表在日本京都府京都市召开联合国气候变化框架公约参加国三次会议,会议通过了旨在限制发达国家温室气体排放量以抑制全球变暖的《京都议定书》,《京都议定书》是UNFCCC的补充条款。该文件确立了第一个具有法律效力的量化的温室气体减排目标和时间表。其目标是"将大气中的温室气体含量稳定在一个适当的水平,以保证生态系统的平缓适应、食物的安全生产和经济的可持续发展"。《京都议定书》规定的"清洁发展机制"(clean development mechanism,CDM)定义了温室气体的核证减排量(certified emission reduction,CER)。CDM是《京都议定书》中唯一包括发展中国家的弹性机制。允许签署《京都议定书》的发达国家帮助发展中国家进行有利于减排或者吸收大气温室气体的项目,并通过购买这些项目活动获得"排放减量权证",作为履行《联合国气候变化框架公约》承诺的一部分。中国核证自愿减排量(CCER)是经中国主管部门批准备案后所产生的自愿减排量。重点排放企业可使用一定比例的CCER,来完成国家要求的碳减排清缴履约,是中国碳配额碳交易市场的一种补充。

2009年12月,《联合国气候变化框架公约》缔约方第15次会议暨《京都议定书》缔约方第5次会议在丹麦首都哥本哈根召开,来自193个国家的谈判代表对《京都议定书》一期承诺到期后的后续方案,以及2012年到2020年的全球减排协议进行谈判,会议通过了不具法律约束力的《哥本哈根协议》。

2015年12月12日,联合国195个成员国在联合国气候峰会中通过了气候协议《巴黎协定》,该协定是继《京都议定书》后第二份有法律约束力的气候协议,该协议取代《京都议定书》,期望能共同遏阻全球变暖趋势,其最重要的目标是将全球平均气温较工业化前时期上升幅度控制在2℃以内,并努力将温度上升幅度控制在1.5℃以内。这就是目前各类气候研究报告中有关2℃情景和1.5℃情景的由来。2016年11月,《巴黎协定》正式生效。2017年6月,时任美国总统特朗普宣布退出《巴黎协定》,2020年11月美国正式退出,成为唯一退出《巴黎协定》的缔约方。2021年1月,拜登就任美国总统首日签署行政令,宣布美国将重新加入应对气候变化的《巴黎协定》。

1.3 全球碳排放控制策略与发展趋势

1.3.1 各国碳排放控制策略

根据联合国政府间气候变化专门委员会(IPCC)测算,要实现《巴黎协定》2℃控温目标,则全球必须在 2050 年达到二氧化碳净零排放(又称"碳中和"),即每年二氧化碳排放量等于其通过植树等方式减排的抵消量;在 2067 年达到温室气体净零排放(又称"温室气体中和或气候中性"),即除二氧化碳外,甲烷等温室气体的排放量与抵消量平衡。

随着全球气候变暖问题的加剧,越来越多的国家政府正在将控制温室气体排放上升为国家战略,提出了实现碳中和的目标和愿景。2008 年,英国发布了《气候变化法案》,成为全球第一个通过立法来明确 2050 年实现零碳排放的发达国家。在这一法案的影响下,美国、英国、德国、法国、意大利、加拿大、丹麦、匈牙利等国家陆续承诺在 2050 年实现碳中和。截至目前,全球已有 40 多个国家或地区提出了净零排放或碳中和的目标。

各国为达成碳中和目标所采取的措施主要分为以下几个方面。

(1)减少对化石能源的依赖是实现碳中和的重要措施。匈牙利、爱尔兰、丹麦等国家均不同程度地提出了削减化石能源的应用,其中丹麦、匈牙利等国更是通过立法等措施关闭燃煤电站、减少汽油或柴油动力汽车等来达到节能减排的目的。智利已确定在 2024 年前关闭 28 座燃煤电厂中的 8 座,在 2040 年前逐步淘汰煤电。冰岛承诺到 2040 年实现从地热和水力发电获得全部绿色电力和供暖的目标。

(2)大力提升可再生能源占比。奥地利、爱尔兰等国家均提出了通过加大可再生能源的投资、扩大可再生能源在能源结构中的比例的方式来实现碳中和的目标,其中奥地利等国将加大拨款及减免可再生能源税收,奥地利承诺 2040 年实现碳中和,2030 年使用 100% 清洁电力。美国加州通过法律规定 2045 年达到电力 100% 使用可再生能源。

(3)通过技术创新提升能源利用效率。挪威、葡萄牙、西班牙等国家均提出了相应措施,特别是英国、法国等国家,以立法的形式支持鼓励加快能源创新。

(4)通过立法等措施给低碳产业提供扶持。斐济、韩国、日本等国家通过立法等措施减排,如韩国推行的《国家能源基本计划》。

(5)推进设备电气化进程。2018 年,丹麦制定了"气候中和社会"计划,从 2030 年起禁止销售新的汽油和柴油汽车,同时支持电动汽车。新加坡规定,到 2040 年逐步淘汰内燃车,用电动汽车来替代。

根据英国石油公司(British Petroleum,BP)能源展望预测,要到 2050 年实现净零排放,则全球需要在未来 25 年内每隔一年减少类似规模的碳排放。只有全球行动起来,彻底改变所有的碳排放行为,才能做到这一点。实施可以使用的零碳和低碳能源技术,包括更有效地利用资源和能源、可再生能源、电气化、氢气、生物能源,以及 CCUS 等。如今,这些技术已经逐步成熟,主要的挑战在于如何快速和规模化地应用这些技术,并降低相应成本。天然气的前景比石油更为乐观、更具弹性,天然气在经济快速增长发展中的低碳化和减少对煤炭的依赖性方面发挥了重要作用,天然气结合 CCUS 等脱碳措施,是一种较好的过渡性能源。

1.3.2 全球碳排放控制现状及趋势

1. 欧盟发布《欧洲绿色协议》,推进实现全球首个碳中和循环经济体

2019年12月,欧盟委员会发布了《欧洲绿色协议》,提出"让欧洲成为全球首个碳中和大陆",明确了欧洲迈向气候中性循环经济体的行动路线,提出了欧盟2030年和2050年的气候变化目标,预计2050年实现净零排放的碳中和目标。推动各行业向清洁高效发展,如2020年之前,欧盟委员会将支持关键行业优先发展清洁突破性技术,如绿色产氢,燃料电池,碳捕集、利用和封存(CCUS)等。

在加速向可持续智慧交通转变行动方面,包括2020年之前,欧盟委员会通过一项《可持续与智能交通战略》,推动交通部门的脱碳进程;大力发展新型多式联运,实现各种运输方式的合理分工和有机衔接,充分发挥交通运输效能,降低能耗、减少排放;2021年之前,将为内燃机车制定更严格的大气污染物排放标准;将数字技术引入交通行业,构建智能交通系统,实现交通工具高效安全运行,减少拥堵和排放。

在航运业等多个行业推出"气候税金"。另外,全球主要航运协会共同提议设立绿色研究基金,对船舶燃料强制性征收2美元/t的费用,计划在未来10年内筹集50亿美元,用以开发新技术、助力航运业、实现减排目标;要达到国际海事组织(International Maritime Organization,IMO)的减排目标,则应投入技术和资金以研发零碳技术和推进系统,例如氢和氨燃料电池、可再生能源生产的合成燃料等。随着这些措施的不断付诸实施,未来航运业的降低碳排放进程将不断加速。

2. 马士基将在2023年运营全球第一艘碳中和班轮

2021年1月,A.P.穆勒-马士基(A.P.Moller-Maersk,简称马士基)宣布将在2023年前运营全球第一艘碳中和班轮——比原计划提前7年。随着技术的进步和客户对可持续供应链需求的增加,马士基加快了海洋业务脱碳的步伐。马士基未来所有自有新建船舶将使用双燃料技术,能够实现碳中和运营或使用极低硫燃料油(very low sulfur fuel oil,VLSFO)运营。马士基的甲醇补给船将有大约2000TEU(1TEU的体积为24~26m^3)的容量,虽然该船将能够使用VLSFO运行,但计划从一开始就使用e-甲醇或可持续生物甲醇运行该船。这标志着马士基将继续在脱碳之路上领跑,同时也将促进航运业碳中和"提档加速"。

马士基推进碳中和路线图见图1-2,计划到2030年船舶二氧化碳排放比2008年降低60%,到2050年实现二氧化碳净零排放。

图1-2 马士基推进碳中和路线图

随着全球贸易和海运箱量持续增长,目前,基于化石燃料技术实现的效率提升只能将碳排放量保持在当前水平或稍低水平,并不会显著减少或消除碳排放。实现航运业脱碳的途径是完全转变为使用新型碳中和燃料及供应链。航运碳中和的解决方案与汽车、铁路不同,电动卡车预计能够承载最多两个标准集装箱,每次充电可行驶800km。相比之下,一艘载有上万集装箱的船舶从巴拿马到鹿特丹大约航行 8800km。由于电池续航力短,船舶航线上没有充电点,适用于汽车、铁路的电动方案不适用于船舶,因此对于航运业而言,寻求创新发展的其他途径势在必行,如氢和氨燃料电池动力等途径在不断探索中。

2019 年,马士基试用了一种由二手食用油制成的新燃料,并通过了国际可持续性和碳认证机构的认证。从船舶的角度来看,这种燃料是低碳的,在整个生命周期内,估计可减少 85％的二氧化碳排放,包括燃料生产、运输和燃烧产生的所有排放。

最近,马士基官方发布了最新的可持续发展报告,报告称目前该公司正在就四种未来燃料:生物柴油燃料、甲醇(生物甲醇和 e-甲醇)、木质素燃料(基于生物质的新型生物燃料残渣(木质素)和醇(甲醇或乙醇))、氨燃料进行研究测试,各种潜在燃料的优缺点比较见表 1-2。马士基否决的技术包括生物甲烷、液化天然气(liquefied natural gas,LNG)、核能和碳捕集技术。马士基也暂时搁置了氢燃料电池技术,主要是因为氢燃料还没有实现大规模高效生产,成本仍然很高,马士基将持续密切关注这些技术。

表 1-2　各种潜在燃料的优缺点比较

燃 料 类 型	主 要 优 点	主要限制和风险
生物柴油燃料	可用作现有船舶和发动机的直接加注燃料	• 生物质原料的有限可用性限制了大规模的应用 • 竞争行业的高需求带来的价格压力
甲醇(生物甲醇和 e-甲醇)	• 已作为船用燃料运行 • 发动机可用 • 正常条件下的液体,具有成熟的处理方式	• 生物甲醇:规模化生产面临生物质利用率不确定性的挑战 • e-甲醇:电解槽技术的成本和成熟度
木质素燃料(基于生物质的新型生物燃料残渣(木质素)和醇(甲醇或乙醇))	木质素燃料可能是最具价格竞争力的净零燃料,其最低价格几乎与化石燃料持平	• 在开发阶段,需要扩大生产规模,以创建新的价值链和供应基础设施 • 发动机要求与甲醇相同,但可能需要额外处理污染物
氨燃料	• 完全零排放燃料 • 仅利用可再生能源就可以大规模生产	• 安全性和毒性挑战 • 港口的基础设施挑战 • 未来成本取决于可再生电力的成本和电解槽技术的成本和成熟度

3. 美国迈向零排放航运业

美国发布《美国迈向零排放航运业的战略报告(2021)》,提出美国应在向零排放航运的转变中发挥领导作用,认为航运业的能源结构转型较快,需要政府的规划和扶持,在能源应用、国际合作等方面提出了建议。推进航运业使用锂电池、绿氢、绿氨和风力等能源,不推荐使用的燃料包括 LNG、生物燃料、甲醇、核能和太阳能等。

4. 日本川崎汽船株式会社制订零碳计划

2020 年 7 月 7 日,日本川崎汽船株式会社称其制定了《环境展望 2050——未来的蓝海》修订版,将目标重新定位为"脱碳""实现对环境的零影响"。设定了 2030 年的新里程碑目标——2030 年将二氧化碳排放量相比 2008 年减少 50％,超过了 IMO 在全球设定的 40％的目标。

5. 新加坡航运公司 Berge Bulk 开始开展生物燃料试验

新加坡航运公司 Berge Bulk 正在和船用生物燃料公司 GoodFuels 合作,在载重 181 403t 的散货船 Berge Tsurugi 上完成了 100% 可再生原料的船用生物燃料的加油。这种生物燃料可以减少 80%~90% 的碳排放,并且能够大幅减少硫氧化物的排放。Berge Bulk 宣称最迟在 2025 年实现散货运输的首批碳中和,该生物燃料工程是其实现碳中和的一部分。

6. 厄瓜多尔瓜亚基尔港完成集装箱运输的碳中和

国际集装箱码头服务有限公司(ICTSI)介绍,2021 年 1 月 25 日,厄瓜多尔瓜亚基尔港(CGSA)码头完成了全球第一批集装箱运输的碳中和(图 1-3),采用了涉及环境友好型供应链利益相关者的物流流程。该码头运营商表示,通过与热带水果出口公司(Tropical Fruit Export SA)、CGSA 和法国兴业国际进口公司(Societe International d'Importation,SIIM)的合作,所有流程都实现了碳中和。

图 1-3　实现碳中和的集装箱运输作业

7. 德国 CTA 码头计划到 2040 年实现整个港口的碳中和

德国汉堡港口与物流股份公司(Hamburger Hafen und Logistik,HHLA)Container Terminal Altenwerder(CTA)的前沿 14 台岸边集装箱起重机(简称岸桥)、集装箱堆场内 52 台完全电气化的集装箱门式起重机,以及 4 台铁路门式桥吊都是 100% 通过绿色电力驱动。

该码头在 2020 年购置了 16 辆电动自动导引车(AGV),负责码头前沿和堆场之间的自动化水平运输。随着最新车辆的交付,电动 AGV 的数量已超过 60 辆,这意味着使用中的 AGV 车队有 2/3 已经实现电气化。预计到 2022 年年底,近 100 辆 AGV 将全部改用快速充电电池驱动,每年减少约 15 500t 二氧化碳和约 118t 氮氧化物的排放,因为电动 AGV 不会产生任何本地二氧化碳、氮氧化物或细颗粒物排放。除 16 辆新购置的电动 AGV 外,2020 年还投入使用了 6 座充电站。2021 年增加 5 座。这使得 CTA 码头的充电站数量达到 18 座。AGV 根据需要自动行驶到充电站,并用绿色电力为电池充电。

根据 HHLA 的资料介绍,由于其码头高度自动化和电气化,CTA 码头将是全球第一个被认证为碳中和的集装箱码头。目前仍会产生二氧化碳排放的码头工艺将逐步实现电气化,或者将对其向电力的过渡进行实地测试。

HHLA 在汉堡环境、气候、能源和农业部的欧洲区域发展基金(European Regional

Development Fund,ERDF)的支持下,对 CTA 码头的 AGV 车队进行改造,作为"公司能源转型"补贴计划的一部分,是 HHLA 可持续发展战略的重要组成部分。HHLA 的目标是到2030 年将二氧化碳排放量减半,到 2040 年实现整个港口集团的碳中和。

8. 莱茵河上碳中和集装箱码头

弗兰肯巴赫(Frankenbach)是莱茵河上一个碳中和集装箱码头,位于美因茨内陆港。港口引进了最新一代的海斯特品牌空箱堆高机,其燃料消耗明显低于上一代车辆,具有高可靠性、低油耗、低排放和低服务成本的特点。

美因茨内陆港每天运送 1500 个 20~40ft(1ft=0.3048m)的集装箱。海运集装箱从鹿特丹或安特卫普抵达莱茵河,然后直接装上火车或卡车继续运输。集装箱码头于 2011 年 5 月启用时的吞吐量为 1.05 万 TEU,目前,该公司每年处理 45.5 万 TEU。

由于在美因茨内陆港使用空箱堆高机的良好经验,弗兰肯巴赫现在还将空箱堆高机用于萨尔地区的铁路场站作业,配备最新技术并符合当前第四阶段排放标准的空箱堆高机,不仅提高了联运业务的效率,而且既环保又经济。

9. 岸电助力挪威 2030 年实现碳中和

挪威议会决定,挪威将在 2030 年实现碳中和。

挪威大力推进电动轮渡。电动轮渡的优点是:使用可再生能源和电力、无颗粒(烟尘)排放、电动机通常具有非常低的噪声级、能源的有效利用、更低的运营成本(燃料成本与电力、维护、巡航时间相比)。电动轮渡带自动系泊的自动泊车系统(automated parking system,APS),确保快速安全的系泊和岸电插入。当前轮渡的输出功率在 1500kW 或 2000马力(1 马力≈735W)以上,电动渡轮的输出功率为 800kW。在正常情况下,以 10 节(1 节=1.852km/h)的速度,400kW 的电池功率就足够了。但充电原理限制带来了以下技术和操作挑战:在泊位停留 10min,需要尽可能长时间充电;需要快速连接和断开,时间小于 1min。

10. 马士基集装箱码头公司瑞典码头通过各项措施促进碳中和

2020 年,马士基集装箱码头公司(A. P. Moller-Maersk terminals,APM 公司)瑞典哥德堡码头完全转向可再生能源,这是推进码头碳中和进程的一个重要措施。同时,这也是码头对瑞典运输业气候目标做出的贡献。瑞典议会决定,到 2030 年,该国国内运输业的温室气体排放量将比 2010 年低 70%。

APM 公司哥德堡码头在运营中进行了多项投资和改造,减少了碳足迹。由于实施了向可再生燃料转变的措施,二氧化碳排放量比十年前减少约 90%。因此,2020 年,哥德堡码头大大超过瑞典议会确定的 70%减排目标。但哥德堡不会满足于此——还希望帮助其客户实现碳中和。APM 公司哥德堡码头为客户提供经认证的气候影响计算,共同促进码头和客户创造一个更清洁的环境。2019 年年底,APM 公司哥德堡码头启动了绿色哥德堡门户(Green Gothenburg Gateway)气候倡议,作为实现瑞典气候目标的一种方式,原来预计到2020 年将码头的排放量减少 90%。尽管全球新冠肺炎疫情大流行带来了挑战,但根据经普华永道审计公司独立审查的结果,APM 公司哥德堡码头的碳排放量减少了 88%,与预定的目标基本一致。

APM 公司哥德堡码头是北欧地区最大的集装箱码头,拥有大量的机械设备。当远洋船只、满载货物的火车和卡车进行装卸时,各个环节需要有效衔接和完美配合。同时,必须在不影响堆存容量或效率的情况下,将能源转向可再生能源,这适用于超级巴拿马型起重机(全球最大的起重机之一)和码头的各类装卸设备。已经完成或将要完成的能源转换项目有:所有集装箱运输设备均使用高品质 HVO100 柴油;所有起重机使用可再生电力;所有大门和建筑物使用可再生电力;用沼气取暖。其中 HVO100 柴油主要由植物油及合适的废物和残留脂肪制成,可减少基于化石的二氧化碳排放量高达 90%。由于其具有与普通柴油几乎相同的特性,因此,可再生的 HVO100 柴油可用于无需经过进一步改装的大多数柴油发动机。科尼公司的港口装卸运输设备经过验证无需改造就可以使用 HVO100 柴油。

除了使用可再生能源外,APM 公司哥德堡码头还采用了优化码头布局、减少电机空载待机时间、基于节能工艺优化、建筑物和起重机上面均采用 LED 灯具、采用新型的集装箱装卸设备等方式降低能耗、减少二氧化碳排放,APM 公司哥德堡码头二氧化碳排放变化情况见图 1-4。

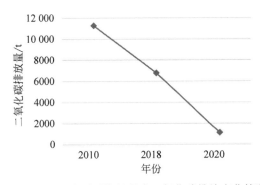

图 1-4　APM 公司哥德堡码头二氧化碳排放变化情况

APM 公司哥德堡码头增加了集装箱码头的容量,并提高了装卸速度。事实上,高集装箱容量是减少气候影响的关键。能够保持正常速度的船舶可将气候影响降至最低,码头的快速装卸有助于船舶遵守时间表,使得船舶按时进出港,而无需船舶因以超高速运行而消耗更多燃油。根据经验,如果一艘船以加快 10% 的速度来弥补损失的时间,那么它的油耗(以及由此产生的排放)就会增加 20%。因此,APM 公司哥德堡码头的快速装卸确保了迟到的船舶仍然准时出发。最近的调查显示,22% 的船舶比预定时间晚到,然而,通过码头装卸效率的提升,可使得 97% 的船舶在规定时间内或早于规定时间离开码头,这要归功于码头基础设施的投资和 APM 公司装卸效率的改变。

随着整个码头使用的能源转换为可再生能源,所有客户的集装箱装卸将是非化石能源的装卸,APM 公司哥德堡码头将为客户提供整个过程碳中和的集装箱搬运。这种能源的转换将为客户免费完成,不会影响货物处理的速度或可靠性。

APM 公司的零排放计划基于码头采购 100% 的可再生能源电力。APM 公司可以管理太阳能方面的投资,以减少对化石能源的购买,从而最大可能实现减排效益。另外,在许多地方,比如哥德堡,码头公司购买可再生能源,而不是自己生产太阳能电力。在这些情况下,码头公司可以用购买的太阳能发电所带来的减排来抵消码头运营各个环节对气候的影响。

11. APM 公司积极发展零碳物流

过去十年中,全球可持续发展议程的最大变化是应对气候变化的需求日益增长。现有的科学证据表明,全球需要摆脱对化石能源的依赖,港口和航运企业也是如此。因此,马士基集团和 APM 公司正在采取措施,使所有业务都摆脱化石能源。马士基设定了到 2050 年其全球业务实现二氧化碳零净排放的目标。

APM 公司运营着全球最全面的港口网络,作为马士基集团的一部分,全球网络中的 75 个码头由 APM 公司独家运营或与合资伙伴共同运营。2019 年,APM 公司接收了 34 000 多艘船舶,并进行了近 1200 万次集装箱运输。APM 公司每年排放约 50 万 t 二氧化碳,相当于一个拥有 12 万人口的欧洲城市的二氧化碳排放量。马士基 APM 公司在二氧化碳排放降低方面的相关措施如下。

1) 源头减排

作为马士基集团的一部分,APM 公司承诺到 2050 年实现碳中和。为了履行这一承诺,码头正利用节能降碳技术,从源头上减排,努力实现零排放集装箱装卸服务,而不使用碳抵消。

2) 零排放物流链

码头有能力通过船舶在港口停靠期间提供的零排放服务,来扩展一些航运公司客户提供的零排放海运服务。此外,码头为提供低排放和零排放陆侧物流而进行的投资使码头能够支持一个完整的近乎零排放的物流链。

3) 低碳物流计划

对于寻求低碳和零碳排放的客户,APM 公司正在推出低碳物流计划。该计划用可再生能源(如可再生电力)替代码头使用的化石燃料,如回收废品作为燃料,并在无法购买可再生电力的码头投资太阳能发电。

因此,零排放计划不同于气候补偿计划,后者通过在公司价值链之外采取的再造林等措施来抵消排放。这些补偿计划非常重要,但重点还应是从源头上消除排放。

低碳物流计划已经在绿色哥德堡门户实施,这是瑞典第一个碳中和码头,并正在积极推广到其他码头。在不增加成本的情况下,客户可以通过多种方式从该计划中获益,从合同期限到数量激励。

除了减少二氧化碳排放外,零排放计划还减少了码头对当地空气质量的影响。通过脱碳途径分析表明,二氧化碳排放量减少 40%,氮氧化物减少 30%,硫氧化物减少 80%,颗粒物减少 60%。

4) 实现零碳物流的措施

(1) 投资太阳能发电。通过太阳能发电可降低港口装卸的排放。在全球基础设施和合作伙伴无法满足码头对可再生能源需求的地区,这一点尤为重要。在一些地方,港口利用太阳能发电来减少电网的不稳定,并确保起重机和冷藏箱的冷却持续运行。

(2) 转换使用可再生能源电力。码头消耗了大量的能源——大型码头能源消耗和一个小型城镇一样多。使用零排放可再生能源电力为起重机、车辆、集装箱装卸设备、照明等提供动力,可以大大减少码头碳排放。2016 年,APM 公司位于荷兰的马斯夫拉克特(Maasvlakte)码头成为全球第一个码头机械产生零温室气体和零微粒排放的集装箱码头。2017 年,地中海最大码头之一的 APM 公司阿尔赫西拉斯(Algeciras)码头签署了一项“绿色能源”供应协议,与 2010 年基准年相比,每标准箱二氧化碳排放量减少 34%。APM 公司位于美国伊丽莎白港的集装箱码头将致力于通过利用太阳能和风能来在未来一年内减少

45%的碳排放。

（3）降低能源消耗。虽然降低能源消耗不是快速显现效益的方式，但这是容易获得减排效益的方式，例如，整个码头的 LED 照明等技术，最大的收益可以从更有效的运营中获得——以确保船舶不等待卸货，减少集装箱移动，降低集装箱在码头的时间。

APM 公司已经推出了一项全球培训，即使管理人员能够了解码头的每一个流程和操作，以确保码头尽可能高效运行。码头还通过实施数字工具来优化码头布局，以确保集装箱在码头中的行程尽可能短。

（4）增加铁路集疏运数量。与公路运输相比，火车运输不仅具有经济优势，还可减少高达 98% 的排放。APM 公司正在大力改善其码头的铁路基础设施，并与合作伙伴密切合作，提高其码头的铁路连接能力和频率。作为全球最早实现碳中和的集装箱码头之一，APM 公司马斯夫拉克特Ⅱ码头是诺亚火车欧洲之旅最终目的地的合理选择。

2019 年 10 月 11 日，位于荷兰鹿特丹的 APM 公司的马斯夫拉克特Ⅱ码头把火车的集装箱从专用货运铁路轨道转移到一艘深海船舶上，集装箱的下一个目的地是智利圣地亚哥，它在 12 月 2 日起主办联合国气候大会。铁路货运产生的二氧化碳是公路运输的 1/9。APM 公司大力支持发展铁路货运，到 2030 年将铁路在货运中的份额从目前的 18% 提高到 30%。马斯夫拉克特Ⅱ码头为开展多式联运配备了相应的设备，并将出口码头的集装箱数量从 2018 年的每周 500 个左右增加到 2019 年的每周 2500 多个。

（5）设备电气化。APM 公司进行了详细的情景分析，将码头电气化设备与当前使用的柴油设备进行比较，对未来 30 年情景进行多种技术方案模型分析，例如柴油、双燃料、混合动力（柴油-电动）和全电动集装箱码头设备。

情景分析的积极成果是促进电气化设备的投资。APM 公司的所有码头均启动了改造计划，改造了 400 多台轮胎式集装箱门式起重机（rubber tired gantry crane，RTG）。与传统柴油动力 RTG 相比，电气化减少了 60%～80% 的二氧化碳排放量，这将促使码头每处理一个标准箱，二氧化碳排放量将减少 20%。当然，这个 RTG"油改电"进程落后于中国的"油改电"进程，中国在 2006 年前后启动了大规模的改造，已经完成 80% 以上的改造。

南佛罗里达集装箱码头的一个重大升级项目和波季（Poti）海港扩建项目都包含 RTG"油改电"，这些项目实现了集装箱处理能力和碳排放脱钩的 RTG 电能替代。在扩建后的运营期，到 2040 年，波季海港将比使用标准柴油动力设备降低 11 万 t 二氧化碳。在升级期间，码头已经在本地采取了其他措施。例如，在扩大冷藏能力的过程中，位于巴塞罗那的码头最近升级了电力基础设施，使其能够从用于满足某些冷藏需求的柴油发电机中实现电力切换。

（6）废弃燃料利用。APM 公司正在测试现有燃油设备的减排方法，这些燃油设备还能够正常服役许多年。例如，哥德堡码头将传统柴油改为加氢植物油（HVO）。HVO 是一种可再生柴油替代品，目前主要以 80% 的废弃燃料（废弃植物油、油脂废物或食品工业和农业的残渣）为基础，计划到 2025 年将这一比例提高到 100%。

与传统柴油相比，HVO 燃料可减少高达 90% 的二氧化碳排放，另外还减少了由润滑油产生的废物量，因为 HVO 燃烧更清洁，允许更长的维修间隔和更少的发动机磨损，减少了维修费用。在哥德堡的成功试点标志着欧洲码头应用推广的开始，APM 公司的应用前景将更加广阔。

（7）燃料加注。除了缩短船舶的周转时间，使其能够放慢航行速度并节省燃料外，

APM 公司正在寻找其他方法来支持航运公司向污染较少的燃料过渡。APM 公司哥德堡码头已成功开发了一种安全的液化天然气(LNG)加注工艺。国际海事组织承诺到 2050 年使航运业至少脱碳 50%,这一过程已在全球范围内进行推广,以支持过渡燃料。

(8) 船舶靠港使用岸电。APM 公司在洛杉矶的码头为所有船舶的停靠提供岸电,使船舶在港口停留期间实现零排放。码头公司正在将这一措施扩展到其他 100% 使用风能电力的码头,这意味着在码头使用岸电服务的任何船舶都实现了真正的零排放。

码头公司也在寻找合作伙伴,以支持内河驳船脱碳。目前正在探索集装箱电池充电解决方案,即用充满电的集装箱电池替换空电池。用过的电池再返回冷藏架,并使用可再生能源充电。

(9) 太阳能光伏发电。APM 公司采用太阳能光伏发电技术促使零碳排放。APM 公司乌拉圭内陆服务公司启用了 648 块太阳能电池板,年发电量为 228.6MW·h,足以满足整个设施 80% 的年用电量。乌拉圭内陆服务公司是该国最大的设备维护和维修供应商,通过使用自己的可再生能源,将每年减少近 50t 二氧化碳排放。根据美国环境保护署的数据,大约 1300 棵树木需要 10 年的时间来吸收这一数量的二氧化碳。该项目历时 45 天进行安装,约 80% 的总设施能耗将由太阳能电池板产生,包括冷藏箱、出行前检查和维修等集装箱作业。

APM 公司还在其他码头建设了太阳光伏发电项目。2016 年,APM 公司孟买码头安装了能够生产 500MW·h/a 以上的太阳能电池板,并计划继续扩大产能。这在印度尤为重要,印度大约 70% 的电力是通过燃烧化石能源产生的。

(10) 制订脱碳计划,加强碳中和管理。2016 年,APM 公司伊丽莎白(Elizabeth)码头启动了一项脱碳计划,即通过提高效率、设备升级和电气化来降低能源消耗,减少排放,为员工创造更安全、更清洁的工作环境。该项目使二氧化碳平均排放量从 2016 年的 18kg/TEU 减少到 2020 年的 16kg/TEU。

图 1-5 显示了 2016—2020 年的运营碳强度(kg/TEU),以及 2021 年的预测强度(一旦转换为风能)。排放量根据温室气体协议规定的每月燃料和电力消耗量计算,并除以通过泊位移动的集装箱数量。

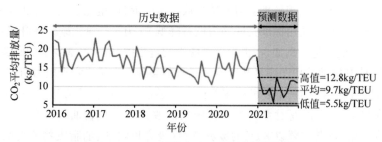

图 1-5　2016 年以来 APM 公司碳减排图

2021 年 1 月,APM 公司伊丽莎白码头在其脱碳之旅中迈出重要一步,开始使用一家提供风能和太阳能等可再生能源的供应商供应的绿色能源。

APM 公司追求绿色能源的决定反映了公司对码头业务进行脱碳的总体长期计划。正在通过一项多年计划实现这一目标,该计划与客户的需求保持一致,这些客户也在为物流链脱碳,并希望与更多的公司合作。

通过缩短卡车周转时间,降低碳排放。APM 公司伊丽莎白码头还引入了一个新的大门综合设施,旨在改善卡车司机的操作习惯,减少卡车空转和改善转弯时间。平均周转时间减少了 11min,碳排放强度减少了 3kg/TEU。

实行提高运营效率和航站楼交通管理等措施。APM 公司在实现净零碳排放的道路上不断取得突破,码头将继续把重点放在减排上,并与客户合作,减少客户供应链排放,同时与联邦、州和地方当局合作,共同实现这一目标。APM 公司伊丽莎白码头运营着纽约/新泽西港最大的集装箱码头之一,投资 2 亿美元对设施进行升级,以改善客户体验,提高生产力,并扩大未来增长的能力。

12. 美国长滩港码头设备零排放目标

美国加州能源委员会和加州空气资源委员会给长滩港拨款 8000 万美元,以推进零排放相关项目,在港口运营中示范零排放设备和先进能源系统。《清洁空气行动计划》中将长滩港设定为不断实现零排放货物运输,目标是到 2030 年,码头设备实现零排放,到 2035 年,公路卡车实现零排放。

1.4　中国碳排放控制策略和目标

2020 年 9 月 22 日,习近平主席在第 75 届联合国大会一般性辩论上发表重要讲话时提出,中国将提高国家自主贡献力度,采取更加有力的政策和措施,二氧化碳排放总量力争于 2030 年前达到峰值,并努力争取在 2060 年前实现碳中和。这次会议使得中国由之前的碳强度指标控制转变为以碳强度指标控制为主、总量控制为辅的控制阶段。随后,在国际会议及国家会议中,习近平主席多次宣示中国的碳达峰、碳中和战略(见表 1-3)。2021 年 4 月,习近平主席主持中央政治局第二十九次集体学习并讲话,"十四五"时期,中国生态文明建设进入了以降碳为重点战略方向、推动减污降碳协同增效、促进经济社会发展全面绿色转型、实现生态环境质量改善由量变到质变的关键时期。

由于大部分发达国家在 2000 年前就完成工业化、现代化和城镇化,同时已经实现碳达峰,因此,这些国家在 2000 年左右出台计划,计划到 2050 年实现碳中和,从碳达峰到碳中和有 50 年的时间。中国在 2030 年前还难以完成全国的工业化和城镇化进程,到 2030 年实现碳达峰只有 8 年的时间,而从碳达峰到碳中和只有 30 年的时间。与发达国家相比,中国的碳中和时间非常紧迫。

表 1-3　碳达峰、碳中和相关政策

成 文 日 期	会议或文件名称	主 要 内 容
2022 年 4 月	《交通运输部　国家铁路局　中国民用航空局　国家邮政局贯彻落实〈中共中央　国务院关于完整准确全面贯彻新发展理念做好碳达峰碳中和工作的意见〉的实施意见》(交规划发〔2022〕56 号)	从充分认识碳达峰碳中和工作的重要意义、总体要求、优化交通运输结构、推广节能低碳型交通工具、积极引导低碳出行、增强交通运输绿色转型新动能、加强组织实施等七个方面全面落实国家碳达峰碳中和战略

续表

成 文 日 期	会议或文件名称	主 要 内 容
2021 年 10 月 24 日	《国务院关于印发 2030 年前碳达峰行动方案的通知》(国发〔2021〕23 号)	共计六项工作:重点实施"碳达峰十大行动",交通运输绿色低碳行动是其重要内容。发展电动、液化天然气动力船舶,岸电、绿色智能船舶示范,港口、物流园区等铁路专用线建设,内河高等级航道网建设,岸线整合等
2021 年 9 月 22 日	《中共中央 国务院关于完整准确全面贯彻新发展理念做好碳达峰碳中和工作的意见》(中发〔2021〕36 号)	大力发展多式联运,提高铁路、水路在综合运输中的承运比重。加快发展新能源和清洁能源车船,推广智能交通,促进船舶靠港使用岸电常态化,提高燃油车船能效标准,加快淘汰高耗能高排放老旧车船
2021 年 5 月 26 日	碳达峰碳中和工作领导小组第一次全体会议	要充分发挥碳达峰碳中和工作领导小组统筹协调作用,各成员单位要按职责分工全力推进相关工作,形成强大合力。要发挥好国有企业特别是中央企业的引领作用,中央企业要根据自身情况制定碳达峰实施方案,明确目标任务,带头压减落后产能、推广低碳零碳负碳技术
2021 年 4 月 30 日	习近平主持中央政治局第二十九次集体学习并讲话	"十四五"时期,中国生态文明建设进入了以降碳为重点战略方向、推动减污降碳协同增效、促进经济社会发展全面绿色转型、实现生态环境质量改善由量变到质变的关键时期
2021 年 3 月 13 日	《中华人民共和国国民经济和社会发展第十四个五年规划和 2035 年远景目标纲要》	完善能源消费总量和强度双控制度,重点控制化石能源消费。实施以碳强度控制为主、碳排放总量控制为辅的制度,支持有条件的地方和重点行业、重点企业率先达到碳排放峰值
2021 年 3 月 5 日	在第十三届全国人民代表大会第四次会议上政府工作报告	扎实做好碳达峰、碳中和各项工作。制定 2030 年前碳排放达峰行动方案。优化产业结构和能源结构。……加快建设全国用能权、碳排放权交易市场,完善能源消费双控制度。实施金融支持绿色低碳发展专项政策,设立碳减排支持工具。提升生态系统碳汇能力
2021 年 2 月 2 日	《国务院关于加快建立健全绿色低碳循环发展经济体系的指导意见》(国发〔2021〕4 号)	建立健全绿色低碳循环发展的经济体系,确保实现碳达峰、碳中和目标,推动中国绿色发展迈上新台阶
2021 年 2 月 19 日	习近平主持召开中央全面深化改革委员会第十八次会议并发表重要讲话	要围绕推动全面绿色转型深化改革,深入推进生态文明体制改革,健全自然资源资产产权制度和法律法规,完善资源价格形成机制,建立健全绿色低碳循环发展的经济体系,统筹制定 2030 年前碳排放达峰行动方案,使发展建立在高效利用资源、严格保护生态环境、有效控制温室气体排放的基础上,推动中国绿色发展迈上新台阶

续表

成 文 日 期	会议或文件名称	主 要 内 容
2020 年 12 月 18 日	中央经济工作会议在北京举行	要抓紧制定 2030 年前碳排放达峰行动方案,支持有条件的地方率先达峰。要加快调整优化产业结构、能源结构,推动煤炭消费尽早达峰,大力发展新能源,加快建设全国用能权、碳排放权交易市场,完善能源消费双控制度。要继续打好污染防治攻坚战,实现减污降碳协同效应。要开展大规模国土绿化行动,提升生态系统碳汇能力
2020 年 12 月 12 日	习近平在气候雄心峰会上发表重要讲话	中方已经宣布将提高国家自主贡献力度,我愿进一步宣布:到 2030 年,中国单位国内生产总值二氧化碳排放将比 2005 年下降 65% 以上,非化石能源占一次能源消费比将达到 25% 左右,森林蓄积量将比 2005 年增加 60 亿 m^3,风电、太阳能发电总装机容量将达到 12 亿 kW 以上
2020 年 11 月 22 日	习近平在二十国集团领导人利雅得峰会"守护地球"主题边会上的致辞	不久前,我宣布中国将提高国家自主贡献力度,力争二氧化碳排放 2030 年前达到峰值,2060 年前实现碳中和。中国言出必行,将坚定不移加以落实
2020 年 11 月 17 日	习近平在金砖国家领导人第十二次会晤上的讲话	中国愿承担与自身发展水平相称的国际责任,继续为应对气候变化付出艰苦努力。我不久前在联合国宣布,中国将提高国家自主贡献力度,采取更有力的政策和举措,二氧化碳排放力争于 2030 年前达到峰值,努力争取 2060 年前实现碳中和
2020 年 11 月 3 日	《中共中央关于制定国民经济和社会发展第十四个五年规划和二〇三五年远景目标的建议》	降低碳排放强度,支持有条件的地方率先达到碳排放峰值,制定 2030 年前碳排放达峰行动方案
2020 年 9 月 22 日	习近平在第七十五届联合国大会一般性辩论上的讲话	中国将提高国家自主贡献力度,采取更加有力的政策和措施,二氧化碳排放力争于 2030 年前达到峰值,努力争取 2060 年前实现碳中和
2015 年 6 月 30 日	强化应对气候变化行动——中国国家自主贡献	根据自身国情、发展阶段、可持续发展战略和国际责任担当,中国确定了到 2030 年的自主行动目标:二氧化碳排放 2030 年左右达到峰值并争取尽早达峰;单位国内生产总值二氧化碳排放比 2005 年下降 60%～65%,非化石能源占一次能源消费比达到 20% 左右,森林蓄积量比 2005 年增加 45 亿 m^3 左右

　　《中华人民共和国国民经济和社会发展第十四个五年规划和 2035 年远景目标纲要》提出"十四五"时期经济社会发展主要目标,能源资源配置更加合理、利用效率大幅提高,单位

国内生产总值能源消耗和二氧化碳排放分别降低13.5％、18％。这比2011年12月国务院印发的《"十二五"控制温室气体排放工作方案》提出的到2015年全国单位国内生产总值二氧化碳排放比2010年下降17％的目标强度稍微低些。2020年10月,生态环境部相关负责人表示正在研究制订"二氧化碳排放达峰行动计划",并可能会将推动碳达峰行动有关工作纳入中央环保督察。《中共中央　国务院完整准确全面贯彻新发展理念做好碳达峰碳中和工作的意见》(中发〔2021〕36号)是"1＋N"碳达峰碳中和政策体系文件中的1,而国务院发布的《国务院关于印发2030年前碳达峰行动方案的通知》(国发〔2021〕23号)是N的首个文件。两个文件均进一步提出了"到2025年,非化石能源消费比重达到20％左右,单位国内生产总值能源消耗比2020年下降13.5％,单位国内生产总值二氧化碳排放比2020年下降18％"的目标。

中国电力企业联合会专职副理事长王志轩在"碳中和目标下中国电力转型战略思考"中提出,在实现碳中和目标的40年中,初步分析大体可分为"四个阶段"。

2020—2030年,碳总量减缓上升阶段;2030—2040年,碳总量由波动下行到稳中有降;2040—2050年,碳总量线性下降阶段;2050—2060年,碳总量加速下降阶段。在四个阶段中,能源消费总量、能源消费结构、技术进步水平、能源品种供应结构以及电力系统的特征都会产生相应的变化。2030年前实现碳达峰目标是2060年实现碳中和目标的重要基础和前提,各行业既要力促尽早实现碳达峰,又要控制好节奏,以防对经济发展造成过大影响。

1.5　中国碳排放控制形势与发展趋势

1. 国家碳达峰与碳中和发展战略要求港口实现低碳发展

2020年9月22日,习近平主席在第75届联合国大会一般性辩论上发表重要讲话,提出碳达峰碳中和目标。习近平主席在国际和国家重要会议上多次强调碳达峰碳中和目标,大力推动了中国碳排放的治理进程。目前,全国各省市、各行业都在制定碳达峰行动方案,力争早日实现碳排放达到峰值。在全球进入碳中和时代之际,中国勇担减排重任,港口企业理应彰显大国担当,进一步扩大可再生能源、绿色电力的应用规模,构建清洁低碳的港口能源体系,探索碳捕捉和收集技术的应用,降低港口碳排放,积极创建"近零碳港口",力争实现港口碳中和。这是中国统筹国际国内大局做出的重大战略决策,进一步彰显了中国坚定走绿色低碳循环发展道路的战略定力。

2021年4月30日,习近平主持中央政治局第二十九次集体学习并讲话,他强调,"十四五"时期,中国生态文明建设进入了以降碳为重点战略方向、推动减污降碳协同增效、促进经济社会发展全面绿色转型、实现生态环境质量改善由量变到质变的关键时期。这说明未来生态文明建设将以降碳为主线,实现减污降碳协同。

2021年4月,科技部社会发展科技司组织召开《科技支撑碳达峰碳中和行动方案》编写专家组第二次会议,要大力推动低碳、零碳、负碳技术研发,要加强现有绿色低碳技术推广应用,支撑产业绿色化转型。

2. 推进世界一流港口建设要求港口实现绿色低碳发展

党的十九大以来,中央对生态文明建设和绿色高质量发展提出了更新、更高要求,中共中央、国务院印发的《交通强国建设纲要》提出绿色发展节约集约、低碳环保的重要任务,交通运输部等发布的《关于大力推进海运业高质量发展的指导意见》和《关于建设世界一流港口的指导意见》均提出加快推进海运业高质量发展和世界一流港口建设。《中国共产党第十九届中央委员会第五次全体会议公报》提出,要加快推动绿色低碳发展,持续改善环境质量,提升生态系统质量和稳定性,全面提高资源利用效率。港口作为国家对外贸易的重要枢纽,面临着绿色和高质量发展的重要机遇和挑战。

发达国家具有绿色港口建设的丰富经验,中国对标、学习和借鉴全球认可的绿色港口经验,并以此为标准建设世界一流港口。绿色港口是世界一流港口的重要内容,要建成世界一流港口,就必须解决土地利用、运输结构和能源结构不合理、污染防治设施不完善等问题,全面提升绿色低碳发展水平。

3. 国家污染防控战役要求港口实现清洁零碳发展

中国环境质量形势十分严峻,环境污染问题已威胁到人民群众健康和社会发展,国家对环境质量要求越来越严。2018年以来,国家陆续发布了《中共中央　国务院关于全面加强生态环境保护坚决打好污染防治攻坚战的意见》《国务院关于印发打赢蓝天保卫战三年行动计划的通知》《柴油货车污染治理攻坚战行动计划》及《中共中央　国务院关于深入打好污染防治攻坚战的意见》等文件,全面开展污染防控攻坚战。

中国大气污染治理、环保、生态文明建设等各方面的要求越来越高,城市发展和人民群众对港口的诉求也日益高涨,绿色发展成为港口发展需持续贯彻的理念和要求,体现了以人民为中心的发展理念。

2018年6月16日,《中共中央　国务院关于全面加强生态环境保护坚决打好污染防治攻坚战的意见》提出,显著提高重点区域大宗货物铁路水路货运比例,提高沿海港口集装箱铁路集疏港比例。重点区域提前实施机动车国六排放标准,严格实施船舶和非道路移动机械大气排放标准。鼓励淘汰老旧船舶、工程机械和农业机械。落实珠三角、长三角、环渤海京津冀水域船舶排放控制区管理政策,全国主要港口和排放控制区内港口靠港船舶率先使用岸电。到2020年,长江干线、西江航运干线、京杭运河水上服务区和待闸锚地基本具备船舶岸电供应能力。

2018年6月27日,《国务院关于印发打赢蓝天保卫战三年行动计划的通知》(国发〔2018〕22号)中提出,积极调整运输结构,发展绿色交通体系。大力推进海铁联运,全国重点港口集装箱铁水联运量年均增长10%以上。大力发展多式联运,依托铁路物流基地、公路港、沿海和内河港口等,推进多式联运型和干支衔接型货运枢纽(物流园区)建设,加快推广集装箱多式联运。加快车船结构升级,重点区域港口、机场、铁路货场等新增或更换作业车辆主要使用新能源或清洁能源汽车。推动靠港船舶和飞机使用岸电,加快港口码头和机场岸电设施建设,提高港口码头和机场岸电设施使用率。2020年底前,沿海主要港口50%以上专业化泊位(危险货物泊位除外)具备向船舶供应岸电的能力。新建码头同步规划、设计、建设岸电设施。重点区域沿海港口新增、更换拖船优先使用清洁能源。完善环境监测监控网络,国家级新区、高新区、重点工业园区及港口设置环境空气质量监测站点。

2018年7月10日,交通运输部发布《交通运输部关于全面加强生态环境保护坚决打好污染防治攻坚战的实施意见》(交规划发〔2018〕81号),该文件是对2018年6月发布的两个国家层面文件的具体落实。相关内容有:将绿色发展理念贯穿于交通基础设施工可、设计、建设、运营和养护全过程,通过土地节约、材料节约及再生循环利用、生态环境保护等举措,积极推进绿色铁路、绿色机场、绿色公路、绿色航道、绿色港口建设。推进新能源和清洁能源应用,推动 LNG 动力船舶、电动船舶建造和改造,重点区域沿海港口新增、更换拖轮优先使用清洁能源。推广港口岸电建设与应用。调整运输结构专项行动。显著提高重点区域大宗货物铁路水路货运比例,提高沿海港口集装箱铁路集疏港比例。

2021 年 3 月,《中华人民共和国国民经济和社会发展第十四个五年规划和 2035 年远景目标纲要》提出,深入打好污染防治攻坚战,建立健全环境治理体系,推进精准、科学、依法、系统治污,协同推进减污降碳,不断改善空气、水环境质量,有效管控土壤污染风险。

2021 年 11 月,《中共中央 国务院关于深入打好污染防治攻坚战的意见》提出,处理好减污降碳和能源安全、产业链供应链安全、粮食安全、群众正常生活的关系,落实 2030 年应对气候变化国家自主贡献目标,以能源、工业、城乡建设、交通运输等领域和钢铁、有色金属、建材、石化化工等行业为重点,深入开展碳达峰行动。

国家和地方相关文件对区域环境空气质量进一步提出了严格要求,企业环境约束压力越来越大。中国大型港口所在地市均为典型的港口城市,港口与区域经济发展密切相关,同时对城市的空气质量也产生了一定程度的影响,区域环境面临严峻挑战。推动绿色港口建设,有利于改善港区和城区的空气质量,缓解地方政府的环境保护压力。

4. 港口企业降本增效要求港口实现绿色低碳发展

港口能源成本是港口主要的经营成本之一。我国港口企业在总体规模、作业效率、科技创新等方面处于国际先进水平,但在能源消费结构、能源利用效率、单位吞吐量能耗等方面与发达国家港口仍有一定差距。目前港口能源结构调整和降低能源消耗工作处于攻坚克难阶段。企业要降低能源消耗必须通过新兴技术的应用和管理模式的创新,由粗放式管理转向精细化管理,进行深度的转型升级,在降低企业经营成本的同时,促进港口集约节约发展。

第2章 >>>>>>>>>>>>>>

港口碳排放控制路线图

2.1 水路运输的碳排放考核指标

碳排放的考核指标主要有碳排放总量、碳排放强度等。2021年3月《中华人民共和国国民经济和社会发展第十四个五年规划和2035年远景目标纲要》提出单位国内生产总值能源消耗和二氧化碳排放分别降低13.5%、18%。交通、港口对于二氧化碳排放的控制指标主要有：单位货物运量的二氧化碳排放量，加上2030年前碳达峰的二氧化碳总量目标的控制，实现"双控"。

交通运输节能环保"十三五"发展规划中的具体目标见表2-1。

表 2-1 交通运输节能环保"十三五"发展具体目标

所属领域	指标类型	指标名称	2020年目标值	指标属性
节能降碳	能耗和碳排放强度	1. 营运客车单位运输周转量能耗和二氧化碳（CO_2）排放在2015年基础上下降率	能耗2.1% CO_2排放2.6%	预期性
		2. 营运货车单位运输周转量能耗和二氧化碳（CO_2）排放在2015年基础上下降率	能耗6.8% CO_2排放8%	预期性
		3. 营运船舶单位运输周转量能耗和CO_2排放在2015年基础上下降率	能耗6% CO_2排放7%	预期性
		4. 城市客运单位客运量能耗和CO_2排放在2015年基础上下降率	能耗10% CO_2排放12.5%	预期性
		5. 港口生产单位吞吐量综合能耗和CO_2排放在2015年基础上下降率	能耗2% CO_2排放2%	预期性

水运"十三五"发展规划中提出，港口生产单位吞吐量综合能耗和二氧化碳排放均降低2%。2021年10月交通运输部发布的《绿色交通"十四五"发展规划》中提出的"十四五"发展具体目标见表2-2。

表 2-2　绿色交通"十四五"发展具体目标(部分)

序　号	指标类型	指标名称	2025 年目标值	指标属性
1	减污降碳	营运车辆单位运输周转量二氧化碳(CO_2)排放较 2020 年下降率	5%	预期性
2		营运船舶单位运输周转量二氧化碳(CO_2)排放较 2020 年下降率	3.5%	预期性
3		营运船舶氮氧化物(NO_x)排放总量较 2020 年下降率	7%	预期性
4	用能结构	国际集装箱枢纽海港[①]新能源清洁能源集卡占比	60%	预期性
5		长江经济带港口和水上服务区当年使用岸电量较 2020 年增长率	100%	预期性
6	运输结构	集装箱铁水联运量年均增长率	15%	预期性

　　① 国际集装箱枢纽海港指上海港、大连港、天津港、青岛港、连云港港、宁波舟山港、厦门港、深圳港、广州港、北部湾港、洋浦港 11 个港口。

　　编者注：集卡为集装箱码头装卸集装箱的港口牵引车，也称为集装箱牵引车、集装箱拖挂车、码头牵引车等，不同港口的称呼不同。

　　2022 年 1 月，交通运输部发布的《水运"十四五"发展规划》提出"十四五"时期水运发展主要指标有：沿海主要港口铁路进港率大于 90%，集装箱铁水联运量年均增长率达到 15%。

　　江苏省在船舶靠港使用岸电等绿色低碳循环发展方面成绩突出，在 2021 年 8 月发布的《江苏省"十四五"水运发展中规划》中提出，到 2035 年远景目标为具有世界前列的水运可持续发展能力，水路运输生产实现碳达峰，向碳中和迈进，打造一批具有全国乃至国际示范效应的零碳港口和船舶；到 2025 年的具体目标中港口单位吞吐量综合能耗和二氧化碳排放均降 3%，船舶靠港使用岸电量年均增长率为 20%。在 2021 年 4 月发布的《江苏省交通运输碳减排三年行动计划(2021—2023 年)》中，提出与 2020 年相比，全省营运车辆、营运船舶单位运输周转量二氧化碳排放均下降 1.8%，港口生产单位吞吐量二氧化碳排放下降 1.2%。

2.2　港口能耗和碳排放清单

2.2.1　碳排放计算

　　目前，国际认可的温室气体排放核算方法可以分为排放因子法、物料衡算法和实测法。2013—2015 年，国家发展改革委陆续发布了 24 个行业的温室气体排放核算法与报告指南，该核算指南规定了两种核算方法：排放因子法、物料衡算法，同时提及了在线监测的方法。

　　排放因子法是最基本的方法，适用于缺少基础数据的初步核算，利用燃料消耗量和排放因子计算二氧化碳排放量。排放因子具有简单、易于理解的特点,核算公式成熟并且具有完善的排放因子数据库,但因为没有考虑不同的燃烧装置、燃烧技术和运行状态,导致缺省排放因子的代表性和适用性,排放因子法计算出的排放数据具有不确定性。排放因子法适用于排放源不是很复杂,排放系统相对稳定、排放源变化较小的对象,排放因子法应用广泛,具备完善的计算方案,因此结论认可度较高。

物料衡算法遵循质量守恒定律,即投入系统的总物料等于产物数量和物料流失之和。由于排放中间过程较多,需要纳入考虑范围的排放过程较难确定,容易产生误差,数据获取相对困难且权威性不高,因此,物料衡算法适用于排放系统中排放源相对复杂的场所。

实测法包括直接测试法和间接测试法:直接测试法主要适用于火电厂的烟囱等排放口直接测试二氧化碳排放量;间接测试法通过测试能源消耗量,再乘以排放因子来算出二氧化碳排放量。实测法具有中间环节较少、获取的结果准确等特点,但实测法比较复杂,要求企业测量许多相关数据,对数据完整性和准确性有较高的要求。实测法应用时间较长,测量结果最准确,但数据获取最困难,应用范围较少。

本章主要介绍排放因子法,实测法在第 10 章中作详细介绍。

1. 碳排放核算对象范围和排放源

1) 碳排放核算对象范围

为了明确不同范围的碳排放,引入"范围"概念,有助于划定直接和间接排放源,提高透明度,方便不同的排放源计算。针对不同类型的组织和不同类型的气候政策和业务目标,温室气体核算定义了三个"范围":范围一、范围二和范围三。范围一和范围二的定义确保两个或两个以上的公司不会对同一范围内的排放进行重复核算。

世界可持续发展工商理事会和世界资源研究所发布的《温室气体议定书——企业核算与报告准则》(*The Greenhouse Gas Protocol*:*A Corporate Accounting and Reporting Standard*)在核算企业温室气体排放时,定义了 3 类不同的碳排放源。

(1) 第 1 类排放源(范围一):直接温室气体排放。企业活动产生的直接排放,来源于企业拥有或者控制的排放源的静止燃烧、移动燃烧、化学过程、生产过程或逸出源(非故意释放)的排放。

直接温室气体排放来自公司拥有或控制的来源,公司将其拥有或控制的温室气体排放源报告为范围一。直接温室气体排放主要是公司开展下列活动的结果。①发电、供热或蒸汽。这些排放源是固定来源的燃料燃烧,如锅炉、熔炉、涡轮机、车辆等的燃料燃烧排放。②物理或化学过程。拥有或控制的工艺设备的化学品生产排放。这些排放物中有一部分是由化学品和材料的制造或加工造成的,如水泥、铝、氨制造和废物处理过程。③材料、产品、废物和员工的运输。这些排放源是公司拥有/控制的移动燃烧源(如卡车、火车、轮船、飞机、公共汽车和轿车)中燃料的燃烧。④无组织排放(逸出源)。这些排放源是有意或无意的排放,例如:接头、密封件、填料和垫圈的设备泄漏;煤矿通风导致甲烷排放;制冷和空调设备使用期间的氢氟碳化合物(HFC)排放;气体运输导致的甲烷泄漏。

生物质燃烧产生的直接二氧化碳排放不应包括在范围一中,但应单独报告。《京都议定书》未涵盖的温室气体排放,如氟氯化碳、氮氧化物等,不应列入范围一,但可单独报告。

自产电销售问题。与向另一家公司出售自有发电相关的排放不从范围一中扣除。出售电力的这种处理方式与其他出售的温室气体密集型产品的核算方式一致,例如:水泥公司生产出售熟料或钢铁公司生产废钢的排放量不从其范围一排放量中减去。与销售/转让自有发电相关的排放量可在可选信息中报告。

（2）第 2 类排放源（范围二）：企业活动消耗电力所产生的间接排放。企业购买并消耗的电力在发电过程中产生的直接排放,实际排放发生在发电厂范围内,排放源不是企业拥有或者能够控制的。供配电企业在供配电过程中消耗电力所产生的排放计入本范围。范围二说明了公司消耗的购买电力产生的温室气体排放。购电是指购电或以其他方式带入公司组织边界的电力。范围二实际排放发生在发电设施侧。

对许多公司来说,虽然设备实现了电气化,但购电是温室气体排放的最大来源之一,将这部分排放计入统计范围也是减少这些排放的最重要措施。企业可以通过节能低碳技术来减少用电。此外,日益兴起的绿色电力发展市场为一些公司降低范围二的温室气体排放提供了重要的机遇。公司还可以安装一个高效的现场热电厂,特别是它取代了从电网或电力供应商处购买的温室气体密集型电力。范围二排放量的报告可以清楚地核算温室气体排放量和与这种绿色电力应用有关的减少量。

对于港口来说,使用电网的电力属于范围二,如果使用自备柴油发电机组产生的电力则属于范围一。同样,对于港口来说,使用来自外部区域管网的热力属于范围二,如来自港口的分布式供暖的热力属于范围一。

（3）第 3 类排放源（范围三）：其他类型间接排放。范围三是企业活动产生的除消耗购买电力外所产生的间接排放,包括购买的原材料的开发和生产过程、购买能源的运输过程、售出产品和服务的使用过程等所产生的其他间接排放,本范围内的排放是企业活动产生的,但是排放源不是企业拥有或者能够控制的。

范围三是一个可选的报告类别,允许处理所有其他间接排放。范围三的活动包括采购材料的开采和生产;采购燃料的运输;员工出差、员工上下班;销售产品的运输;废物处理,以及处理运营过程中产生的废物、处理采购材料和燃料生产过程中产生的废物、在产品寿命结束时对其进行处置;销售产品和服务的使用;租赁资产、特许经营权和外包活动等。

按照不同类型碳排放源核算温室气体排放,有利于企业对温室气体排放实施有效的管理和控制,有助于确保不会大范围重复核算排放量(如第 2 类排放源中核算的码头用户耗电量的排放,还被核算为发电厂第 1 类排放源的排放)。《温室气体议定书——企业核算与报告准则》要求各公司分别核算并报告第 1 类排放源和第 2 类排放源的排放量。

2）集装箱码头碳排放源

集装箱码头碳排放源及类型见表 2-3。

表 2-3　集装箱码头碳排放源及类型

范　围	类　型	排　放　源	动力及能源形式
范围一：直接温室气体排放	装卸生产设备	燃油驱动轮胎式集装箱门式起重机、集装箱正面吊运起重机(正面吊)、空箱堆高机、集装箱跨运车、叉车、燃油集装箱牵引车或集装箱卡车(简称集卡,也称为码头牵引车)	柴油或天然气
	辅助生产设备	办公车、加油车等	汽油或柴油或天然气

续表

范　　围	类　　型	排　　放　　源	动力及能源形式
范围二：间接温室气体排放	装卸生产设备	岸边集装箱起重机、轨道式集装箱门式起重机、电动轮胎式集装箱门式起重机、电动水平运输车辆（电动集装箱卡车等）	电力
	辅助生产设备	候工楼、办公楼、理货房、机修房、港口设施维护、集装箱冷藏箱保温、港区污水处理、照明用电	电力
范围三：其他温室气体排放	外包活动（包括外租水平运输车辆）、船舶（候泊、靠港和靠离泊操作）、港作船舶（拖轮等）、集疏运车辆在码头内运行、购置燃料的运输、检验检疫部门驻港办公楼、船舶用品供应商专用码头、制冷剂泄漏、各类租户和员工旅行等（属于第3类，但难以计算，一般忽略）	柴油或燃料油或天然气或电力（如船舶靠港使用岸电）

港口碳排放源及各范围的界定见图 2-1。

图例：

```
┌ ─ ─ ─ ┐
└ ─ ─ ─ ┘  清单边界，包括范围一、范围二、范围三；

┌─────┐
└─────┘  港口地理边界，包括范围一；

┌ ─ ─ ─ ┐
└ ─ ─ ─ ┘  区域电网提供电力，包括范围二。
```

图 2-1　港口碳排放源及范围的界定

2. 碳排放核算边界范围

进行港口碳排放核算时，需要确定属于评估范围的排放源，依据港口能否控制对排放源的分类，通常涉及 3 个核算边界范围。

1）物理边界范围

包括全部港口有形资产和基础设施所在的地理区域。由于对港口而言，挂靠港口的船舶排放也纳入其评估范围，物理边界范围应扩大，因此，将海运范围也包括其中。

2）组织边界范围

组织边界范围是在一个具有复杂母子公司结构的母公司范围内进行碳排放分配时所用的概念。组织边界范围由权益股份法或者控制范围法确定：权益股份法按照各公司占有的权益股份来分配温室气体排放；控制范围法将温室气体排放全部分配给对财务操作具有控制权的公司。

物理边界范围和组织边界范围(这两个边界范围可能部分重合,部分各自独有)共同确定了属于评估范围的各类排放源。

公司的组织和运营边界如图 2-2 所示。

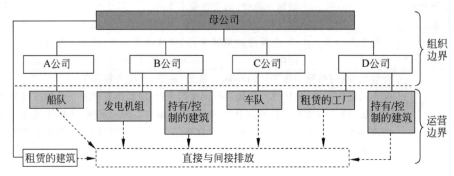

图 2-2　公司的组织和运营边界

3) 运营边界范围

运营边界范围根据港口、承租方和其他相关方的管理或者财务职责确定,可以采用权益股份法或者财务和营运控制范围法确定。企业温室气体第 1 类和第 2 类排放源为处于运营边界范围内的排放源,其所属的碳排放源类型——温室气体第 3 类排放源为处于运营边界范围外的排放源。碳排放核算采用营运控制范围法确定运营边界范围。

由于港口几乎不能直接或间接控制租户的活动,因此,温室气体排放核算不考虑租户的排放,租户的排放对形成减碳战略没有价值;温室气体排放核算本应考虑员工旅行排放,但因员工旅行排放相对于港口排放而言占比极小,所以没必要考虑;港口仓库和堆场、建筑物大部分为自用,少量租给租户使用,自用部分属于第 2 类排放源,出租部分属于第 3 类排放源。

例如:X 组织是一家母公司,对 A 和 B 业务拥有完全所有权和财务控制权,但对 C 业务只有 30%的非经营性权益,没有财务控制权。

设定组织边界:X 将决定是按股权份额还是按财务控制核算温室气体排放。如果选择的是股权份额,那么 X 将包括 A 和 B,以及 C 排放量的 30%。如果选择的方法是财务控制,X 将仅将 A 和 B 的排放量计算为相关排放量,并进行合并。一旦决定了这一点,就定义了组织边界。

设置运营边界:一旦设置了组织边界,X 就需要根据其业务目标来决定是只考虑范围一和范围二,还是包括相关的范围三来进行其业务。

A、B 和 C(如果选择公平法)业务在 X 选择的范围内计算温室气体排放量,即它们在制定作业边界时采用公司政策。

3. 港口碳排放核算方法

与交通有关碳排放的计算方法主要有以下几种。

1) 利用周转量和相关参数计算

碳排放量=周转量×单位周转量能耗×单位能耗碳排放(排放因子)

2) 利用保有量和相关参数计算

碳排放量=设备保有量×单位设备能耗×单位能耗碳排放(排放因子)

以上两种方法可以相互验证,可优先利用周转量统计数据进行计算,没有周转量统计数据则采用保有量数据进行计算。

3)通过能耗统计量计算

$$\text{碳排放量} = \sum \text{某种能源消耗量} \times \text{某种能源排放因子}$$

基于港口活动核算港口碳排放需要有排放源的能耗数据。根据港口的统计,容易获取范围一和范围二排放源的能耗数据,但是难以获取范围三排放源的能耗数据,尤其是船舶在港口停靠和营运、租户在港口拥有的货物处理设备以及集疏运车辆在港内运行的情况,可根据现有统计数据进行分析以解决数据缺失的问题。

本节主要以二氧化碳为例计算碳排放数据,其他温室气体的计算方法类似,只是排放因子不同。

(1)燃油的二氧化碳排放核算方法。在集装箱码头温室气体排放核算范围一中,统计或核算期内二氧化碳排放计算公式为

$$E_{\text{F,CO}_2} = \left(\sum_{i=1}^{n} C_{\text{F},i} \times E_{\text{F},i} \right) /1000 \tag{2-1}$$

式中,$E_{\text{F,CO}_2}$ 为集装箱码头使用燃油的二氧化碳直接排放量,单位为 t;n 为集装箱码头纳入温室气体核算范围一内的生产设备或运输车辆总数;$C_{\text{F},i}$ 为集装箱码头纳入温室气体核算范围一内的第 i 台生产设备或运算车辆在统计或核算期的燃油消耗量,单位为 L;$E_{\text{F},i}$ 为第 i 台生产设备或运输车辆使用燃油的二氧化碳排放因子,单位为 kg/L。各种燃油的二氧化碳排放因子可根据燃油的热值、单位热值二氧化碳排放和比重计算得出。如果没有单位热值二氧化碳排放量,可从 IPCC 出版的《2006 年 IPCC 国家温室气体清单指南》中选取相应的燃料单位热值二氧化碳排放因子缺省值。

(2)电力的二氧化碳排放核算方法。根据 GB/T 32151.1—2015《温室气体排放核算与报告要求 第 1 部分:发电企业》,其中购入的电力产生的排放可以作为一般用电企业核算电力产生的排放计算。

在集装箱码头温室气体排放核算范围二中,统计或核算期内二氧化碳排放计算公式为

$$E_{\text{E,CO}_2} = \left(\sum_{i=1}^{n} C_{\text{E},i} \times E_{\text{E}} \right) /1000 \tag{2-2}$$

式中:

$E_{\text{E,CO}_2}$——集装箱码头使用电力的二氧化碳直接排放量,t;

n——集装箱码头纳入温室气体核算范围二的生产设备、区域范围或辅助生产设备设施总数;

$C_{\text{E},i}$——集装箱码头纳入温室气体核算范围二的第 i 台生产设备、区域范围或辅助生产设备设施在统计或核算期的电力消耗量,kW·h;

E_{E}——集装箱码头使用电力设备的二氧化碳排放因子,kg/(kW·h),随集装箱码头所用的电力来源的不同而有所区别。二氧化碳排放因子为区域电网年平均供电排放因子。

购入电量以企业电表记录的读数为准,如果没有,可采用供应商提供的电费发票或者结算单等结算凭证上的数据。供电排放因子选用国家主管部门公布的相应区域的电网排放因

子进行计算。

（3）集疏运车辆碳排放的计算方法。核算期内,集疏运车辆在港口内部运行的二氧化碳排放可通过以下公式计算。

$$E_{EV} = \left(\sum_{i=1}^{n} D \times N_i \times F_V \right) / 1000 \tag{2-3}$$

式中：

E_{EV}——核算期内集疏运车辆在港内运行的二氧化碳排放,t；

n——集疏运车辆进出港口大门数量；

i——集疏运车辆进出港大门序数；

D——核算期内集疏运车辆在港口物理边界由进港大门到港内目的地或由港内目的地到出港大门的平均运行距离,km；

N_i——经由第 i 个进出港大门进出港的集疏运车辆数；

F_V——集疏运车辆运行单位距离的二氧化碳排放量,kg/km。

（4）冷藏箱制冷剂泄漏的碳排放计算方法。核算期内,冷藏箱制冷剂泄漏导致的二氧化碳排放采用国家温室气体清单指南提供的方法进行计算,计算公式如下。

$$E_{RR} = \left(\sum_{i=1}^{n} W_R \times F_R \times D_s \times N_i \times G_{WPR} / 365 \right) / 1000 \tag{2-4}$$

式中：

E_{RR}——核算期内冷藏箱制冷剂泄漏导致的二氧化碳排放,t；

n——冷藏箱规格的数量；

i——冷藏箱规格序数；

W_R——冷藏箱制冷剂质量,kg；

F_R——冷藏箱制冷剂年泄漏系数,％；

D_s——冷藏重箱平均在港时间,d；

N_i——核算期内港口作业的第 i 种规格冷藏重箱数量；

G_{WPR}——冷藏箱制冷剂的地球变暖潜力系数。

（5）船舶活动的碳排放计算方法。核算期内,运输船舶或港作船舶在港口物理边界范围内活动的二氧化碳排放,根据欧洲大气污染物长程漂移监测和评价计划及欧洲共同体自然资源状况与环境信息系统,2006 年 12 月出版的《IPCC 国家温室气体排放清单指南》提供的公式如下。

$$E_{ST} = \left\{ \sum_{j=1}^{m} \left[\left(\sum_{i=1}^{n} t_i / 24 \times F_j \right) \times N_j \times E_F \right] \right\} / 1000 \tag{2-5}$$

式中：

E_{ST}——核算期内船舶在港口物理边界范围内活动的二氧化碳排放,t；

m——在港口物理边界范围内活动的船舶类型数,如货船、拖船等；

n——船舶在物理边界范围内活动的类型数,如候泊、靠泊、靠离泊操作等；

t_i——船舶在物理边界范围内完成第 i 种类型活动的时间,h；

F_j——第 j 种类型船舶在港口物理边界范围内活动的燃油消耗率,t/d,与船舶总吨有函数关系；

N_j——核算期内港口物理边界范围内活动第 j 种类型船舶总数；

E_F——船舶使用燃油的二氧化碳排放因子，kg/t。

4. 各类能源碳排放因子

鉴于减少温室气体排放以应对气候变化已成为国际共识，为适应国际交流和比较的需要，中国在制定港口碳排放统计和分析方法的过程中充分考虑与国际接轨，在核算二氧化碳排放因子时参照国际文件的数据。

1）燃油二氧化碳排放因子

根据《中国能源统计年鉴 2019》，中国汽油和柴油的平均低位发热量分别为 43 070J/g 和 42 652J/g，《2006 年 IPCC 国家温室气体清单指南》给出的汽油和柴油的单位热值二氧化碳排放因子缺省值分别为 69 300ng/J 和 74 100ng/J。假设燃油消耗时的氧化率为 100%，以柴油为例，二氧化碳的排放因子计算如下。

$$柴油二氧化碳排放因子 = 42\ 652 \times 10^3 \times 74\ 100/10^{12} = 3.1605$$

经过计算，柴油和汽油的二氧化碳排放因子分别为 3.1605 和 2.985。

2）天然气二氧化碳排放因子

根据《中国能源统计年鉴 2019》，中国天然气的平均低位发热量分别为 32 238～38 931kJ/m³，《2006 年 IPCC 国家温室气体清单指南》给出的天然气的单位热值二氧化碳排放因子缺省值分别为 56 100ng/J，由其可以计算排放因子。天然气的密度取 0.7174kg/m³。

按质量计算的天然气的二氧化碳排放因子 =（32 238～38 931）÷ 0.7174 × 10³ × 56 100/10¹² = 2.521～3.044。

按体积计算的天然气的二氧化碳排放因子为 1.8086～2.1840kg/m³。

3）电力二氧化碳排放因子

电网平均排放因子见表 2-4。集装箱码头根据其所在省市所属区域电网，选用相应的电力二氧化碳排放因子。在选择电力二氧化碳排放因子时注意，电网平均排放因子与国家定期公布的基准线排放因子的不同。

表 2-4　2011 年和 2012 年中国区域电网平均二氧化碳排放因子

kg/(kW·h)

电　　网	2011 年	2012 年
华北区域电网	0.8967	0.8843
东北区域电网	0.8189	0.7769
华东区域电网	0.7129	0.7035
华中区域电网	0.5955	0.5257
西北区域电网	0.6860	0.6671
南方区域电网	0.5748	0.5271

未来排放因子的取值取决于能源结构和火电效率。随着电网的清洁化，排放因子会降低，预计到 2060 年，中国非化石能源占发电行业能源消费的比例将在 80% 以上。中国的火电效率逐步提高，2015 年为 312g/(kW·h)，预计到 2030 年将降到 300g/(kW·h)。

5. 碳排放计算步骤和示例

在进行碳排放核算时，一旦确定了核算边界，通常按照以下步骤计算温室气体排放量：

（1）确定温室气体排放源；

（2）选择温室气体排放量计算方法；

（3）收集活动数据并选择排放因子；

（4）应用计算工具；

（5）将温室气体排放数据汇总。

识别和计算温室气体排放的步骤见图2-3。

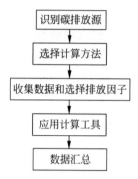

图 2-3　识别和计算温室气体排放的步骤

ISO 14064-1 第一部分组织层次上对温室气体排放和清除的量化和报告的规范及指南提供了如何确定碳足迹的指南，"温室气体议定书"提供了额外的相关信息。换算系数用于计算能源使用引起的温室气体排放量，单位为 kg/(kW·h)（以二氧化碳当量计），碳排放的计量单位为 kg（二氧化碳当量）。

计算实例。

2019 年，一个中型欧洲集装箱码头（150 万 TEU/a）报告了以下能耗数据。

（1）总电力 11 800 000kW·h。

（2）柴油总计 3 090 000L。

相关换算系数如下。

（1）电力供应 0.529kg/(kW·h)（以二氧化碳当量计）。

（2）柴油 2.63kg/L（以二氧化碳当量计）。

碳排放量的计算如下。

（1）来自电力的碳排放量为 11 800 000kW·h×0.529kg/(kW·h)＝6 242 200kg（以二氧化碳当量计）。

（2）来自柴油的碳排放量为 3 090 000L×2.64kg/L＝8 157 600kg（以二氧化碳当量计）。

（3）总计碳排放为 14 399 800kg（以二氧化碳当量计）。

对于其他温室气体的排放（如液化天然气燃料中的甲烷、制冷剂或电气绝缘材料中的氟化气体）来说，必须获取这些数量，转换为二氧化碳当量，并将其添加到能源消耗的碳足迹中，以计算总碳足迹。

集装箱码头以集装箱吞吐量为基准核算碳排放时应注意的问题。

（1）转化为标准箱。对于集装箱码头而言，使用集装箱作为参考单位似乎是合乎逻辑的。然而，物流供应商要求"t"作为参考单位，以实现与运输链所用方法的兼容性。集装箱码头一般以标准箱（TEU）作为其统计数据的单位。由于 20ft（1ft＝0.3048m）、40ft、45ft 集装箱之间的份额因码头而异,因此可以使用各种尺寸的标准箱系数进行统计汇总。集装箱数量乘以标准箱系数得出标准箱(TEU)数量。

(2)统计集装箱数量。重要的是计算集装箱的实际吞吐量。任何集装箱只计算一次。目前,吞吐量是根据当地标准和法规计算的,可能存在不便于比较的问题。

(3)集装箱质量的影响。测量集装箱质量与能源消耗的关系表明,质量差异对消耗有一定影响,然而,需要更多的研究来证明这些发现或允许识别集装箱质量等级。如果发现集装箱质量不重要,则应调查是否可替代单位为"集装箱"数量,单位"t"可作为参考单位,以满足供应商的要求。

(4)冷藏集装箱。冷藏集装箱在码头的耗电量变化很大,这主要取决于运输的商品和环境温度。速冻货物的冷藏车表现出相对稳定的消耗,但水果和蔬菜(冷藏货物)冷藏车表现出不稳定的消耗。因此,需要进行调查,以确定是否可以将冷藏消耗量平等分配给所有冷藏箱,或者是否必须确定消耗类别。

任何将碳足迹分配到参考单位的方法(通常是平均方法)都必须是可逆的,即将所有产品的碳足迹相加,必须再次得出总的码头碳足迹。

航线碳排放的计算要按单个路线比较。

(1)查找航线贸易通道的二氧化碳排放因子(特定承运人或行业平均值)。

(2)使用专业工具或其他航海距离资源确定始发港和目的港之间的行驶距离。

(3)将二氧化碳排放因子乘以港口间的距离和该批货物的集装箱数量。

某公司的航运线路的碳足迹计算见表2-5。

表 2-5　碳足迹计算实例

商务航线及港口	集装箱数量/TEU	航运距离/km	CO_2 排放因子/ (g/TEU/km)	CO_2 排放量/t
亚洲—北美				
上海—鹿特丹	150	20 000	47	141
香港—不来梅	30	18 500	47	26
亚洲—美国西海岸				
香港—长滩	70	12 000	59	50
欧洲—非洲				
鹿特丹—拉各斯	40	8000	77	25
公司总二氧化碳排放				242

2.2.2　国外港口碳排放清单

本节对国外的港口碳排放清单进行分析,由于各个港口发布的碳排放清单口径有所不同,并且在大部分港口的排放清单中没有明确说明所包含的范围,因此其数据仅供参考。

1. 德国汉堡港能耗和碳排放情况

本节通过德国汉堡港的运行数据分析集装箱码头的能耗和排放情况。德国汉堡港在汉堡有三个集装箱码头:Altenwerde 集装箱码头(CTA)、Burchardkai 集装箱码头(CTB)和 Tollerort 集装箱码头(CTT),此外还有乌克兰分公司的敖德萨集装箱码头。CTA 是自动化集装箱码头,采用岸桥＋自动导引车(AGV)＋自动轨道式集装箱门式起重机(RMG)作业模式;CTB的水平运输为跨运车,堆场改造为RMG模式,为半自动化集装箱码头;CTT采用的是岸桥＋跨运车的作业模式。

1) 德国汉堡港的能源消耗情况

德国汉堡港的能耗情况见表2-6。从表中可以看出柴油和取暖用油的消耗量逐年降低,天然气、可再生能源电力的使用逐年增多。2020年,可再生能源电占非机动车用电的74%。

表2-6　德国汉堡港的能耗情况

年　　度	柴油和取暖用油/10^6L	汽油/10^6L	天然气/10^6m³	电/(10^6kW·h)	其中可再生能源电/(10^6kW·h)	牵引机车/(10^6kW·h)	区域供热/(10^6kW·h)
2008	26.9	0.1	1.9	137.6			1.7
2009	18.1	0.1	2.1	121.8	12		1.7
2010	21.4	0.1	2.4	135	65		5.6
2011	26.1	0.1	2	145.3	72		5.2
2012	26.6	0.1	2.1	139.9	70.2	16.9	4.6
2013	26.8	0.1	3.1	148.7	78.2	37.9	4.6
2014	28.5	0.1	1.8	154.4	84	51.7	3.7
2015	25.7	0.1	2.3	138.3	76	130.3	3.2
2016	25.6	0.1	2.4	139.6	73.1	150	3.6
2017	27.4	0.1	3.6	135.6	82.8	157.5	3.6
2018	28.4	0.1	4.4	135.9	78.9	181.4	3.7
2019	28	0.1	8	123.2	78.7	185	3.6
2020	24.1	0.1	9.1	117	86.2	191.9	3.1
2021	24.1	0.1	7.5	133.7	97.4	208.7	4.0

德国汉堡港的各种装卸设备的二氧化碳排放比例见图2-4,跨运车是燃油消耗和排放的主要设备(占50%),这是因为CTB和CTT均以跨运车作为水平运输设备。而CTA以AGV作为水平运输设备,其能耗占比也较大(占20%)。接近70%的排放量是由消耗燃油的跨运车和AGV等燃油动力设备所排放,燃油动力设备是节能减排控制的重点。

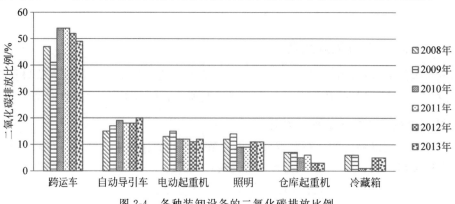

图2-4　各种装卸设备的二氧化碳排放比例

2）德国汉堡港的二氧化碳排放情况

德国汉堡港的相对二氧化碳排放以2008年为基准,设为100%,原计划到2020年降到2008年的70%,实际降低到57.2%。2008—2020年的二氧化碳排放情况见图2-5,基本趋势是逐年下降。

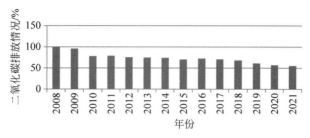

图 2-5　德国汉堡港的二氧化碳排放与2008年基准年相比的情况

德国汉堡港的绝对二氧化碳排放情况见图2-6,由燃油等产生的直接二氧化碳排放量是二氧化碳排放的主要部分,2020年占比为49%,由于近年来使用火车机车进行多式联运,因此使得机车消耗电力产生的非直接二氧化碳的比例增加较大。使用可再生能源发电,导致二氧化碳排放量减少,可二氧化碳补偿的非直接二氧化碳排放量为23 787t。

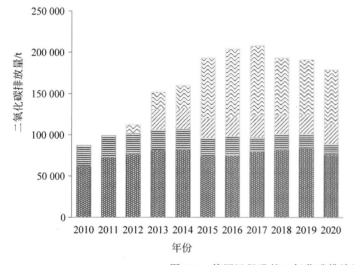

非直接二氧化碳排放量
（机车部分）

可二氧化碳补偿的非直接
二氧化碳排放量

非直接二氧化碳排放量

直接二氧化碳排放量

图 2-6　德国汉堡港的二氧化碳排放量

德国汉堡港的二氧化碳排放强度见表2-7。

表 2-7　德国汉堡港的二氧化碳排放强度

年　份	二氧化碳总排放量/t	不计机车的二氧化碳排放量/t	集装箱吞吐量/TEU	总二氧化碳排放强度/(kg/TEU)	不计机车的二氧化碳排放强度/(kg/TEU)
2008	118 520	118 520	7 000 000	16.93	16.93
2009	87 454	87 454	4 900 000	17.85	17.85
2010	87 000	87 000	5 800 000	15.00	15.00
2011	99 000	99 000	7 100 000	13.94	13.94

续表

年　份	二氧化碳 总排放量/t	不计机车的二氧 化碳排放量/t	集装箱吞吐量 /TEU	总二氧化碳排放 强度/(kg/TEU)	不计机车的 二氧化碳排放强度/ (kg/TEU)
2012	112 000	102 000	7 200 000	15.56	14.17
2013	126 000	106 000	7 500 000	16.80	14.13
2014	135 000	107 000	7 480 000	18.05	14.30
2015	169 000	96 000	6 561 000	25.76	14.63
2016	180 000	100 000	6 658 000	27.04	15.02
2017	182 000	97 000	7 196 000	25.29	13.48
2018	170 000	101 000	7 336 000	23.17	13.77
2019	170 346	104 346	7 477 000	22.78	13.96
2020	154 954	88 954	6 776 000	22.87	13.13
2021	124 418	85 837	6 943 000	17.92	12.36

　　根据德国汉堡港的二氧化碳排放量和集装箱吞吐量计算的二氧化碳排放强度见图 2-7,由于近年来机车排放的二氧化碳占比较大,因此考虑机车的总二氧化碳排放强度较大,最高达到 27kg/TEU。不计机车的二氧化碳排放强度,则为 $13\sim15$kg/TEU。

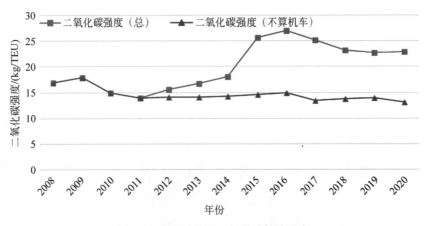

图 2-7　德国汉堡港二氧化碳排放强度

2. 北美典型港口碳排放情况

　　美国长滩港 2020 年集装箱吞吐量为 8.1×10^6TEU。根据长滩港最近公布的 2020 年空气排放清单,2020 年,该港货物操作排放的二氧化碳为 116 638t,推算 2020 年长滩港港口生产单位吞吐量二氧化碳排放为 14.38kg/TEU。

　　洛杉矶港集装箱码头装卸生产当量二氧化碳排放量以及港口集装箱吞吐量如表 2-8 所示。

表 2-8　洛杉矶港集装箱码头装卸生产当量二氧化碳排放量

年　份	当量二氧化碳排放量/t	港口集装箱吞吐量/TEU	单位吞吐量当量二氧化碳排放量/(kg/TEU)
2012	131 278	8 077 714	16.25
2013	122 661	7 868 582	15.59

年　份	当量二氧化碳排放量/t	港口集装箱吞吐量/TEU	单位吞吐量当量二氧化碳排放量/(kg/TEU)
2014	154 350	8 340 066	18.51
2015	155 651	8 160 458	19.07
2016	145 980	8 856 783	16.48
2017	158 769	9 343 193	16.99
2018	176 485	9 458 748	18.66
2019	165 248	9 337 632	17.70
2020	154 613	9 213 396	16.78

　　北美典型港口的大气污染物排放和二氧化碳排放比例见图 2-8～图 2-14。图中显示了各个港口的大气污染物排放和二氧化碳排放的构成,主要是远洋船舶、港务船舶、港作机械、火车机车和重型车辆等。从图中可以看出,包括远洋船舶和港作船舶的大气污染物排放比例约为 56%～80.8%,其中美国奥克兰港的船舶排放占比达到 80.8%。远洋船舶和港作船舶的二氧化碳排放比例为 33.3%～59%,其中加拿大温哥华港的二氧化碳排放比例达到 59%。上述分析结果表明,船舶靠港期间的大气污染物排放和二氧化碳排放都是港口区域排放的主要来源,因此船舶的大气污染物和二氧化碳排放的控制对于港口及周边的环境非常重要。

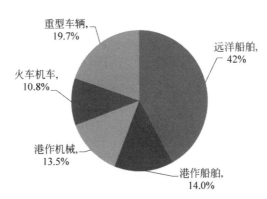

图 2-8　美国洛杉矶港大气污染物排放比例

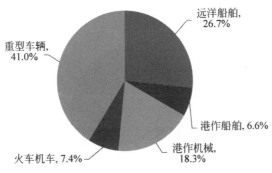

图 2-9　美国洛杉矶港二氧化碳排放比例情况

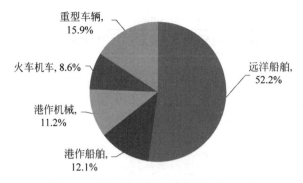

图 2-10 美国长滩港大气污染物排放比例

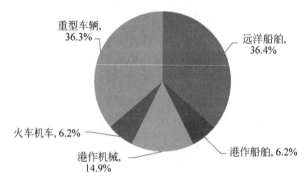

图 2-11 美国长滩港二氧化碳排放比例

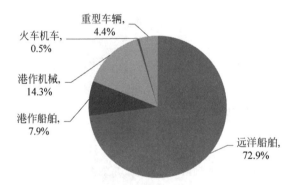

图 2-12 美国奥克兰港大气污染物排放比例

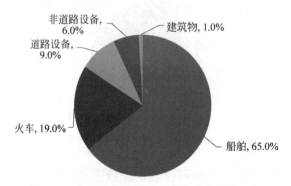

图 2-13 加拿大温哥华港大气污染物排放比例

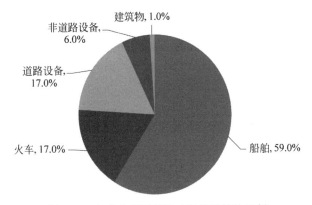

图 2-14　加拿大温哥华港二氧化碳排放比例

3. 印度集装箱码头二氧化碳排放情况

根据 Maclin Vasanth 的文章孟买港集装箱码头的碳足迹介绍,航运业是温室气体排放的重要来源之一,占全球二氧化碳排放量的 3.9%(12.6 亿 t 二氧化碳当量)。港口的二氧化碳排放量占港口温室气体排放总量的 99% 以上,因此,港口碳排放主要以二氧化碳排放为主。

以印度孟买的四个集装箱码头为对象分析了港口二氧化碳排放量。四个集装箱码头分别为印度关口码头(GTI)、纳瓦谢瓦内陆集装箱码头(NSICT)、尼赫鲁港口集装箱码头(JNPCT)以及孟买港口 Indira 集装箱码头(ICT)。与温室气体排放源有关的数据是从各码头实际消耗现状收集的,主要分为现场燃料消耗源的直接排放(范围一)、电力消耗源的间接排放(范围二)和港口租用相关的其他排放(范围三)。根据《2006 年 IPCC 国家温室气体清单指南》,使用专门为计算碳足迹而开发的电子表格及公式估算二氧化碳排放量。由于印度没有大规模的开展"油改电",RTG 是范围一中的排放量最高的排放源,它分别占 GTI、NSICT、JNPCT 和 ICT 码头的总二氧化碳排放量的 63%、56%、92% 和 90%。码头牵引车(Tractor Trailer,TT)是范围一中的第二大二氧化碳排放源。在范围二的间接排放中,冷藏集装箱(冷藏车)的排放量最大(分别占 GTI 和 NSICT 码头二氧化碳排放总量的 47% 和 65%)。无法单独核算 GTI、NSICT 和 JNPCT 的碳排放量的范围三排放(每个码头每年约 4.51 Gg 二氧化碳)。据估计,停靠港口的船舶的辅助发动机对范围三的碳排放贡献最大。研究表明,在各项减排措施中,RTG 的电气化取代柴油,可节省多达 45% 的二氧化碳排放。同样,在拖车中使用 LNG 燃料可以减少高达 24.26% 的二氧化碳排放。对于在船舶靠港时运行辅助发动机不使用燃料油来说,使用 LNG 可以减少 50% 的碳排放。如果船舶靠港使用岸电将会降低更多的碳排放,在港口属地无排放。

GTI 码头的范围一的二氧化碳排放情况见图 2-15 和图 2-16。其中 RTG 的年二氧化碳排放量约为 10Gg/年,占比为 63%。码头牵引车、空箱堆高机和其他设备分别为 33%、1%、3%,而集装箱正面吊运起重机(正面吊)的排放占比很小。

NSICT 码头的范围一的二氧化碳排放情况和占比情况见图 2-17 和图 2-18。各类设备的二氧化碳排放占比跟 GTI 码头的基本一致。

GTI 码头的范围二的二氧化碳排放情况和占比情况见图 2-19 和图 2-20。

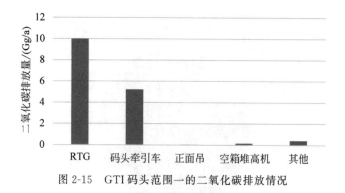

图 2-15　GTI 码头范围一的二氧化碳排放情况

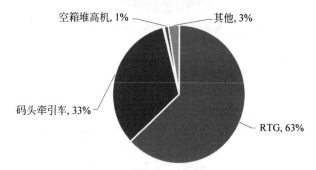

图 2-16　GTI 码头范围一的二氧化碳排放占比情况

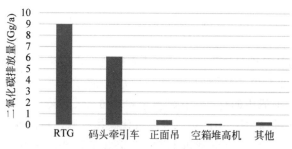

图 2-17　NSICT 码头范围一的二氧化碳排放情况

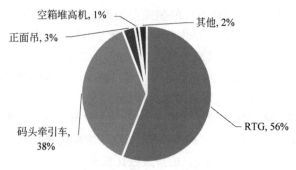

图 2-18　NSICT 码头范围一的二氧化碳排放占比情况

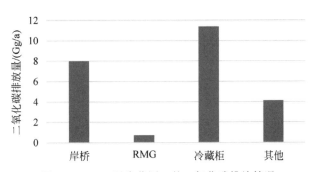

图 2-19　GTI 码头范围二的二氧化碳排放情况

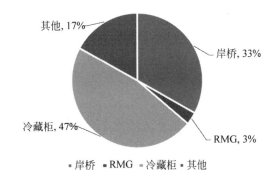

图 2-20　GTI 码头范围二的二氧化碳排放占比情况

NSICT 码头的范围二的二氧化碳排放情况和占比情况见图 2-21 和图 2-22。

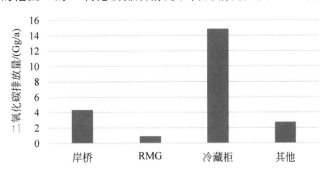

图 2-21　NSICT 的范围二的二氧化碳排放情况

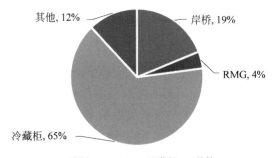

图 2-22　NSICT 的范围二的二氧化碳排放占比情况

各个码头设备的燃油消耗量见图 2-23。从图中可以看出 RTG 和码头牵引车分别是各个码头消耗燃油最多的设备。

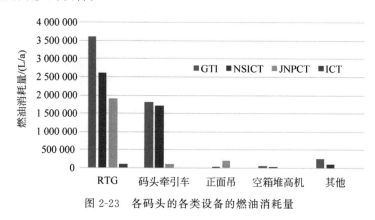

图 2-23　各码头的各类设备的燃油消耗量

4. 韩国集装箱码头碳排放情况

过去几十年来,韩国一直注重战略性经济增长,促进国际贸易快速发展。随着贸易的发展,集装箱码头作业一直在稳步增加,并产生相应的环境影响。相关研究人员采用系统动力学方法建立评估集装箱码头碳排放总量的模型,同时计算 2017—2030 年既定碳减排目标下集装箱码头所需的碳减排量。研究结果表明,集装箱码头每年平均产生 10 818 万 kg 的二氧化碳当量,主要来自 5 个过程:船舶操纵、船舶停泊、集装箱装卸、集装箱运输以及集装箱接收和交付。在集装箱码头的碳排放总量中,各个过程占总排放量的比例:集装箱船舶调遣操纵过程占 51.13%,泊位过程占 0.57%,集装箱装卸过程占 37.34%,集装箱运输过程占 1.04%,集装箱收发货过程占 9.92%。另外,研究表明,集装箱码头要求 2023—2030 年每年平均减少 53 万 kg 的二氧化碳当量排放量,以达到韩国政府的减排目标。

5. 西班牙维戈港集装箱码头碳排放情况

西班牙维戈港集装箱码头开展了可持续性发展研究,收集了所用机械、能源消耗、燃料消耗、集装箱移动、船舶和起重机操作等数据。对 2018 年和 2019 年期间维戈港集装箱码头的业务进行了分析,主要考虑三个运行和维护阶段。

(1) 码头前沿,包括船舶靠泊作业和装卸作业,以及起重机作业。

(2) 堆场,包括使用搬运车和/或正面吊移动集装箱。此外,这一部分还包括冷藏集装箱消耗的能源和集装箱清洁作业用水。

(3) 车辆移动,考虑卡车和车辆的内部和外部移动。

研究结果表明,首先,由于船舶停泊和装卸时间消耗的燃料的碳足迹为 21.308kg/TEU,因此,停泊和装卸船作业对集装箱码头的环境影响最大。其次,车辆的移动对环境的影响也非常大(碳足迹为 14.161kg/TEU)。由于使用过程中消耗燃料,因此,使用搬运车(碳足迹为 4.584kg/TEU)和正面吊(碳足迹为 4.048kg/TEU)也会产生重要和类似的环境影响。最后,在所研究的集装箱码头作业中,电动起重机对环境的影响最小(碳足迹为 1.448kg/TEU)。

6. 英国菲利克斯托港碳排放情况

菲利克斯托港是英国主要的集装箱港口,由和记港口控股集团(Hutchison Port Holdings Group)旗下的和记港口英国有限公司(Hutchison Ports(UK)Ltd)经营。2009年,菲利克斯托港集装箱吞吐量达到302.1万TEU。据该港口2009年环境报告介绍,2007年、2008年和2009年,该港口生产单位吞吐量二氧化碳排放分别为19.6kg/TEU、19.8kg/TEU和19.0kg/TEU。

7. 马士基码头公司碳排放情况

马士基码头(Maersk Terminals)公司在全球经营55个集装箱码头,2010年完成集装箱吞吐量3 150万TEU,占全球码头集装箱吞吐量的6%。该公司码头通过RTG"油改电"(上海沪东集装箱码头有限公司)、提高生产组织水平、减少集装箱在码头内的操作次数和运行距离(马士基码头公司鹿特丹码头)、提高使用清洁燃料或可再生燃料生产的电力的比例(马士基码头公司鹿特丹码头)等措施,来降低二氧化碳排放。2010年,该公司码头生产单位吞吐量二氧化碳排放为11.68kg/TEU,其计入了码头消耗电力的二氧化碳排放,但是没有计入冷藏箱保温消耗电力的二氧化碳排放。马士基码头公司依据温室气体议定书(Greenhouse Gas Protocol)的要求计算其二氧化碳排放,相关数据通过挪威船级社(Det Norske Veritas)的审核。

2.2.3 中国港口碳排放清单

1. 集装箱码头的船舶排放占比

当前,中国移动源的污染问题日益突出,已成为大气污染的重要来源。根据《中国机动车环境管理年报(2018)》发布的数据显示,2017年,船舶的保有量由2016年的17.8万艘降为14.5万艘,内河、沿海和远洋船舶在领海基线外24海里向陆地一侧的水域的地理范围内排放二氧化硫、碳氢化合物、氮氧化物、颗粒物分别为85.3万t、7.9万t、134.6万t、13.1万t。船舶排放的氮氧化物和颗粒物分别占移动源总排放的25.6%和28.4%。因此,船舶排放占包括铁路机车、飞机、农业机械、工程机械等移动源总排放的比重较大,是移动源排放控制的重点。

中国沿海某大型集装箱码头的大气污染物排放情况见图2-24,从图中可以看出,其船舶的排放比例为80%,船舶排放在集装箱码头整个排放中占比较大。与国外的集装箱码头的各类排放占比一样,中国集装箱码头的主要排放点是靠港船舶,占比较大,其次是港内机械和外集卡等。

中国内河港口的排放情况以长三角地区某港口为例,船舶污染占比约60%,港口设备、外来卡车对污染的贡献各为20%左右,船舶的污染占整个港口的污染比例较高,只有将船舶的污染降下来,才能降低整个港口的污染物水平。

综上分析,无论是远洋船舶,还是内河船舶,停靠港口期间排放的大气污染物和二氧化碳都很大,是港口区域排放的主要来源。要降低整个港口区域的大气污染物和二氧化碳排放,就必须加大力度降低靠港船舶的大气污染物和二氧化碳排放。因此,国际组织和全球各个国

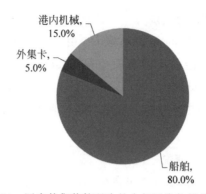

图 2-24　国内某集装箱码头的大气污染物排放比例

家都非常重视船舶大气污染物的控制及监管,出台了一系列的船舶排放控制政策及措施。

2. 港口机械能耗和碳排放清单

某集装箱码头的港口机械能耗和碳排放清单如表 2-9 所示,按照码头前沿设备、水平运输设备、堆场设备分类统计的二氧化碳排放占比情况见图 2-25,从图表中可以看出堆场部分的能耗和碳排放最大,能耗和碳排放分别约占总能耗和总碳排放的 49.03% 和 50.80%,因为该码头的堆场设备除了少量 RMG 外,主要是以 RTG 进行堆场作业,RTG 没有全部进行"油改电",还有一部分柴油混合动力形式的 RTG,另外堆场的正面吊、空箱堆高机等流动机械均为柴油动力驱动。水平运输部分的能耗和碳排放最小,分别占总能耗和总碳排放的 15.15% 和 17.23%。

表 2-9　某集装箱码头港口机械能耗和碳排放清单

区　　域	设　　备	能 源 类 型	能耗/tce	碳排放/t
码头前沿	岸桥	电力	5919.57	10 307.96
码头前沿小计			**5919.57**	**10 307.96**
水平运输	内集装箱卡车	柴油	2535.20	5645.73
水平运输	内集装箱卡车	LNG	10.01	19.21
水平运输小计			**2545.21**	**5674.26**
堆场	RTG	电力	3033.23	5281.87
堆场	RTG	柴油	3709.98	8275.53
堆场	空箱堆高机	柴油	1002.04	2235.16
海关	正面吊	柴油	99.54	222.04
堆场	铲车	柴油	66.98	149.41
堆场	其他机械	柴油	103.93	231.83
堆场	RMG(重箱)	电力	138.68	241.50
堆场	RMG(空箱)	电力	182.30	317.44
堆场和海关小计			**8336.69**	**16 954.78**
合计			**16 801.47**	**32 937.01**

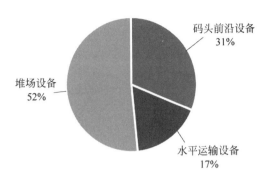

图 2-25　港口区域分类的二氧化碳排放占比情况

2.3　港口碳达峰路径的情景分析

2.3.1　情景分析方法

情景分析法是假定某种现象或某种趋势持续到未来的前提下,对预测对象可能出现的情况或引起的后果作出预测的方法。

港口碳排放量的计算公式如下。

(1) 设备保有量法

$$碳排放量 = 能耗 \times 能源碳排放因子 = \sum 设备数量 \times 设备操作吨 \times$$
$$单位操作吨能耗 \times 能源碳排放因子 \tag{2-6}$$

(2) 单位吞吐量能耗法

$$碳排放量 = 能耗 \times 能源碳排放因子 = 码头吞吐量 \times 单耗 \times 能源碳排放因子 \tag{2-7}$$

根据公式(2-7),港口碳排放量与码头吞吐量、单耗、各类能源的碳排放因子等参数有关。每个参数随发展阶段不同而变化。假定在预测的特定条件及其发展趋势持续到未来的前提下,根据变化程度不同,每个参数可设置约 3 个情景,这样可组合成多个不同的情景分析方案。分别计算不同的情景分析方案下的碳排放量,绘制相应的随时间变化的碳排放量变化曲线,可得出碳排放变化、碳达峰情况。

1. 港口吞吐量预测情景分析

港口吞吐量(T)跟经济的发展趋势相关,见图 2-26。

港口吞吐量可分为三种情景。

TA——乐观情景:经济很好,港口吞吐量增长较快的情境。

TB——较好情景:经济较好,港口吞吐量正常增长的情境。

TC——一般情景:经济一般,港口吞吐量增长缓慢的情境。

2. 单位吞吐量能耗(单耗)预测情景分析

港口单耗(F)跟港口的工艺、节能降碳技术应用、智能化技术应用等措施相关,可分为三种情景。

FA——强低碳情景:大规模应用节能降碳技术,港口单耗快速降低的情境。

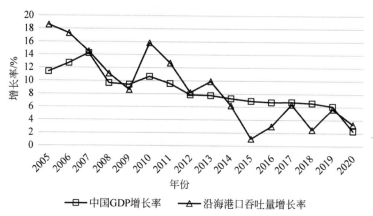

图 2-26　中国 GDP 增长率与沿海港口吞吐量增长率的关系

FB——低碳情景：正常应用节能降碳技术，港口单耗较快降低的情境。

FC——一般情景：不再应用节能降碳技术，港口单耗保持现有水平的情境。

3. 能源比例预测情景分析

能源比例（E）跟可再生能源、清洁能源等的应用比例相关，根据实际的能源比例，计算相应的能源消耗和排放情况。

EA——强低碳情景：大规模应用可再生能源，可再生能源的应用比例达到 80% 以上的情境。

EB——低碳情景：较大规模应用可再生能源，可再生能源的应用比例达到中等水平的情境。

EC——一般情景：可再生能源应用较少，可再生能源应用比例保持现有水平的情境。

根据以上各个参数的不同情景，可进行排列组合得出以下情景组合：综合乐观情景（TA-FA-EA），综合较好情景（TB-FB-EB），综合一般情景（TC-FC-EC），2060 年碳排放最多情景（TA-FC-EC），2060 年碳排放最少情景（TC-FA-EA），等等。最后计算不同情景方案下的碳排放情况。

国家和交通运输部节能降碳目标见表 2-10。

表 2-10　国家和交通运输节能降碳目标

指　标	国　家	交通运输部行业或省级
能源结构	2020 年 12 月 12 日，气候雄心峰会提出，到 2030 年，非化石能源占一次能源消费比重将达到 25% 左右	《绿色交通"十四五"发展规划》中要求国际集装箱枢纽海港新能源清洁能源集卡占比 60%。山东省要求港口清洁能源消费量占生产能源消费总量达到 60%
单位 GDP 能耗，或单位吞吐量（周转量）能耗	《中华人民共和国国民经济和社会发展第十四个五年规划和 2035 年远景目标纲要》提出 2025 年单位国内生产总值能源消耗比 2020 年降低 13.5%	《交通强国战略研究》中提出，港口单位吞吐量能耗目标：2030 年 1.5tce/万 t，2045 年 1.0tce/万 t

续表

指　标	国　家	交通运输部行业或省级
单位 GDP（或周转量）二氧化碳降低率	《中华人民共和国国民经济和社会发展第十四个五年规划和 2035 年远景目标纲要》提出 2025 年二氧化碳排放比 2020 年降低 18%。 2020 年 12 月 12 日,气候雄心峰会提出,2030 年单位国内生产总值二氧化碳排放比 2005 年降低 65%	《绿色交通"十四五"发展规划》中提出营运船舶单位运输周转量二氧化碳（CO_2）排放较 2020 年下降率 3.5%

　　根据国家和行业的发展趋势设定不同情景的参数,参数的设定根据该情景下的计算结果进行调整,最后得出相对合理的情景组合和碳达峰结果。

2.3.2　情景分析示例

　　根据以上设定的各种情景方案,分析某一码头或领域的碳达峰时间、碳中和路径。情景中的降低单位吞吐量能耗、提高清洁能源比例是港口碳达峰的重要措施。在强低碳情景下的达峰时间更早,采用的降碳措施力度更大。

　　某码头的三个典型情景下的碳达峰曲线图见图 2-27。

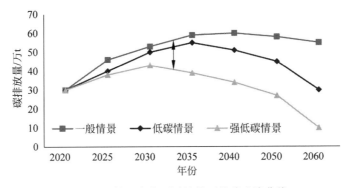

图 2-27　某码头的不同情景下的碳达峰曲线

2.4　港口碳达峰碳中和实现措施研究

2.4.1　减排潜力及贡献率

　　减排潜力指到减排对应的期末年,单位吞吐量排放强度维持不变的情况下的碳排放量与单位吞吐量排放强度下降到目标值的情况下的碳排放量的差值。这个减排潜力可以看成是两种情景下的碳排放量的差值。一种情景是标准情景,即期末与期初相比,单位吞吐量排放强度维持不变,此时,港口的主要减排措施如港口结构调整、运输结构调整、能源结构调整、节能降碳措施等都保持在期初水平,吞吐量会按预期的增长趋势增长,相应的碳排放量也随着增长。而另外一种情景是低碳情景,即在港口吞吐量增长速度与标准情景一致的情况下,港口结构调整、运输结构调整、能源结构调整、节能降碳措施都发生了变化,向碳排放降低的方向发展。

上述的减排潜力是在港口结构调整、运输结构调整、能源结构调整、节能降碳措施等共同促进下实现的结果,实现了两种情景下碳排放量差值的减排。将这些措施各自实现的减排量除以总的减排量,得出的就是这项措施的贡献率。

能源结构调整实现的减排量主要通过提高非化石能源(即清洁能源、新能源)的比例,来减少碳排放量。能源结构调整实现了对化石能源的替代,如港口的"油改电"、岸电等技术。能源结构调整的贡献率是用期末的非化石能源占比减去期初的非化石能源占比,再乘以期末的一次能源消费总量,算出对应的碳排放量,再除以总碳减排量。运输结构调整通过公转铁、公转水等路径来降低化石能源的消耗,跟能源结构调整类似。而节能降碳措施主要通过节能带来的减排量,来降低单位吞吐量能耗,从而实现减排量。节能降碳技术的减排贡献是期末单位周转量碳排放强度的下降,所带来的减排量是期末和期初的差值乘以周转量。得出对应的碳排放量,再除以总碳减排量,就可以得出节能降碳技术的贡献率。

根据相关研究,中国 2020 年实现二氧化碳排放比 2005 年降低 40%～45% 的目标分析减排潜力贡献中,非化石能源贡献率为 11.5%,结构节能(产品结构调整、生产行业结构调整等)贡献率为 55.4%,技术节能为 33.1%。由这个比例可以看出,结构调整节能的占比较大,贡献率最高。

综上所述,可以根据情景分析确定 2030 年碳达峰的碳排放量,与标准情景(一般情景)的碳排放量相减,得出减排潜力。根据各个碳达峰实现措施的碳排放量,调整各项措施参数,使得各项措施降低的碳排量之和,大于减排潜力,最后计算出各项碳中和实现措施的贡献率。

图 2-27 中的双向箭头的长度表示对应年份的强低碳情景和一般情景的碳排放量差值,也就是需要的减排量。

2.4.2　碳中和实现措施及驱动因素研究

二氧化碳排放量增加的两个主要原因是化石能源燃烧和森林破坏。化石能源燃烧增加了二氧化碳排放的源,森林破坏减少了二氧化碳的汇,从而破坏了原有生态平衡,导致大气中的二氧化碳存量增加。因此,减少化石能源燃烧产生的碳排放及增加森林碳汇是控制二氧化碳排放的两种重要方式。

碳中和的实现路径按照产生和处理阶段,可分为排放源控制、碳排放过程控制和碳排放终端治理等三个环节,分别为能源供给侧的源头控制、能源消费侧的过程控制、排放侧的终端治理等。从源头上减少碳排放是根本,并在不同环节协同控制。本书按这三类分别在第 2 篇到第 4 篇详细介绍相应的路径和措施。

1. 能源供给侧的源头控制

主要是在源头上保证能源的清洁性,主要有以下几方面。

(1)加大可再生能源发电。电力供应方面提高电力的清洁性,发展绿色电力,大力发展风能、太阳能、潮汐能发电,大幅提高风能和太阳能等可再生能源发电的比例。

（2）高效开发利用清洁能源，主要是对现有火力发电进行清洁化处理，降低碳排放。

（3）推进源网荷储一体化技术，大力发展一体化的从源头到负荷侧的综合能源系统、储能系统，构建源网荷储高度融合的新型电力系统。

（4）在火电厂采用碳捕集、利用和封存技术，对火电厂排放的二氧化碳直接进行捕捉，并收集储存。

2. 终端用能侧的过程控制

港口码头主要以装卸作业为主，在装卸作业过程中使用的装卸运输设备的能源消耗是碳排放主要来源。终端用能侧碳排放的过程控制，按照运输结构调整、能源结构优化、码头工艺优化技术、码头设备节能降碳技术、港口生产率提升技术、港口智能化技术等分别进行分析。

（1）运输结构调整。公转铁、公转水，水水中转，主要在港口区域减少公路运输，优先采用水路和铁路运输，提高水路、铁路等绿色运输比例。创新码头集疏运方式，实现绿色集疏运。

（2）能源结构优化。化石能源是碳排放的主要来源。能源结构优化是实现碳中和的重要路径。能源结构优化主要是降低燃油消耗比例，提高碳排放低的电力能源的消耗比例。本书主要对港口流动机械电能替代技术、港口岸电技术等进行了分析。电能替代主要是推进锂电池动力和氢能燃料电池动力在港口流动机械上的应用，另外推进 RTG、叉车和运输车辆的电力驱动改造。船舶靠港使用岸电将有效降低船舶在港口区域的碳排放，另外，在船舶进港时减速航行，也能有效降低碳排放。

（3）码头工艺优化技术。码头工艺是港口装卸和搬运货物的方法和程序，其是否合理和经济将影响码头装卸效率，进而影响碳排放量。进行码头工艺优化可以有效降低码头碳排放。本书基于自动化集装箱码头对码头总平面布置、装卸作业流程进行了分析比较，并用仿真软件进行了作业流程验证分析。

（4）码头设备节能降碳技术。码头设备节能降碳技术是降低碳排放的重要手段，主要包括：现有港口燃油设备节能减排技术，设备换用满足清洁标准要求的驱动系统，使用清洁燃料等；应用排放控制技术，如应用柴油机微粒过滤器、选择性催化还原脱硝技术（SCR）。在辅助生产方面，推进港口照明应用 LED 灯或其他节能照明系统，提高建筑物能效水平，采用高效空调系统、双层玻璃窗和节能照明系统等。

（5）港口生产率提升技术。提高码头生产效率，缩短作业时间，减少闲置车辆或缩短运行距离，从而达到减少二氧化碳排放的目的。

（6）港口智能化技术。智能化是效率提升的一种重要手段。智能控制技术是码头智能化的重要发展方向。本书在分析全自动化集装箱码头、半自动化集装箱码头（堆场自动化）技术瓶颈的基础上，分析自动化集装箱码头的关键技术。

（7）构建绿色低碳发展长效机制。管理节能是三大节能途径之一，通过建立先进的能源管理制度，来构建绿色低碳发展长效机制。在标准规范实施、碳排放监测方面加大监督管理。加快完善有利于绿色低碳发展的碳价格、财税、碳金融等经济政策，推动合同能源管理、污染第三方治理、环境托管等服务模式创新发展。

除了以上介绍的技术和管理措施外，港口结构调整也是过程控制的重要措施。通过港口结构调整来降低能耗高的港口装卸货种的能耗比例。通过控制吞吐量的变化趋势，来控制各环节的能耗和碳排放。通过港口资源优化，实现资源的集约节约利用。

3. 碳排放终端处理技术

碳排放终端处理技术主要针对一定区域内已经排放的二氧化碳的治理或抵消措施,包括碳汇,碳捕集、利用和封存及碳排放权交易等。碳汇主要指植物自然光合作用吸收、海洋吸收、森林吸收等途径,可在公路沿线种树,内河航道沿线种树。由于港口区域有限,虽然生态护岸等措施能够形成一定规模的碳汇,但数量有限,港口碳汇比较难实施。由于沿海港口靠近海边,因此可以考虑海洋碳汇措施。碳排放权交易中的碳配额、碳信用等可在一定程度上抵消港口企业通过使用降碳措施后剩余的二氧化碳排放量。

将以上技术分为绿色电力供应、港口结构调整、能源结构调整、运输结构调整、节能降碳技术应用、低碳管理措施、固碳技术等。按各项技术应用阶段承担的比重不同,分析碳中和路径驱动因素趋势,详见图 2-28。

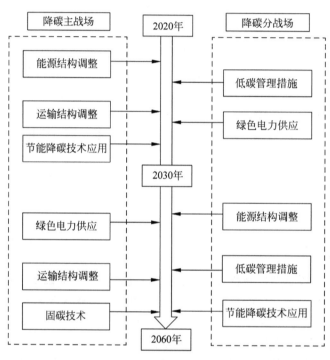

图 2-28　碳中和路径驱动因素趋势图

以集装箱码头为例,碳中和技术路线见图 2-29,图中按碳中和准备阶段、实施阶段、评价阶段等不同过程列出了技术路线。其中碳中和准备阶段主要编制碳中和实施方案,包括碳排放源识别、碳排放量计算和零碳实施方案,并列出不同控制措施与碳排放量的影响关系,准备阶段的实施方案中可以给出碳中和的时间表、各项措施的减排贡献等;实施阶段根据碳中和实施方案执行低碳、零碳技术,以及负碳技术等,通过各项控制技术逐步降低碳排放量,通过生态碳汇,碳捕集、利用和封存,碳配额和碳信用等固碳技术和管理措施,使碳排放量为零,实现碳中和;碳中和评价阶段在碳中和实现后,是第三方机构按照相关标准规范对碳排量进行核查,对碳中和给出评价的过程。

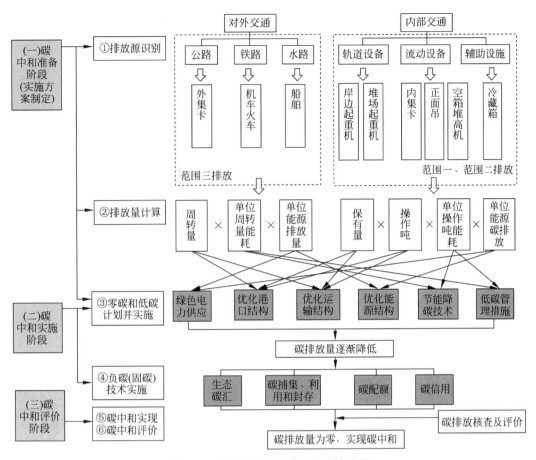

图 2-29 集装箱码头碳中和技术路线图

第2篇

港口碳排放源头控制技术

第3章

>>>>>>>>>>>>>>

港口能源供应零碳技术

港口碳排放源头控制技术指在发电端的源头侧控制碳排放。

中国大力调整能源结构的总体思路是推进能源体系清洁低碳发展,稳步推进水电发展,安全发展核电,加快光伏和风电发展,加快构建适应高比例可再生能源发展的新型电力系统,完善清洁能源消纳长效机制,推动低碳能源替代高碳能源,可再生能源替代化石能源。

传统的电气化一般指提高电能在终端能源消费中的比重。在中国提出 2060 年碳中和目标后,不仅要实现能源消费侧的电气化,还要使电气化的量化反映到能源供应侧的发电端,实现能源供应侧的清洁化,更要强调发电方式是清洁低碳,甚至是零碳的。在碳达峰、碳中和的背景下,中国用电呈现刚性、持续性增长,电力行业既面临自身达峰的艰巨任务,又要支撑全社会尽早达峰,后续电能替代潜力巨大,全社会电气化程度将稳步上升。

虽然电力是终端消费零排放的能源,但电力生产过程中产生的二氧化碳占中国能源相关总排放量的比例较大,电力结构和排放因子见表 3-1。根据《中国电力行业年度发展报告2021》,2020 年,中国电力行业二氧化碳排放量总计 43.1 亿 t,约占全社会排放总量的 43%。非化石能源发电量占总发电量的 33.8%,其中水电仍是中国最大的可再生电力来源,占比约为 17%。大力发展可再生能源,实现对化石能源的替代,也就是实现能源生产的清洁化,将是推动中国实现碳中和目标的必由之路。

表 3-1　电力结构和排放因子

指　　标	2005 年	2010 年	2015 年	2020 年	2030 年	2060 年
非化石能源占一次能源消费/%		8	11	15	25	81
非化石能源发电占比/%				33.8	45	60
火电效率/(g/kW·h)	370	333	315	310	300	271

碳中和可以按产生和处理过程分为源和汇两个方面。在源的方面,从现有情况来看,能源电力产生过程自身难以实现碳中和,短时间内难以完全实现非化石能源发电。在源的方面,应逐步提高非化石能源发电的比例,最终达到非化石能源发电的主体地位。由于源的方面存在渐进性实现碳中和的特点,必须在汇的方面加快对碳的吸收,因此碳中和将是逐步降低源方面的碳排放,加大汇方面的碳吸收,最终实现碳中和。

总体来说,电力行业的脱碳非常重要,必须加大应用可再生能源发电力度,加快燃煤电厂淘汰,在发电端应用碳捕集技术。

3.1 加大可再生能源发电

3.1.1 全球可再生能源发电情况

根据《BP 世界能源统计年鉴 2021》数据,全球主要国家电力发电的能源结构见表 3-2。可再生能源发电比例高的国家主要集中在欧洲,其中英国的可再生能源发电占比最高,为40.9%。

表 3-2 全球主要国家电力发电的能源结构(2021 年) %

国家或地区	石油	天然气	煤炭	核能	水力	其他可再生能源	其他
加拿大	0.5	11.0	5.5	15.1	59.7	8.0	0.1
墨西哥	10.8	58.5	6.0	3.6	8.6	12.5	0.0
美国	0.4	40.6	19.7	19.4	6.7	12.9	0.3
阿根廷	5.2	56.0	1.7	7.5	21.4	7.9	0.3
巴西	1.2	9.1	3.7	2.5	64.0	19.4	0.2
德国	0.8	16.1	23.6	11.3	3.3	40.6	4.5
意大利	3.4	48.2	5.9	0.0	16.5	24.9	1.1
荷兰	1.1	59.0	7.2	3.3	0.0	26.2	3.2
波兰	0.9	10.6	70.4	0.0	1.3	16.2	0.7
西班牙	4.2	26.9	2.2	22.8	10.8	31.5	1.8
土耳其	0.0	22.9	34.7	0.0	25.6	16.3	0.4
乌克兰	0.5	9.3	27.6	51.1	4.2	6.5	0.7
英国	0.3	36.5	1.7	16.1	2.1	40.9	2.5
哈萨克斯坦	0.0	19.5	66.8	0.0	9.0	3.4	1.3
俄罗斯	1.0	44.7	14.0	19.9	19.6	0.3	0.5
伊朗	24.7	66.5	0.2	1.9	6.4	0.3	0.0
沙特阿拉伯	39.0	60.7	0.0	0.0	0.0	0.3	0.0
埃及	13.0	75.5	0.0	0.0	6.6	4.9	0.0
南非	0.6	0.8	84.5	6.5	0.2	5.3	2.1
澳大利亚	1.7	20.0	53.9	0.0	5.5	18.8	0.1
中国	0.1	3.2	63.2	4.7	17.0	11.1	0.7
印度	0.3	4.5	72.1	2.9	10.5	9.7	0.0
印度尼西亚	2.5	18.6	65.7	0.0	7.1	6.1	0.0
日本	4.1	35.2	29.7	4.3	7.7	12.5	6.4
马来西亚	0.6	28.6	56.1	0.0	12.7	2.0	0.0
韩国	1.2	26.7	36.3	27.9	0.7	6.5	0.7
中国台湾	1.5	35.7	45.0	11.2	1.1	3.7	1.8
泰国	0.4	64.5	20.9	0.0	2.6	11.6	0.0
越南	0.5	15.0	50.6	0.0	29.4	4.0	0.5
全球	2.8	23.4	35.1	10.1	16.0	11.7	0.9

基于 BP、惠誉国际信用评级有限公司(FITCH)、国际能源署(International Energy Agency,IEA)、国际可再生能源机构(International Renewable Energy Agency,IRENA)等发布的研究成果,对 35 个典型国家的非化石能源发电量占比进行统计。从 35 个国家的电力结构来看,非化石能源发电比例超过 50% 的国家共有 18 个,主要有以水电为主的奥地利、瑞士、巴西、新西兰、加拿大、瑞典、罗马尼亚、智利等,以核电为主的法国、芬兰、斯洛伐克、比利时、匈牙利等,以风电为主的丹麦、西班牙、英国、德国和葡萄牙。

水电和核电是可再生能源发电的主要来源。在非化石能源发电的构成中,在非化石能源发电占比超过 50% 的 18 个国家中,有 13 个国家的非化石能源发电结构以水电或核电为主;非化石能源发电占比超过 80% 的国家均以水电或核电为主力电源。从当前非化石能源发电量占比较高的国家经验来看,水电和核电是大部分国家替代化石能源发电的主力电源。只有丹麦、西班牙、德国、英国、葡萄牙五个国家的非化石能源发电来源以风电和光伏为主,这些国家可以通过波动性较大的风电和光伏承担起非化石主力电源的很大一部分原因是欧盟成熟的电力市场交易体系。在风、光发电不能满足电力需求时,可以通过电力市场购得电力,从而减少电力供应系统的备用容量。

德国非化石能源的发电比例达到 60%,其中可再生能源发电比例为 40.6%。德国能源转型最关键的举措是采用了循序渐进的方式发展可再生能源,即在化石能源还没退出市场之前,提高化石能源的使用效率,此举的可行性高且成本较低;同时,可再生能源的开发利用以电网的承受能力和智能化发展为前提。德国在能源转型过程中也曾经出现过一些问题与教训:一是在储能系统和配套电网建设方面,由于德国南北大电网没有建设好,造成大量的风电浪费;二是在推进主要耗能领域节能方面,德国建筑领域节能改造进展相对缓慢,能源转型进度滞后;三是交通运输领域,电气化水平并没有得到及时有力的推进。

3.1.2　中国可再生能源发电情况

目前,能够实现零碳排放的电力供应主要是非化石能源所生产的电力,即水力发电、太阳能光伏发电、风力发电、潮汐能发电、生物质能发电,同时也包括核能发电。其中生物质能发电的零碳排放是以碳排放全周期的角度去衡量的,属于零碳排放。以大型秸秆发电厂为例,秸秆燃烧发电所产生的碳排放在下一年度的农业生产过程中会被重新吸收。核电为非化石能源,但不属于可再生能源。

根据表 3-2 的数据,中国 2020 年的各类能源发电比例为,石油 0.1%,天然气 3.2%,煤炭 63.2%,核能 4.7%,水力 17.0%,可再生能源 11.1%,其他 0.7%。《中国能源统计年鉴 2019》发布的电源结构见表 3-3。由表中数据可以看出,2020 年比 2018 年的煤炭比例降低大于 3%,可再生能源等非化石能源发电比例均有较大提高。但中国与美国、日本、意大利等发达国家的电源结构相比,仍有较大的提升空间。

表 3-3　中国与部分发达国家的电源结构比较(2018 年)　　　　　　%

国　　家	石油	天然气	煤炭	核电	水电	其他可再生能源	其他
中国	0.20	3.10	66.60	4.10	16.90	8.90	0.20
美国	0.60	35.40	27.90	19.00	6.50	10.30	0.30
日本	5.60	35.90	34.70	4.50	7.50	10.40	1.40
意大利	3.80	43.80	12.60	—	1.57	22.70	1.40

加大可再生能源发电是实现电力低碳转型、电力碳中和的基本手段。中国已经在逐步加大可再生能源发电的力度,主要方向包括水能、风能、太阳能等可再生能源发电的绿色电力、零碳电力。

在中国的发电行业中,化石能源占比较高。化石能源的使用是人类活动二氧化碳排放的主要来源。未来,在终端用能领域利用高比例可再生能源代替化石能源,降低碳排放,是推进低碳电气化及实现碳中和的基本思路和关键。

根据国家发展改革委能源研究所的相关研究,中国碳达峰情景下,2050年非化石能源占比为80%~90%:一是《重塑能源:中国——面向2050年能源消费和生产革命路线图》提出,2050年,非化石能源占发电行业能源消费量的83%;二是《中国2050高比例可再生能源发展情景暨路径研究》提出,2050年,非化石能源占发电行业能源消费量的91%。

据权威机构分析,为了在2060年实现碳中和,中国可能需将一次能源结构从当前化石能源占85%调整为非化石能源占80%左右。根据严秉忠、夏婷发表的《从实现碳中和角度浅谈中国电力发展》,预测2060年的电力总需求为15万亿kW·h,非化石能源占比达到90%,风电和光伏合计占比为60.8%。2021年1月,国网能源研究院发布了《中国能源电力发展展望2021》,一次能源低碳化转型明显,非化石能源占一次能源消费比重在2025年、2035年、2050年、2060年分别有望达到约22%、40%、69%、81%。清华大学研究设定了与《巴黎协定》一致的减排情景,其中最具雄心的非化石能源发电量到2050年占中国总发电量的90%,因此,要在2060年实现碳中和,推进非化石能源发电的任务十分艰巨。

根据2020年12月国务院新闻办发布的《新时代的中国能源发展》白皮书提出的推动能源供给革命,建立多元供应体系。坚持绿色发展导向,大力推进化石能源清洁高效利用,优先发展可再生能源,安全有序发展核电,加快提升非化石能源在能源供应中的比重。大力提升油气勘探开发力度,推动油气增储上产。推进煤电油气产供储销体系建设,完善能源输送网络和储存设施,健全能源储运和调峰应急体系,不断提升能源供应的质量和安全保障能力。

党的十九大报告指出,加快构建清洁低碳安全高效的能源体系。中国将大力调整能源结构,推进能源体系清洁低碳发展,稳步推进水电发展,安全发展核电,加快光伏和风电发展,加快构建适应高比例可再生能源发展的新型电力系统,完善清洁能源消纳长效机制,推动低碳能源替代高碳能源,可再生能源替代化石能源。同时,推动能源数字化和智能化发展,加快提升能源产业链智能化水平。

一直以来,国家大力推进太阳能发电、风力发电、水力发电、核电,因地制宜地发展生物质能、地热能和海洋能。截至2019年年底,中国可再生能源发电总装机容量7.9亿kW,约占全球可再生能源发电总装机的30%。其中水电、风电、光伏发电、生物质发电装机容量分别为3.56亿kW、2.1亿kW、2.04亿kW、2369万kW,均位居全球首位。

中国将大力发展低碳和非碳能源,降低高碳能源比重,有效减少碳排放。低碳能源主要是天然气,非碳可再生能源是未来降低高碳能源和碳排放的主力。中国的目标是,到2030年,非化石能源占一次能源的消费比重将达到25%左右。

未来中国将不断加快发展清洁能源发电力度,突破关键技术,包括第四代核电、核聚变发电等技术,天然气勘探开发与发电技术,风电、光伏发电、光热发电、潮汐发电、生物质发电、氢能发电等新能源技术,季节性储能技术,清洁煤电技术等。

2021年3月,习近平在主持召开中央财经委员会第九次会议时指出,要构建清洁低碳安全高效的能源体系,控制化石能源总量,着力提高利用效能,实施可再生能源替代行动,深化电力体制改革,构建以新能源为主体的新型电力系统。以新能源为主体,意味着新能源占比达到50%以上。

3.1.3 可再生能源发电影响分析

2021年2月15日,受冬季风暴的严重影响,美国得克萨斯州(得州)超过300万人失去了电力供应。据分析,这次停电的直接原因是:暴风雪导致的极寒天气引发第一大电源——天然气发电出力不足,第二大电源——风力发电机组被"冻结",这折射了得州甚至是美国电网的设施老旧,电力系统应急储能和灵活调节能力不足等诸多弊端,从一定程度上显现了风力发电的弱势。从美国电力结构的变化趋势来看,煤电的发电量呈现明显的下降趋势,天然气、风电、太阳能等新能源发电逐渐成为美国电力来源的主力军。得州的风力发电逐渐成为该州的第二大发电源。2020年,供应给该州电网的能源中有23%是来自风力发电。随着低碳环保政策的执行,加之利润空间受到廉价天然气和可再生能源的挤压,得州当地的燃煤电厂相继被关闭。然而,此次极寒天气导致得州约一半的风力涡轮机容量(2.5万MW)被"冻结",风力发电出现问题,但风力发电的问题并不是本次供电危机的主要问题,因为风电占有的比例很低,暴露的是多种能源供电的互补调节问题。据了解,2020年8月,美国加州大规模停电的根本原因是加州计划实现100%可再生能源供给的发展路径过于激进。

3.1.4 港口可再生能源发电技术

1. 风力发电和光伏发电技术

1) 国家政策大力支持风力发电和光伏发电

2022年1月,国家发展改革委、国家能源局发布的《"十四五"现代能源体系规划》提出大力发展非化石能源,加快发展风电、太阳能发电。全面推进风电和太阳能发电大规划开发和高质量发展,优先就地就近开发利用,加快负荷中心及周边地区分散式风电和分布式光伏建设,推广应用低风速风电技术。交通运输部发布的《交通运输部关于推进港口转型升级的指导意见》(交水发〔2014〕112号),在优化港口能源利用方面,明确提出了鼓励港口企业应用液化天然气、风能、太阳能等,提高清洁能源和可再生能源在港口的使用比例,奠定了现阶段及未来一段时间内可再生能源在港口应用的基调和方向。《绿色交通"十四五"发展规划》提出推广应用新能源,构建低碳交通运输体系。因地制宜地推进公路沿线、服务区等适宜区域合理布局光伏发电设施。

风电和光伏发电的未来发展空间较大,且目前国内产能在全球处于领先地位。截至2021年年底,全国风电累计装机3.28亿kW,其中陆上风电累计装机3.02亿kW,海上风电累计装机2639万kW;全国光伏发电装机3.06亿kW,占全国总发电装机容量的12.9%。截至2021年,中国可再生能源装机规模突破10亿kW,风电、光伏发电装机均突破3亿kW,海上风电装机跃居世界第一。

2021年,中国可再生能源新增装机1.34亿kW,占全国新增发电装机的76.1%。全国风电新增并网装机4757万kW,占全国新增装机的27%,为"十三五"以来年投产第二多,其中陆上风电新增装机 3067 万 kW,海上风电新增装机 1690 万 kW。全国光伏发电新增 5488 万 kW,占全国新增装机 31.1%,为历年以来年投产最多,其中,光伏电站 2560 万 kW,分布式光伏 2928 万 kW。从新增装机布局看,装机占比较高的区域为华北、华东和华中地区,分别占全国新增装机的 39%、19% 和 15%。

2021 年,全国可再生能源发电量达 2.48 万亿 kW·h,占全社会用电量的 29.8%,全国风电发电量 6526 亿 kW·h,占全社会用电量的 7.9%,同比增长 40.5%,利用小时数 2246h,利用小时数较高的省区中,福建 2836h、蒙西 2626h、云南 2618h。全国风电平均利用率 96.9%,同比提升 0.4 个百分点。2021 年,光伏发电 3259 亿 kW·h,同比增长 25.1%,占社会总发电量的 3.9%,利用小时数 1163h,同比增加 3h。

2021 年 9 月,中共中央、国务院印发《中共中央　国务院关于完整准确全面贯彻新发展理念做好碳达峰碳中和工作的意见》,提出到 2030 年,风电、太阳能发电总装机容量达到 12 亿 kW 以上。而中国截止到 2021 年年底,风电、太阳能发电总装机容量才 6.08 亿 kW,未来 9 年要增长近 6 亿 kW,与目前发电总装机容量相当,任务十分艰巨,同时也说明风电、太阳能发电的市场潜力巨大。

2022 年 5 月 25 日,财政部发布《财政支持做好碳达峰碳中和工作意见的通知》(财资环〔2022〕53 号),支持重点方向和领域。支持构建清洁低碳安全高效的能源体系。支持光伏、风电、生物质能等可再生能源,以及出力平稳的新能源替代化石能源。

2022 年 5 月 30 日,《国务院办公厅转发国家发展改革委、国家能源局〈关于促进新时代新能源高质量发展实施方案的通知〉》(国办函〔2022〕39 号),提出持续提高项目审批效率。完善新能源项目投资核准(备案)制度,加强事前事中事后全链条全领域监管。依托全国投资项目在线审批监管平台,建立新能源项目集中审批绿色通道,制定项目准入负面清单和企业承诺事项清单,推进实施企业投资项目承诺制,不得以任何名义增加新能源企业的不合理投资成本。推动风电项目由核准制调整为备案制。以新能源为主体的多能互补、源网荷储、微电网等综合能源项目,可作为整体统一办理核准(备案)手续。可以预见,随着风电项目审批的放管服,未来风力发电的建设速度将加快。

2) 风力发电技术

风力发电利用风力带动风车叶片旋转,再透过增速机将旋转的速度提升,然后驱动发电机发电。3MW 额定功率的风力发电风机轮毂高度约为 110m,叶片为三片,直径约为 120m,叶片每转动一圈约发电 3kW·h。国外风力发电设备的生产厂家有:GE、Windtec、Vensy、Jacobs 等公司。中国企业通过与国外厂家合作,引进技术等方式不断创新。目前,中国大型风力发电机的生产厂家主要有:新疆金风科技股份有限公司、华锐风电科技有限公司、东方汽轮机有限公司等,其中金风科技与中远海运成立了天津中远海运金风新能源有限公司。目前,风电技术和装备已经成熟,并且中国企业的技术能力和制造水平也较高,可提供成熟的产品。风力发电行业在技术上不断成熟,在经济上成本越来越低。随着碳达峰碳中和战略的推进,再加上中国政府不断出台可再生资源的鼓励政策,使得风力发电行业的发展前景相当可观。

虽然过去十年陆上风电投资成本降速较大,但是在过去两三年内降速放缓。根据国际可再生能源署和万联证券的数据,2010—2018 年,风电的成本下降可观,其中陆上风电成本下降 35%,海上风电成本下降 21%。海上风电由于出现历史较短,因此仍存在大幅降速的潜力。未来,除了规模经济的提高外,更具竞争力的供应链,技术的进一步创新将继续降低风电投资的成本。据估算,目前一台 2MW 风力发电机组的造价为 1400 万~1600 万元。

3)光伏发电技术

太阳能光伏发电系统是通过太阳能电池板将太阳的辐射能量直接转换成电能的发电系统。《国家能源局关于进一步落实分布式光伏发电有关政策的通知》(国能新能〔2014〕406号)提出:"对屋顶面积达到一定规模且适宜光伏发电应用的新建和改扩建建筑物,应要求同步安装光伏发电设施或预留安装条件。"

港口及物流园的仓库等建筑顶部是天然适合布局光伏发电的应用场景。港口的仓库建筑屋顶也是较好的光伏发电安装场所。这些环境空旷无遮挡,光照资源丰富,光伏系统发电效率更高;光伏发电有很强的隔热性,安装光伏系统后,建筑物室内温度至少下降 4~5℃;光伏发电可以采用"自发自用,余量上网"模式,节约用电成本,实现绿色电力消费;光伏发电是成熟的国家核证自愿减排量(CCER)项目,可以抵消碳排放配额,也可以进行碳交易,为企业带来额外收益。

港口企业对屋顶分布式光伏发电并网技术应具有一定的前瞻性。各港口需推进分布式光伏发电总体布局,分阶段有步骤地实施分布式光伏发电项目,优化能源供给侧,切实提高可再生能源利用比重。光伏发电的价格也是逐步降低,根据国际可再生能源署和万联证券的数据,2010—2018 年,太阳能光伏的成本变化较大,8 年来下降 77%。据测算,目前光伏发电的行业中平均造价水平 3.5~5 元/Wp。

2. 海洋能发电技术

海洋能是海洋中所蕴藏的可再生自然资源,主要为潮汐能、波浪能、海流能(潮流能)、海水温存能和海水盐差能。国家大力支持开发利用海洋能。2016 年 12 月,国家发展改革委、国家能源局在制定的《能源生产和消费革命战略(2016—2030)》中强调,支持海洋能利用示范推广及项目建设。2016 年 12 月,国家海洋局发布《海洋可再生能源发展"十三五"规划》提出建设国家海洋能试验场,建设兆瓦级潮流能并网示范基地及波浪能示范基地。2020 年 3 月,国家发展改革委、司法部《关于加快建立绿色生产和消费法规政策体系的意见》中指出,研究制定氢能、海洋能等新能源发展标准规范和支持政策。《中华人民共和国国民经济和社会发展第十四五规划和 2035 年远景目标纲要》提出,推进海水淡化和海洋能规模化利用。《"十四五"现代能源体系规划》提出,因地制宜地开发利用海洋能,推动海洋能发电在近海岛屿供电、深远海开发、海上能源补给等领域的应用。

潮汐能、波浪能、海流能(潮流能)、海水温存能可用于发电。自 2010 年以来,中国在海洋可再生能源专项资金支持下,累计投入资金约 13.23 亿元,包括试验研究、示范工程、装备产品化、支撑服务等方面,共 116 个项目获得资助,其中包括潮流能机组 39 套,波浪能装置 50 余套。

港口企业在码头前沿水域设立防波堤或海闸,这样可以保证码头前沿水深,使码头 24h 都能装卸各种适用的船舶。欧洲安特卫普港利用潮汐能进行发电,目前有 7 个海闸,利用大量的海水流来发电。因此,未来港口可以通过配备水轮机等发电设备,在港口及附近区域利用潮汐能发电。

3. 港口可再生能源发电案例

基于港口用电设备的特点,直接使用太阳能光伏发电、风力发电等存在电力供应波动问题,会影响码头的正常运行。因此,在一定时期内,港口将通过多种能源互补和储能等综合能源利用形式来进行供电。

欧洲安特卫普港建设了风力发电设施(图 3-1),取得了较好的经济效益和社会效益。

图 3-1　欧洲安特卫普港风力发电

德国汉堡港也建设了风力发电设施(图 3-2),为港口提供绿色电力。2020 年,在集装箱码头托勒港(CTT),能源供应商汉堡能源太阳能公司安装和运营的光伏发电系统在报告所述期间产生了 94 690kW·h 的无二氧化碳电力。

图 3-2　德国汉堡港风力发电

中国江阴港在港口周边建设了光伏发电和风力发电系统(图 3-3),为港口提供绿色电力。江阴港在综合楼、宿舍楼等建筑物顶部的所有可用区域安装了光伏发电系统,屋顶覆盖率几乎达到了 100%,装机容量为 381.72kWp。2019 年全年发电量为 19 万 kW·h。在港区闲置区域内安装了 7 台分布式风力发电系统,装机容量为 16.8MWp。据统计,2020 年发电 3586 万 kW·h,其中由港口消纳 2083 万 kW·h,港口用风力电量占风力总发电量的比例为 58.1%,港口用风力的电量占港口总用电量的比例为 46.13%。在中国港口应用自身资源开展可再生能源发电树立了典范。目前,天津港北疆港区 C 段智能化集装箱码头也建设了两台风力发电系统,安装 2 台单机容量 4.5MW 的风力发电机组,预计年发电约 2432.6h,年平均发电量约 2189.3 万 kW·h。光伏项目采用 BIPV 光伏系统,总装机容量 1.43MW,预计年发电约 1078h,年平均发电量约 140.9 万 kW·h。

图 3-3　中国江阴港风力发电

美国洛杉矶港的光伏发电系统见图 3-4。新加坡等港口也在建筑物顶部安装了光伏发电系统。中国的很多港口根据自身条件建设了光伏发电系统,如青岛港威海港区国际物流园内于 2014 年投入使用一套 2.7MW 的光伏发电系统,利用物流园配送区 12 个配送仓库屋顶设施,将光伏组件平行于建筑物走向,平铺布置在原有屋顶之上,实现绿色发电。

图 3-4　美国洛杉矶港的光伏发电

3.2　清洁高效开发利用化石能源

作为全球最大的电力系统,中国的煤电在能源系统和国民经济中发挥着重要作用。尽管近年来煤电的清洁化发展使得各项污染物排放量都下降 90% 以上,但是煤电的高碳排放特征没有改变。因此,不论是碳达峰还是碳中和目标,解决高碳煤电的利用问题都是绿色低碳电力发展的核心。火电在中国的重要能源供给地位在短期内无法改变,因此能源生产的清洁替代,火电的清洁化利用将是中国长期清洁发展重要必经之路。

《新时代的中国能源发展》白皮书中,为实现 2060 年碳中和的能源发展路线图,在能源供给侧的化石能源方面,主要关注以下几个方向。

推进煤炭安全智能绿色开发利用。努力建设集约、安全、高效、清洁的煤炭工业体系。推进煤炭供给侧结构性改革,完善煤炭产能置换政策,加快淘汰落后产能,有序释放优质产能,煤炭开发布局和产能结构大幅优化,大型现代化煤矿成为煤炭生产主体。2016—2019年,累计退出煤炭落后产能9亿 t/年以上。加大安全生产投入,健全安全生产长效机制,加快煤矿机械化、自动化、信息化、智能化建设,全面提升煤矿安全生产效率和安全保障水平。推进大型煤炭基地绿色化开采和改造,发展煤炭洗选加工,发展矿区循环经济,加强矿区生态环境治理,建成一批绿色矿山,资源综合利用水平全面提升。实施煤炭清洁高效利用行动,煤炭消费中的发电用途占比进一步提升。煤制油气、低阶煤分质利用等煤炭深加工产业化示范取得积极进展。可以预见,在电力行业将停止审批不采取有效减碳措施的新建燃煤电站,并且将逐步淘汰不采取有效减碳措施的燃煤电站。国家应尽快制定现有开工建设燃煤电站的减碳措施。目前,开工建设的燃煤电站还将运营50年以上,这些电站将是中国实现碳中和目标的障碍。

清洁高效发展火电。坚持清洁高效原则发展火电,推进煤电布局优化和技术升级,积极稳妥化解煤电过剩产能。建立并完善煤电规划建设风险预警机制,严控煤电规划建设,加快淘汰落后产能。截至2019年年底,累计淘汰煤电落后产能超过1亿 kW,煤电装机占总发电装机的比重从2012年的65.7%下降至2019年的52%。实施煤电节能减排升级与改造行动,执行更严格的能效环保标准。煤电机组发电效率、污染物排放控制达到国际先进水平。合理布局、适度发展天然气发电,鼓励在电力负荷中心建设天然气调峰电站,提升电力系统安全保障水平。中国火电厂供电煤耗与发达国家相比仍有一定差距(见表3-4),需不断提高效率。

表 3-4　火电厂供电煤耗　　　　　　　　　　g/(kW·h)

国家	1990 年	1995 年	2000 年	2005 年	2010 年	2011 年	2012 年	2013 年	2014 年	2015 年	2016 年	2017 年	2018 年
中国	427	412	392	370	333	329	325	321	319	315	312	309	308
日本	332	331	316	314	306	306	305	302	298				
意大利	326	319	315	288	275	274							

通过新技术加强对化石能源的转换。中国科学院研究团队提出并实践了近20年的"液态阳光"甲醇,这种技术是把可再生能源和化石能源结合起来,将化石能源产生的二氧化碳与太阳能等可再生能源制取的绿色氢气合成甲醇,把这种绿色甲醇作为燃料和化学品,可真正实现二氧化碳减排。

随着国家碳达峰、碳中和战略的实施,国家电力主管部门将制定应对措施,根据碳达峰、碳中和目标,明确电力行业净零或近零碳排放计划,停止建设或淘汰不能采取有效减碳措施的燃煤电站,大力发展可再生能源发电等。

3.3　源网荷储一体化技术

3.3.1　源网荷储一体化方案

源网荷储一体化是一种包含"电源、电网、负荷、储能"的整体解决方案运营模式。源网荷储一体化可建成微电网。微电网是一种靠近用户侧的微型综合能源系统,涵盖天然气、太阳能、风能等一次能源及电力二次能源,涉及电能源输配网络和负荷需求、储能、控制和保护设备及信息化平台,实现电能"源-网-荷-储"的协调优化和自平衡。源网荷储一体化的技术方案示意见图 3-5。

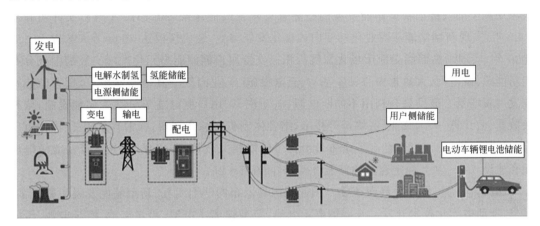

图 3-5 源网荷储一体化技术方案示意图

中国大力推进源网荷储一体化技术。2017 年,国家发展改革委等五部门联合出台了《关于促进储能技术与产业发展的指导意见》(发改能源〔2017〕1701 号),有效促进了"十三五"期间中国储能技术与产业的发展。2018 年,国家能源局发布的《2018 年能源工作指导意见》着力解决清洁能源消纳问题,加快龙头水库、抽水蓄能电站、燃气电站和先进储能技术示范项目建设,推动先进储能技术应用。做好全国抽水蓄能电站选点规划及规划调整工作。2020 年 5 月,国家能源局发布关于公开征求《关于建立健全清洁能源消纳长效机制的指导意见(征求意见稿)》的公告,该指导意见规定,推动新能源发电方式创新转型:开展源、网、荷一体化运营示范,鼓励建设以电为中心的综合能源系统,实现电源侧风光水火多能互补。这个也是较早公开提出的源网荷一体化概念。国家在清洁能源消纳长效机制方面将加大推进力度。源、网、荷一体化更适用于物流园区和枢纽的能源系统,或是目前比较流行的能源岛。在一定的区域内,比如说某一个港区,实现可再生能源发电的电源、网络传输、直接到港口的负荷侧,再配合后面的储存功能,构建一体化和多能互补的能源系统。

2021 年 3 月,《国家发展改革委 国家能源局关于推进电力源网荷储一体化和多能互补发展的指导意见》(发改能源规〔2021〕280 号),提出多能互补实施路径。利用存量常规电源,合理配置储能,统筹各类电源规划、设计、建设、运营,优先发展新能源,积极实施存量"风光水火储一体化"提升,稳妥推进增量"风光水(储)一体化",探索增量"风光储一体化",严控增量"风光火(储)一体化"。而在此前 2020 年 8 月发布的征求意见稿中,文件名称是《国家发展改革委 国家能源局关于开展"风光水火储一体化""源网荷储一体化"的指导意见(征求意见稿)》,这里的"风光水火储一体化"侧重于电源基地开发,结合当地资源条件和能源特点,因地制宜地采取风能、太阳能、水能、煤炭等多能源品种发电互相补充。正式发布的文件很明显对不同的多能互补进行了不同程度的细化规定。多能互补最初是在国家发展改革委、国家能源局《关于推进多能互补集成优化示范工程建设的实施意见》(发改能源〔2016〕

1430 号）文件中出现，强调了各种能源相互补充，构建丰富的供能结构体系，弱化火电等化石能源发电，多种能源相互补充和梯级利用。

2021 年 7 月 15 日，国家发展改革委、国家能源局联合印发了《国家发展改革委　国家能源局关于加快推动新型储能发展的指导意见》（发改能源规〔2021〕1051 号），文件明确到 2025 年，实现新型储能从商业化初期向规模化发展转变，装机规模达 3000 万 kW 以上。到 2030 年，实现新型储能全面市场化发展。积极支持用户侧储能多元化发展。鼓励围绕分布式新能源、微电网、大数据中心、5G 基站、充电设施、工业园区等其他终端用户，探索储能融合发展新场景。鼓励聚合利用不间断电源、电动汽车、用户侧储能等分散式储能设施，依托大数据、云计算、人工智能、区块链等技术，结合体制机制综合创新，探索智慧能源、虚拟电厂等多种商业模式。目前，已有多个省份出台了储能相关政策，要求风电、光伏等新能源电厂配套建设 6%～20% 额定容量的储能设备，时间在 1～2h。

2022 年 1 月，国家发展改革委　国家能源局发布的《"十四五"新型储能发展实施方案》提出，推动多元化技术开发。开展钠离子电池、新型锂离子电池、铅炭电池、液流电池、压缩空气、氢（氨）储能、热（冷）储能等关键核心技术、装备和集成优化设计研究，集中攻关超导、超级电容等储能技术，研发储备液态金属电池、固态锂离子电池、金属空气电池等新一代高能量密度储能技术。

储能是微电网的一个重要部分。储能就是能源存储，是通过一种介质或设备，把一种能量形式用同一种或者转换成另一种能量形式存储起来，并基于未来应用需要，以特定能量形式释放出来的循环过程。储能是实现双碳目标和能源革命的关键支撑技术。

储能分为电源侧储能和用户侧储能。电源侧储能可平抑新能源发电功率波动，实现平滑功率输出，减少弃光弃风问题，可参与电网调频、调峰。用户侧储能可用于削峰填谷、平移负荷，减少对供电容量的需求和减缓配电网投资。储能的一个重要功能是作为备用电源，可在用户侧港口电力供应能力不足时使用。除了日趋成熟的风电场、光伏电站、火电厂等配套储能的应用外，各种缺电、用电大户成为储能技术的最佳应用场景。

由于储能的快速发展，可将储能装置连入传统的"发电→输电→变电→配电→用电"的单方向链式电能配置系统，通过储能装置连接形成多向电能配置模式。随着可再生能源的大规模并网，建立可再生能源消纳机制，储能无疑将迎来大发展，特别是电源侧储能。使用储能可以加大电力系统的灵活性。如抽水蓄能、化学电池储能、压缩空气储能、电热冷储能、电动汽车储能等技术广泛应用于发电侧、电网侧和用户侧，促进储能与电网调节、发电侧机组调节一起形成不同时间尺度的电力、频率、电压等各种电力平衡需求。中国可再生能源发电发展较快，与此相对应的弃风弃电现象也很显著，部分地区可再生能源消纳困难，能源的存储和跨境输送问题非常严峻。同时，中国电力系统调节能力不灵活问题也需要通过储能的方式加以缓解。

2021 年年底，中国新型储能累计装机超过 400 万 kW。到 2050 年，中国 65% 的电力将由风能和太阳能提供，大规模储能市场将一触即发。据预测，按照目前储能设备价格及功率配比平均要求，2025 年，储能市场规模将达到 5000 亿元以上。到 2050 年，中国电化学储能容量将达 510GW，市场空间将达到 1.6 万亿元，并贡献 2020—2050 年间电力系统零碳化碳减排量的 1/3。

　　储能技术包括物理储能和化学储能。物理储能主要是抽水蓄能。抽水蓄能对于保障新能源的稳定供应来说具有重要作用。抽水蓄能技术成熟,每度电的成本约为 0.2 元/(kW·h),经济性较好,是当前储能的主要形式。截至 2019 年年底,全球储能项目中有 93.4% 为抽水蓄能项目。目前,全球一半以上的抽水蓄能装机集中在日本、美国、意大利、德国等发达国家,在提高电网灵活性、保障新能源电力消纳方面发挥着重要作用。

　　由于电化学储能具有高功率密度和高能量密度的技术特性,因此,应用场景广泛。目前,业界最看好的三种电化学储能技术分别是锂离子电池、铅炭电池和液流电池,这些电化学储能技术在安全性、能量转换效率和经济性等方面都取得了重大突破,具有产业化应用前景。锂电池储能系统中的主要单元有电池系统、功率转换系统、电池管理系统、逆变器等,其中锂电池以磷酸铁锂电池最为成熟。近年来,储能成本迅速下降,尤其是 2020 年以来的电源侧储能成本下降迅速。目前,储能设备的成本逐步降低,1W·h 的成本约为 1.5 元,以港口建设 1MW·h 的储能装置为例,费用约为 150 万元。

3.3.2　源网荷储技术在相关行业的应用

　　2018 年 4 月,国网江苏公司在连云港车牛山岛上建立的"源-网-荷-储"一体化系统正式投运,实现了 50kW 风机、30kW 光伏、100kW 柴油机及 450kW·h 储能的"源-网-荷-储"协调控制和经济运行,构建了由边防、移动、海事三家组成的交直流混合微电网,这种智能海岛微电网解决了岛上居民的用电用水难题,为海岛及海洋开发保护提供了供电保障,也为智能海岛微电网建设积累了经验。

　　2019 年 1 月,福建省朋山岭隧道为解决山区隧道里程长,照明动力费成本高的问题,建设了储能系统,利用峰谷电价差降低用电成本,另外,可以替代传统隧道 UPS 电源系统作为隧道后备电源使用,增强隧道供电稳定性。经测算,朋山岭隧道储能系统运行 10 年在电费节省方面收益约 50 万元。

　　2020 年 6 月,三峡电能与三峡通航局达成合作,确定在三峡海事趸船 607 上安装光伏组件,配套岸基储能装置以及电动船充电接口,保障趸船清洁能源用电和电动船充电。三峡电能引入国内先进充储技术。2020 年 10 月,由长江电力三峡电能投资建设的光储充智慧能源示范项目在三峡坝区顺利通过验收并正式投入运营。

　　2021 年 6 月,华阳集团联合中科海纳公司共同研发了 1MW 钠离子电池光储充智能微网系统,在山西太原综改区正式投运。该系统以钠离子电池为储能主体,结合市电、光伏和充电设施形成微网系统,该系统降低了储能成本,提高了资源利用率。另外,2021 年 7 月 29 日,宁德时代发布钠离子电池,电芯单体能量密度已经达到了 160W·h/kg,低于锂电池,2023 年将形成产业链。钠离子电池将是一个具有较大潜力的电池,具有充电时间快、低温性能好等优点,但由于初期成本高于锂电池,因此,未来在短时间内很难全面替代锂电池。

　　2020 年 9 月,合肥供电公司充分利用电网基础资源,建成省内首个集光伏电站、储能站、5G 基站、电动汽车充电站、数据中心、换电站功能为一体的"多站融合"项目,项目将屋顶光伏电站、储能站、电动汽车站等形成了一个"微网系统",88kW 容量的光伏电站全年约发电 84 000kW·h,供给站内数据中心、5G 基站等设备使用,1.34MW 储能电站一方面保障着电力供应的平衡稳定,同时利用晚间充电、白天供电,发挥"削峰填谷"的作用。

2020 年 9 月,北京交通大学自主研发的城轨交通地面式超级电容/电池混合储能装置在北京地铁八通线梨园站挂网试验。该装置能回收利用列车再生制动能量,降低城轨列车能耗的 10%～15%,另外还可以在供电系统突发故障时,利用储能装置将列车紧急牵引至地铁站。

3.3.3　源网荷储技术在港口的应用

近些年一系列储能技术相关的政策推出,为储能技术的推广应用提供了支撑。储能技术的应用势必是未来行业发展的必然趋势。港口企业作为重要的能源消耗单位,应加大对储能技术的研发和试点应用。

在港口应用较多的储能是储电,也就是电力储能。港口储能技术主要有以下几种应用情景。

(1) 储能装置用于储存太阳能、风力发电的电能。由于太阳能、风能等可再生能源本身具有随机性和不确定性的特点,因此,电压和频率的波动使其实现大规模入网存在困难,如在港口区域内将使用太阳能、风能等可再生能源发出的电能直接储存起来,通过储能系统,可以实现频率调节,发电功率的平滑输出,提高发电质量,实现港口本地化的使用,或是再大规模并入电网,促进太阳能和风能发电在港口的应用。

(2) 港口配备储能装置来存储电能。储能装置可将晚上用电低谷期电价低的电力储存起来,并在白天电力高峰时段使用,既能满足白天的用电需求,又能减少晚上的电力损失,可以利用电价差降低港口企业的用电成本。

(3) 港口储能装置可以作为备用电源。随着港口设备的电气化,港口的用电需求增大,对于电力基础设施的要求提高,用电安全显得更为重要,保证在电网断电或电力供应不足时作为备用电源使用,可以通过配备储能装置保证用电高峰期的用电安全。

(4) 港口电动车辆的锂电池储能。港口电动车辆的锂电池容量很大(功率 100～260kW)。如果港口电动车辆的锂电池达到一定数量后,这些锂电池就可以构成一个庞大的移动电源群,可以供港口设备之间互相调用,主要用于港口的货物装卸和运输,除此之外,这些锂电池还可以供港口周边的电网在电力不足时满足需求,即在电力低谷时进行充电,将电力在港口电动车辆的锂电池中储存起来,而在用电高峰时以港口为主使用,还可供其他需要用电的场合使用。港口大量的移动锂电池可以为区域电力平衡调节起到重要作用,保障区域电力供应的稳定性。另外,港口电动车辆还能将车辆制动时的部分动能转化为电能并储存在锂电池中,实现制动能量回收,大大提高能源的利用率。

(5) 电力制取氢气储能。氢气不仅可以为氢燃料电池驱动的港口电动车辆提供燃料,还可以供其他场合使用。另外,燃料电池车辆可以提供外部接口,为其他设备提供交流电。虽然氢能储能是相对成熟的技术,但是与其他技术相比,氢具有更低的能量密度和更高的成本。另外,氢的基础设施不仅规模庞大,而且成本高昂。氢的产生和储存、运输过程复杂,成本较高。氢的独特之处在于它不仅可以为电力生产提供能源,还可以作为车辆和制造过程(如铝、合成塑料和肥料制造)的燃料。如果港口可以使用氢气发电以及其他类似用途,则储氢可能是一种成本效益高的选择。

国内外港口开始探索港口储能设备建设。2015 年 1 月,长滩港启动长滩港能源岛计划。这项倡议侧重于五个主要目标:推进绿色电力,通过微电网连接使用自生分布式电源,提供经济高效的替代燃料选择,提高与能源相关的运营效率,吸引新业务等。为了实现这些目标,港口需要找到创新性的方法,使流经港口电力基础设施的每一度电发挥最大的潜力。连云港建成了岸电储能一体化系统,主要是功率为 5MW 的储能电站,可为船舶靠港使用岸电等用能环节提供低成本的电力。储能系统能有效提高港口电网的运行效率,改善系统电能质量,降低岸电终端使用成本。广州智光电气股份公司开发了级联型高压大容量储能技术系统,在青岛港进行了储能设备应用,用于冷藏箱区的供电。

第 3 篇

港口碳排放过程控制技术

第4章

>>>>>>>>>>>>>

港口绿色集疏运技术

由于不同运输方式的工艺、单位周转量能效不同,因此调整运输结构可以有效改善能源结构和能耗,是港口节能减排的重要手段。水运、铁路、公路的单位周转量能耗由低到高,2015 年的数据分别为水运 28kgce/万(t·km)、铁路 33kgce/万(t·km)、公路 204kgce/万(t·km)。以水运为基准,铁路是水运的 1.2 倍,公路是水运的 7.3 倍。由于各类运输方式的单位能效不同,因此,在同样的运输需求总量下,运输结构调整能够带来非常大的减排潜力。

4.1 中国运输结构现状

长期以来,中国货物运输结构主要以公路运输为主。根据 2013—2021 年国家统计局发布的国民经济和社会发展统计公报数据,铁路、公路、水运、航空和管道 5 类运输方式的货运量占比变化情况见图 4-1。从图中可以看出,公路运输一直是中国运输的主要方式,占比为 73%～78%。水运排在第二位,占比为 13%～16%,铁路运输为 7%～10%,管道运输为 1.6%～1.9%,航空的货运量较少,占比 0.01%～0.02%。2021 年,中国交通运输中 5 种方式的总货运量为 530.3 亿 t,其中公路运输的比例呈下降趋势,水运和铁路上升趋势,这是中国实施大宗货物"公转铁""公转水"政策下运输结构向好的表现。

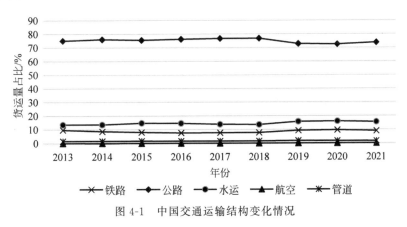

图 4-1 中国交通运输结构变化情况

根据《中国移动源环境管理年报(2020)》显示,2019 年,全国货运量 470.6 亿 t,其中铁路货运 43.2 亿 t,占比 9.2%,公路货运 343.5 亿 t,占比 73.0%,水路货运 74.7 亿 t,占比 15.9%。由图 4-2 可以看出,公路在中国货物运输的占比最大,占比高达 73.0%。这个数据与交通运输部发布的数据有些区别,交通运输部公报发布的数据没有包括管道运输的数据。

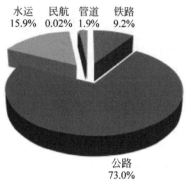

图 4-2　2019 年全国货物运输结构

(资料来源:生态环境部)

中国运输结构调整的总体趋势是降低公路运输的比例,提高铁路运输、水路运输的比例,尤其是大宗货物推进"公转铁""公转水"。

"十三五"期间,国家发布各种政策,大力推进多式联运,调整运输结构。2016 年 12 月,发布《交通运输部等十八部门关于进一步鼓励开展多式联运工作的通知》(交运发〔2016〕232 号),该通知提出了中国多式联运发展的目标,指明多式联运发展的行动路线。该通知是中国第一个多式联运纲领性文件,标志着中国多式联运发展上升为国家战略。2018 年 6 月,国务院印发《国务院关于印发打赢蓝天保卫战三年行动计划的通知》(国发〔2018〕22 号),提出大力发展多式联运是"积极调整运输结构,发展绿色交通体系"任务的重要举措,把推进运输结构调整和发展公铁联运、海铁联运作为国家战略部署。

2018 年 9 月,国务院办公厅印发了《国务院办公厅关于印发推进运输结构调整三年行动计划(2018—2020 年)的通知》(国办发〔2018〕91 号),对加快优化货物运输结构进行了总体部署和系统安排,以推进大宗货物运输"公转铁、公转水"为主攻方向,开展"铁路运能提升、水运系统升级、公路货运治理、多式联运提速、信息资源整合、城市绿色配送"等六大行动,重点提出了加强煤炭集港和矿石疏港运输管理,加快集疏港铁路和企业铁路专用线建设,大力发展多式联运等核心举措。到 2020 年,全国多式联运货运量年均增长 20%,重点港口集装箱铁水联运量年均增长 10% 以上。在推进大宗货物运输"公转铁、公转水"方面,提出要进一步加强煤炭集港运输管理。2018 年底前,环渤海地区、山东省沿海主要港口的煤炭集港改由铁路或水路运输。2020 年采暖季前,沿海主要港口的矿石、焦炭等大宗货物原则上主要改由铁路或水路运输。

2019 年 9 月,国家发展改革委、自然资源部、交通运输部、国家铁路局、中国国家铁路集团有限公司联合发布《关于加快推进铁路专用线建设的指导意见》(发改基础〔2019〕1445 号)。意见要求到 2020 年,一批铁路专用线开工建设,沿海主要港口、大宗货物年运量 150 万 t 以上的大型工矿企业、新建物流园区铁路专用线接入比例均达到80%,长江干线主要港口基本引入铁路专用线。到2025年,沿海主要港口、大宗货物年运量150万t以上的大型工矿企业、新建物流园区铁路专用线力争接入比例均达到85%,长江干线主要港口全部实现铁路进港。

2019年9月,中共中央、国务院印发《交通强国建设纲要》,要求优化运输结构,加快推进港口集疏运铁路、物流园区及大型工矿企业铁路专用线等"公转铁"重点项目建设,推进大宗货物及中长距离货物运输向铁路和水运有序转移。推动铁水、公铁、公水、空陆等联运发展。

2022年1月,国务院办公厅印发《关于推进多式联运发展优化调整运输结构工作方案(2021—2025年)》(国办发〔2021〕54号),提出到2025年,多式联运发展水平明显提升,基本形成大宗货物及集装箱中长距离运输以铁路和水路为主的发展格局,全国铁路和水路货运量比2020年分别增长10%和12%左右,集装箱铁水联运量年均增长15%以上。

中国运输结构调整取得明显成效。在煤炭"公转铁"方面,2017年4月30日,天津港全面停止煤炭汽运集港,比国家要求的完成时限提前3个月。在矿石疏港"公转铁"方面,唐山港通过建立完善的督导制度、政府扶持政策、降低铁矿石铁路运输费用等方式,增加了公转铁的运输比例。在集装箱多式联运方面,宁波港设置常态化运行海铁班列16条,海铁联运业务覆盖15个省(区、市),49个地级市,在国内率先开通北仑港站至绍兴皋埠站的海铁联运双层集装箱班列,铁路运力提高38%。根据中国港口协会数据,2019年,中国港口海铁联运前6名集装箱码头有:宁波北仑第一集装箱码头有限公司(超42万TEU)、盐田国际集装箱码头有限公司(超20万TEU)、宁波港集团北仑第三集装箱有限公司(超16万TEU)、营口集装箱码头有限公司(超14万TEU)、营口新世纪集装箱码头有限公司(超14万TEU)、宁波梅山岛国际集装箱码头有限公司(超10万TEU)。

上海市大力推进集疏运绿色化。2016年11月,上海市交通委员会、上海市财政局联合发布了《关于印发〈上海市调整优化航运集疏运结构项目资金管理实施细则〉和〈上海市促进现代航运服务业创新资金管理实施细则〉的通知》(沪交航〔2016〕1242号),目的是鼓励航运企业集装箱运输"弃陆走水",支持港口企业对水路集疏运方式给予持续有效的激励措施。补贴标准:对航运企业"五定班轮"业务箱量扶持20元/TEU;对港口企业"五定班轮"业务箱量扶持50元/TEU。对航运企业"内河集装箱"业务箱量扶持50元/TEU;对港口企业"内河集装箱"业务箱量扶持35元/TEU。对航运企业"江海联运(洋山)"业务箱量扶持50元/TEU。

4.2　水路运输的优势分析

4.2.1　国外有关水路运输的优势分析

1. 美国相关研究成果

2011年,美国的有关公路、铁路和水路运输的外部特性(大气污染物、安全、拥堵方面)研究成果表明,在所有的运输方式中,外部成本相对于公共基础设施成本都很大。该文对现有数据的分析,量化了外部成本,见表 4-1,从表中可以看出公路的汽车运输比其他模式产生更多的空气污染、交通事故和拥挤。然而,估算与这些外部效应有关的成本是非常困难的,所以无法给出这些外部成本的具体数值。

表 4-1   各种运输方式的外部特性比较

比较内容	类　　型	公路	铁路	水路	公路与水路的比值	铁路与水路的比值
二氧化碳排放	每百万吨公里的二氧化碳排放/t	229.8	28.96	17.48	13.1	1.66
大气污染物	每百万吨公里的颗粒物排放/t	0.1191	0.0179	0.0166	7.2	1.1
	每百万吨公里的氮氧化物排放/t	3.0193	0.6747	0.4691	6.4	1.44
安全方面（事故）	每十亿吨英里死亡数（2003—2007年平均）	2.54	0.39	0.01	254	39
	每十亿吨英里受伤（2003—2007年平均）	55.98	3.32	0.05	1119.6	66.4
拥堵费	2000年的道路使用者的延误费用,美元	10.860	0.58	—	—	—

注：1英里＝1609.344m。

从表中可以看出以下几方面的内容。

(1) 在二氧化碳排放方面,水路比公路具有很大的优势,公路运输的排放数值是水路运输排放数值的 13.1 倍。铁路由于电力的使用,排放数值与水路相差不大,铁路运输的排放数值是水路运输排放数值的 1.66 倍。

(2) 在大气污染物排放方面,水路比公路具有很大的优势,公路运输的排放数值是水路运输排放数值的 6.4～7.2 倍。铁路由于电力的使用,排放数值与水路相差不大,铁路运输的排放数值是水路运输排放数值的 1.1～1.44 倍。

(3) 在安全事故方面,从数据分析可知,水路运输与公路和铁路运输相比,均是相对最安全的运输方式。

(4) 在拥堵费方面,公路的拥堵使用的拥堵费较多,而铁路受拥堵的影响小些。水路运输无此方面的数据。

美国"为什么用水路运输"的文章中对不同运输方式的运载量、外部特性的比较结果,分别见表 4-2 和表 4-3,从表中可以看出以下几个方面的内容。

表 4-2   不同运输方式的运载量对比

运　输　方　式	货物运载量/t	货物的体积/蒲式耳	货物的体积/美加仑
一艘轮船	1500	52 500	453 600
一列火车车厢	100	3500	30 240
100 列车的火车单元	10 000	350 000	3 024 000
半挂汽车	26	910	7865

注：1蒲式耳＝36.3688L；1美加仑＝3.785L。

表 4-3　不同运输方式的外部特性的比较

比较内容	类　　型	公路	铁路	水路	公路与水路的比值	铁路与水路的比值
大气污染物	每吨公里的一氧化碳排放/lb	0.0190	0.0064	0.0020	9.50	3.20
	每吨公里的氮氧化物排放/lb	0.1017	0.0183	0.0053	19.19	3.45
	每吨公里的碳氢化合物排放/lb	0.0063	0.0046	0.0009	7.00	5.11
事故	每十亿吨英里死亡数	0.84	1.15	0.01	84.00	115.00
	每十亿吨英里受伤	—	21.77	0.05	—	435.40
能源消耗	英里数/运载 1 吨货物的燃油/美加仑	59	202	514	8.71	2.54

注：其中能源消耗的数据来源于 U. S. DOT Maritime Administration。

1lb＝0.4536kg。

（1）在降低成本方面，水路适合大量原材料和散装产品的长途运输，以及重型机械、设备及其他各种超大型、成品的运输。与费用昂贵的公路运输相比具有很大的优势。

（2）能源效率方面，水路运输比公路或铁路运输更大的每美加仑燃油的行驶英里数，公路的能源消耗是水路的 8.71 倍，铁路的能源消耗是水路的 2.54 倍。

（3）在环境保护方面，水路运输与铁路和公路运输相比，碳氢化合物、一氧化碳和氮氧化物的排放减少。

（4）在安全可靠性方面，水路运输是最安全的运输方式，其中公路运输的死亡率是水路运输的 84 倍。

2. 德国相关研究成果

德国相关研究机构进行了公路、铁路和水路运输能耗，以及外部特性（大气污染物、安全、拥堵方面）的比较研究。虽然相关成果发表的时间较早，但仍有借鉴意义，本节在其研究数据的基础上进行总结分析。

1）各种运输方式的外部特性比较

（1）每吨公里能耗的比较。分别比较了干散货运输和集装箱运输的能耗（图 4-3），如散货运输公路的每吨公里能耗是 0.90～0.94MJ，总体趋势是内河水路运输的能耗最低，公路最高，干散货公路运输能耗最高是水路运输的 3 倍，集装箱公路运输最高是水路运输的 1.7 倍。

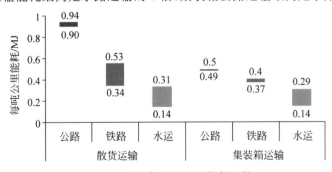

图 4-3　德国每吨公里的能耗比较

（2）运输事故的比较。在统计的 5 年期间,德国货物运输事故造成的所有经济损失中, 96.9％是公路造成的,2.0％是铁路造成的,1.1％是水运造成的,见图 4-4。

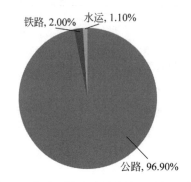

图 4-4　各种运输方式的事故经济损失占比

各种运输方式的事故成本见图 4-5。每 100t·km 的具体事故成本,公路是 42.9 欧分, 铁路是 6.0 欧分,水路是 3.3 欧分。公路运输的单位事故成本比水路运输的单位事故成本 高出 13 倍,铁路运输的单位事故成本比水路运输的单位事故成本高出 81.8％。

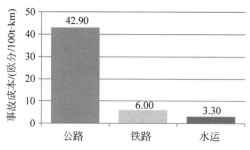

图 4-5　各种运输方式的事故成本

（3）交通噪声的成本比较。交通噪声的外部成本比较见图 4-6,在每 t·km 的交通噪声 成本上,公路和铁路的噪声明显高于水路运输。

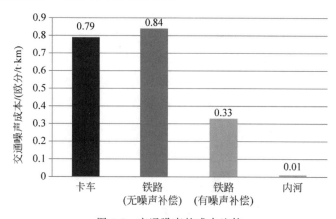

图 4-6　交通噪声的成本比较

（4）二氧化碳排放的比较。由二氧化碳排放造成的气候变化成本用货币评估是相当不 确定的。这种不确定性指的是气候变化的趋势和对经济影响不确定性。

显然,最高的二氧化碳排放量是由公路卡车引起的。如果考虑铁路或船舶运输的集装箱需要卡车进行集运和疏运,虽然增加了铁路或船舶运输的总体排放,但还是保持原来的排放比较趋势。

在8个散装货物运输案例中,有5个案例的内河运输产生的二氧化碳排放量低于铁路。就莱茵河走廊的集装箱运输而言,水路运输每TEU的二氧化碳排放量比铁路低19%～55%。对于易北河来说,如果与河流上的轻推组合相比,铁路每TEU的优势是15%。图4-7显示了选定运输路线的气候变化成本的平均值。

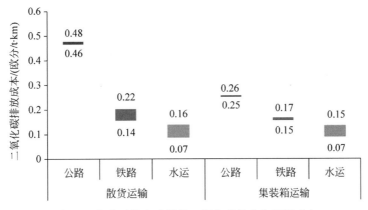

图4-7　各种运输方式排放二氧化碳的单位经济成本

(5) 大气污染物的比较和预测(2006年与2025年)。各种运输方式的大气污染物排放外部成本对比见图4-8。外部成本公路运输最高,铁路运输最低。

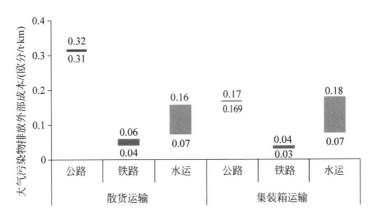

图4-8　各种运输方式的大气污染物排放外部成本对比

内河水路运输的各类污染物的变化情况见图4-9。水路运输的排放量会由于更严格的规定而显著减少,预计到2025年,氮氧化物等污染物降低较多。这也适用于公路运输,卡车将执行更高排放等级。

铁路运输用电很大程度上取决于发电厂未来使用的火电比例和清洁能源比例。进一步的改进或恶化也是可能的,因此,这里将假定排放因子不变。

在港口区域的排放清单中,船舶的排放占总排放的70%～80%,国际上最低的船舶也

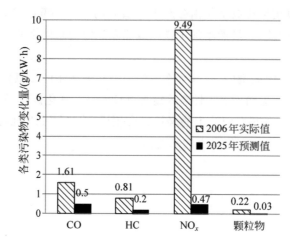

图 4-9　内河水路运输排放的各类污染物的变化情况

占有 50％以上。随着排放控制区的实施,船舶使用低硫油或岸电,将大大降低硫氧化物和氮氧化物的排放。

(6) 各种运输外部特性(噪声、事故、二氧化碳排放、大气污染物排放)综合对比。

① 干散货运输线路的对比。干散货的外部特性综合比较见图 4-10。在散货航线上,水路运输的外部平均成本比公路运输低 83％,比铁路运输低 70％。最低外部成本证实了水路运输的明显优势。

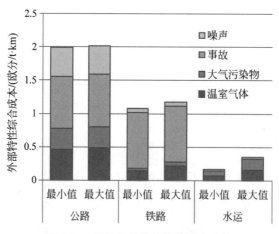

图 4-10　干散货的外部特性综合比较

② 集装箱运输线路的对比。集装箱的外部特种综合比较见图 4-11。在集装箱航线上,水路运输的平均外部总成本比公路运输的总成本低 78％,低于铁路运输的总成本 68％。

散装货运航线,水路运输的平均外部成本比公路运输低 83％,比铁路运输低 70％,这显示了水路运输的明显优势。

2) 各种运输方式经济成本的比较

(1) 各种运输方式的运输重量与单位成本的关系。各种运输方式的运输重量与成本的

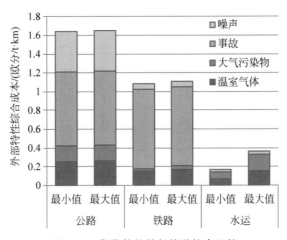

图 4-11 集装箱的外部特种综合比较

关系分别见图 4-12~图 4-14。就公路和铁路运输而言,在长运输距离时,水路运输的吨公里单位成本将降低。

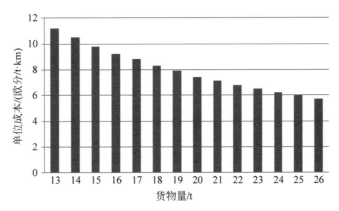

图 4-12 公路运输重量与成本的关系

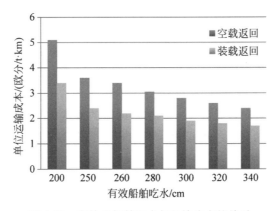

图 4-13 有效的船舶吃水与运输成本的关系

(2)各种运输方式经济成本的对比。通过选择一些典型线路进行比较分析,线路的运输距离见表 4-4。

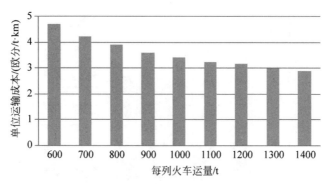

图 4-14　铁路运输吨位与成本的关系

表 4-4　不同线路的各类运输距离　　　　　　　　　　km

起　点	终　点	货物类型	运输距离		
			公　路	铁　路	船　舶
汉堡	捷克德辛	食品	558	532	635
汉堡	萨尔茨吉特	煤炭	211	194	200
鹿特丹	杜伊斯堡	煤炭	243	267	227
鹿特丹	格罗克伦森堡	煤炭	524	557	568
鹿特丹	迪林根	铁矿石	457	515	671
林茨	纽伦堡	钢铁	337	331	384
汉堡	汉诺威	矿物油产品	145	176	259
安特卫普	路德维希港	化学制品	423	488	659
鹿特丹	杜伊斯堡	集装箱	243	268	229
鹿特丹	巴塞尔	集装箱	773	767	838
汉堡	柏林	集装箱	314	284	357
汉堡	捷克德辛	集装箱	558	532	635
鹿特丹	斯图加特	集装箱	650	642	763

　　干散货运输经济成本比较见图 4-15。在 3 条线路中,铁路运输更为有利,成本差异为 8.8%(鹿特丹—格罗克伦森堡)、10.9%(汉堡—汉诺威)和 32.8%(鹿特丹—迪林根)。在所有干散货运输路线中,水路运输与铁路运输相比的平均成本优势为 25%。

　　集装箱运输经济成本比较见图 4-16。水路运输的成本优势在 17%左右(汉堡—柏林)和 43%(鹿特丹—杜伊斯堡)之间变化。集装箱水路运输的财务成本平均比铁路运输低 30%。

　　在以上的比较中,差距比较小的是路线距离比较短的,一般在 200~300km。

　　在比较铁路和水路运输时,水路运输在 5 条航线上具有显著的成本优势。有 3 条线的铁路运输更为有利,成本差异为 8.8%(鹿特丹—格罗克伦森堡)、10.9%(汉堡—汉诺威)和 32.8%(鹿特丹—迪林根)。在所有考虑的散货运输路线中,水路运输与铁路运输相比,平均成本优势为 25%。

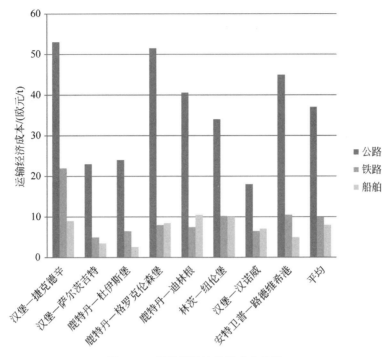

图 4-15　干散货运输经济成本比较

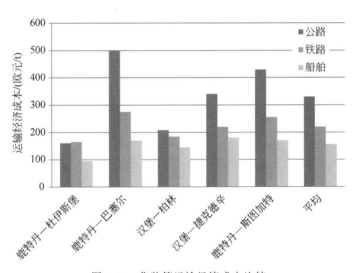

图 4-16　集装箱运输经济成本比较

水路运输的成本优势在 17% 左右(汉堡—柏林)和 43%(鹿特丹—杜伊斯堡)之间变化。集装箱水路运输的财务成本平均比铁路运输低 30%。

3）各种运输方式包括外部特性的经济成本的对比

散货运输的各种运输方式包括外部成本经济比较见图 4-17。散货的水路运输显示出最低的经济成本,比公路运输低 77.0%,比铁路运输低 38.4%。

集装箱运输的各种运输方式包括外部成本经济比较见图 4-18。集装箱的水路运输也显示出最低的经济成本,比公路运输低 52.1%,比铁路运输低 32.7%。

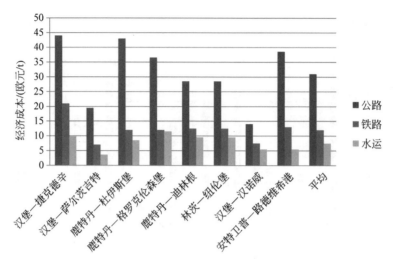

图 4-17　散货运输的各种运输方式包括外部经济成本比较

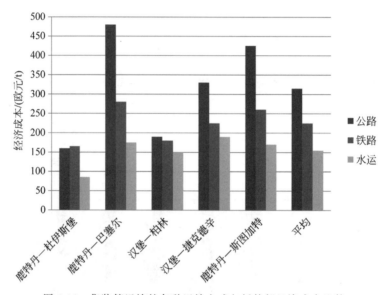

图 4-18　集装箱运输的各种运输方式包括外部经济成本比较

散货铁路运输的经济成本劣势与水路运输成本相比,从 2.2%(鹿特丹—迪林根)到161%(鹿特丹—乌斯堡)。从平均情况来看,在所有分析的散装货运路线中,内河水路运输的优势占 38.4%。

在所有考虑的集装箱航线中,水路运输也显示出最低的经济成本,比公路运输低 52.1%,比铁路运输低 32.7%。与公路运输相比,水路运输成本优势最高的是鹿特丹到巴塞尔的长莱茵河航线(−64.5%)。与铁路运输相比,水路运输在鹿特丹—杜伊斯堡航线上具有最高的成本优势(−51.1%)。在这条线路上,即使是公路与铁路相比,公路运输也具有经济成本优势(7.8%)。

3. 其他相关研究成果

澳大利亚的相关文献比较了不同运输方式、不同运输路线的典型货物运输时间,见

表 4-5。公路运输时间最短,水路运输时间最长,其中水路运输时间考虑到门到门,已经加入了取货和送货的约一天时间。

表 4-5　不同运输方式下的典型货物的运输时间(门到门)

运输模式	不同的运输路线				
	悉尼—墨尔本	悉尼—布里斯班	墨尔本—布里斯班	墨尔本—阿德莱德	墨尔本—珀斯
公路/h	11	15	23	9	43
铁路/h	17	21.5～26	36.5～45	14.5～16.5	58～68
水运/d	2～3	2～3	4～6	2～4	5～7

除了国外一些对沿海和远洋航运的优势比较外,好多学者也对内河航运进行了优势分析。虽然内河航运业在目前的发展中遭遇了种种困难,但是和其他运输方式相比仍然具有独特优势:一是运量大,尤其适用于特长、特大、特重的设备和大宗散货运输,一艘普通的顶推船队能载 9600t 货物,相当于 385 辆卡车的运量;二是能耗低,根据欧盟的数据,同样是以 1L 的燃料运送货物 1km,铁路运输是 97t,内河航运则达 127t;三是投资省,渠化航道每公里投资仅为新建铁路的 1/5～1/3;四是占地少,主要利用天然航道,基本不占农业耕地;五是环境污染少,在各种交通运输方式中,内河运输产生的噪音、废气是最少的;六是潜力大,内河能够容纳更多的船舶航行,不易产生交通拥堵问题,可以有效地分流公路和铁路运输。

葛志伟的《中美内河航运比较研究》中指出,在内河、铁路和公路运输中,内河运输的单位能耗最低,比铁路约低 45%,约为公路的 1/340。且内河运输在运输成本上与公路、铁路等其他运输方式相比存在较大优势。从运输成本来看,美国内河运输成本为铁路的 1/4、公路的 1/5,德国内河运输成本为铁路的 1/3、公路的 1/5。中国因航道等级不高、船舶吨位较小,运输成本相对较高。内河运输综合利用自然资源,与其他运输方式相比具有较高的投入产出效益。已有研究表明,整治航道的费用仅为铁路建设费用的 1/5～1/3,公路建设费用的 1/3～1/2,但其产出效益却是铁路的 1～1.5 倍,公路的 8～10 倍。另外,内河运输适合进行长距离的大宗散货运输,这使得其通过能力大大加强。而且内河运输的载运量相对其他运输方式来说也大得多。

4.2.2　国内有关水路运输的优势分析

国内有关水路运输优势的比较研究很少,主要是定性地对各种运输方式进行研究,以及国内在公路运输拥堵和绿色交通发展的背景下发展水路运输的相关情况。

1. 相关研究成果

贾大山在《认识比较优势,推进内河运输》研究中指出,与公路、铁路运输技术经济特征相比,内河运输的优势是占地少、运能大、能耗低、污染小,这一优势适宜于单位国土面积产出高、人口密度大、人均 GDP 水平高和具有水运资源的地区。当人均 GDP 达到 1500～3000 美元(或汽车价格相当于 3 倍人均 GDP)时,随着汽车进入家庭,土地资源的价值、环境价值、能源的价值才能得到各级政府和人们的普遍认同,这是内河运输优势得到发挥的经济和社会背景,也是中国内河发展的客观规律。目前,中国内河航运平均运距在 200km 左右,在该运距下,从不同吨位船舶的经济性对比(以 100 吨级为 100%)可以看出,内河水运成本低的优势在 1000 吨级左右得到发挥。和 100 吨级船舶比较,船舶吨位提高到 300 吨级,费率可下降 53%,若提高到 1000 吨级,可下降 62%。随着中西部地区经济的发展,内河运输运距延长,1000 吨级船舶的优势更加明显。2010 年,长江沿江地区人均 GDP 达到 4448 美元,已经具备了内河运输快速发展的社会经济条件。2011 年,《国务院关于加快长江等内河水运发展的意见》(国发〔2011〕2 号),以及 2020 年,《中华人民共和国长江保护法》的颁布,标志着长江等内河比较优势的发挥又具备了很好的政策环境。

李建丽等在《水路运输在低碳经济背景下的比较优势研究》中指出,为应对全球气候变化,发挥水运优势,探讨各种运输方式在节能、环保方面的异同及其与低碳经济间的关系,认为在低碳经济约束下,水路运输应成为交通运输发展的重点,并提出加强内河运输建设,加大政策支持力度,大幅增加"水水中转"和"海铁中转"的比重,提出了大力发展内河运输、调整船队结构、加快推进海铁联运发展、加快公路运输与航空运输的转型、提倡低能耗基础设施建设等方面的交通运输低碳减排长效机制的建议。研究对四种运输方式的比较(见表 4-6)中可见,在经济性和低碳环保性方面,水路运输的发展前景是最为广阔的,将成为低碳经济背景下运输方式的首选。另有研究表明,在等量运输条件下,水路运输与铁路运输产生的碳氢化合物之比是 1:5,排放一氧化碳之比是 1:3.2,而从单位能耗来看,水路运输与铁路运输之比是 9:11。

表 4-6　四种运输方式的比较

运输方式	经济性	低碳环保性	运输特性	发展趋势
航空	较差	较差	长距离跨国客运、货运	转型
公路	一般	一般	城市交通、小批量货运	转型
铁路	较好	较好	客运及较大批量货物	优先
水路	好	好	大宗货物	优先

2. 内河典型路线专题研究成果

笔者选择中国南方两条典型内陆地区运输路线进行比较研究。为确定货物运输具体路径,在运输起始点和终点相同的情况下,对公路、铁路、水路三种不同运输方式的各项指标进行比较。

典型路径 I:其中公路运输的里程为 238km,主要依靠高速公路及相关衔接公路的结合;铁路运输的里程为 250km,主要依靠各线路铁路衔接运输完成,厂区直通铁路,所以不需要公路进行辅助运输;水路运输的里程为 310km,再加上 20km 的公路辅助运输,主要依靠航道的船舶运输及集疏运道路的水陆衔接完成。

典型路径 II:其中公路运输的里程为 180km;铁路运输的里程为 170km,再加上 13km 的公路辅助运输;水路运输的里程为 265km,厂区有码头直接装船,不需要公路辅助运输。

研究中还对航道扩能升级前、后的各类指标进行了比较,其中航道扩能前的航道等级为四级,最大运输船舶为 500t,航道扩能升级后的航道等级为三级,最大运输船舶为 1000t。

笔者根据相应的计算公式对水路、公路和铁路运输的能耗、经济性、时间性和环保性进行了定量分析比较,主要综合应用设备单耗和实际能耗相结合的计算方法。对便捷性、资源利用和安全性进行了定性分析比较。比较结果见表 4-7。

表 4-7　各种运输方式比较汇总

指标类型	运 输 方 案		公路：铁路：水路	水路优势
能耗	典型路径Ⅰ (tce/万 t)	航道扩能前	1.3：0.4：1	比铁路差
		航道扩能后	3.0：0.9：1	比铁路差
	典型路径Ⅱ (tce/万 t)	航道扩能前	1.3：0.4：1	比铁路差
		航道扩能后	3.6：1.2：1	优势较大
经济性	典型路径Ⅰ (元/t)	航道扩能前	1.5：1.3：1	优势较大
		航道扩能后	1.9：1.8：1	优势较大
	典型路径Ⅱ (元/t)	航道扩能前	1.4：1.4：1	优势较大
		航道扩能后	1.6：1.6：1	优势较大
时间性	典型路径Ⅰ (h)	航道扩能前	1：2：35	不占优势
		航道扩能后	1：2：17	不占优势
	典型路径Ⅱ (h)	航道扩能前	1：2：20	不占优势
		航道扩能后	1：2：18.7	不占优势
环保性	典型路径Ⅰ $PM_{2.5}$ 指标(kg/万 t)	航道扩能前	8.4：0.015：1	比铁路差
		航道扩能后	10.7：0.08：1	比铁路差
	典型路径Ⅰ NO_x 指标(kg/万 t)	航道扩能前	2.2：0.008：1	比铁路差
		航道扩能后	5.1：0.02：1	比铁路差
	典型路径Ⅰ SO_x 指标(kg/万 t)	航道扩能前	0.76：0.018：1	比铁路差
		航道扩能后	2.2：0.05：1	比铁路差
便捷性	—	—	好：一般：差	不占优势
资源利用	—	—	一般：差：好	优势较大
安全性	—	—	差：好：好	优势较大

(1) 水路运输与公路、铁路运输相比,优势都较大的指标有：经济性、资源利用、安全性。水路运输仅比铁路运输差的指标有：能耗、环保性。水路运输比铁路和公路都差的,不占优势的指标有：时间性、便捷性。

(2) 欧洲运输政策"白皮书"中要求 2030 年能实现道路货运量(＞300km)的 30% 转向其他运输方式(水路运输和铁路运输),这说明该政策认为当运输距离超过 300km 时,水路运输占有优势,而当典型路径Ⅰ、Ⅱ距离在 300km 以下时,由于距离较短,水路运输的优势没有充分发挥出来。航道升级前,水路运输的优势显现,航道升级后,水路运输的优势更加明显。

(3) 由于在该区域铁路已经 100% 电气化,因此,在水路运输船舶吨级有限的条件下,水路运输的能耗优势不明显,但在航道升级后达到 1000t 的情况下,水路运输的能耗跟铁路运输能源持平或优于铁路运输。随着水路运输船舶吨级的增加,水路运输的能耗优势将更加明显。航道等级越高,船舶吨级越高,内河船舶能够到达的范围越广,其经济运距也越长,用于长距离大宗货物运输的经济效益越好。

4.3　水水中转运输技术

4.3.1　水水中转运输工艺

工业和贸易的发展产生了货物运量,尤其是大宗外贸货物需要港口来中转。因为货物都是从陆上到水上、水上到陆上的,所以,这中间的衔接点就是港口。港口在水陆两头都要具备便利的疏运条件,而水路运输是最经济、最环保的运输方式。

目前,中国大力发展多式联运。充分发挥港口衔接各种运输方式的优势,调整运输结构,促进多式联运、水铁联运、江海联运发展,发展水转水运输,增加耗能低的水路运输和铁路运输的集疏运比例,降低公路运输的集疏运比例。加强规划协调,尽量降低运输方式的种类,推进各种运输方式与港口的有效、无缝衔接,尽量做到零换乘,减少中间环节,降低能源消耗。

水转水中转运输指进口船舶(一程船)到港的大宗货物卸到堆场或罐库,然后再从堆场或罐库装到二程船,运输至目的港的货物运输方式;或是进口船舶到港的大宗货物直接用集装箱卡车或带式输送机或管道输送到二程船,运输至目的港的货物运输方式。水转水中转运输分为国外进口水转水货物和国内水转水货物。进口货物的一程船是远洋船,二程船是接驳远洋船的内河船;出口货物的一程船是接驳远洋船的内河船,二程船是远洋船。水转水中转运输具有运输时间短、装卸效率高、综合物流成本低的优势。

集装箱码头水转水中转装卸工艺主要流程如下。

(1)海船⟷岸桥⟷集装箱卡车⟷堆场⟷集装箱卡车⟷门机⟷驳船。

(2)海船⟷岸桥⟷集装箱卡车⟷门机⟷驳船。

集装箱海船装卸船与驳船装船的效率需相互匹配。只有使整个码头的物流系统趋于平衡,才能有效提高吞吐量。

海河联运指将货物通过船舶从外海(或内河)航区进入内河(或外海)航区,实现沿海和内河水路交通运输方式的无缝对接,使外海与内河成为有机整体。江海联运指货物不经中转,由同一艘船完成江河与海洋运输的全程运输方式。江海联运的操作主要分为两个部分,即江段运输和海上运输。江海联运则实现了内河运输和海上运输之间的连续运输。

如某港口海河联运主要采用水陆水中转,作业流程:外海码头→汽车短驳→内河港池和码头→内河船舶→内河航区。虽然内河航道已经初步成网,但由于缺少港口主航道与内河港池的直接连接,沿海港口与内河码头之间需要汽车短驳,因此,水水中转运输中间的陆运问题严重制约了该港口海河联运的发展。

长江沿线某港口是中欧铁水联运的重要节点,是长江航运与中欧班列的无缝衔接点,该港口在水水中转、铁水联运方面发展迅速,取得了较好的成绩,但由于位于长江边,码头的地势和体制等问题,铁路设施与港口衔接不充分,铁路进港难度大,港区与铁路之间无专用线,铁路暂时无法直接连接到码头后面的堆场,因此在铁路接卸场站和码头堆场之间还有一段1～2km的距离,这段仍需要集卡等水平运输车辆完成集疏运。

4.3.2　水水中转应用现状

水水中转可以大大提高土地利用率。运输结构优化,提高水水中转量,通过水水中转可以减少对港区陆域面积的占用,提高利用率。水水中转对土地利用率的影响比岸线的利用率大。新加坡、鹿特丹、安特卫普等国际大港的水水中转比例都在50%以上,新加坡港和香港港的水水中转量占比很大,所以土地利用率很高。

在德国汉堡港2020年的集装箱吞吐量(850万TEU)中,通过水水中转的比例为35.3%,其余为陆路集疏运,在陆路的集疏运中,铁路占47%,内河运输占比为2.6%,德国汉堡港的每个码头均已接通铁路,是中欧班列的重要节点,同时也是欧洲铁水联运的最大港口之一。

2020年全年,上海港集装箱吞吐量达到4350万TEU,水水中转比达到51.6%。上港集团的发展经历了由城市中心到城市外围的发展过程,由黄浦江的外滩,到长江口的外高桥,再到现在的洋山港,有效地缓解了港口集疏运带来的拥堵。港口周边城市交通的拥堵已经成为港口发展的弊病。上海大力发展内河水运,内河航运是上海国际航运中心集疏运体系的重要组成部分。加大水水中转比例,降低公路集疏运的比例,优化港区的交通环境。根据全球大港的发展经验,内河集疏量占到总量的20%以上。上海上港集团通过建立国际航运中心,在长江内河码头布局了很多码头,构建了系统化的运输网络,实现了江海联运。根据统计,上港集团在宜宾、九江、武汉、芜湖、南京、重庆、长沙、太仓等地投资了13个码头公司和港口集团,有力地推进了上海国际航运中心的建设,发挥上海港与长江沿线港口之间的协同效应,提升长三角港口的合作水平,优化整合长三角区域的港口资源,构建上海港内河集疏运网络。2020年1月,上海市《政府工作报告》提出,长三角区域以上海港为核心,江苏、浙江港口为两翼的"一体两翼"港口群已基本形成。

宁波舟山港大力发展集装箱多式联运业务,水水中转促进内支、内贸业务稳定增长。从2016年开始,宁波舟山港与航运巨头强化共赢合作,大力开展水水中转业务,推进全港水水中转箱量实现6%以上的增幅。2018年,宁波舟山港水水中转比例为27%,其中绝大部分为国际中转、内支线等沿海中转,陆向腹地内河集疏运比例相对偏低,90%以上的腹地集装箱仍需通过公路集疏运。与上港集团布局长江内河网络一样,也积极投资了内河港口,相继投资了太仓万方、南京明州、太仓武港、苏州现代货箱等码头公司,构建江海运输网络。在拓展内支线业务上,宁波舟山港通过做优乍浦线、拓展福州线等有效举措,实现了全港内支线运输量约5%的同比增长。宁波舟山港主要有两条内河集装箱运输通道:一条是长江江海联运通道,通过长江黄金水道开展一票单程的江海直达或一票多程的江海中转运输;一条是浙江海河联运通道,主要依托长江以外的省内内河水网。2019年,宁波舟山港集装箱吞吐量突破2700万TEU。在海铁联运业务方面,2019年促成了湖州西、钱清、常州、丽水等4条海铁联运线路班列化运作,形成了17条海铁联运班列及多条成组线路的海铁联运线网,业务辐射15个省(区、市)、50个地级市。2019年,宁波舟山港海铁联运业务量超80万TEU。宁波舟山港带动周边港口以及省内各内河港口齐头并进,加快推进支线中转、海河联运等业务发展。

中国港口水水中转比例不断提高。根据中国港口协会数据,2019年,中国港口水水中转前10名集装箱码头分别是:上海盛东国际集装箱码头有限公司(水水中转超460万TEU)、广州港南沙港务有限公司(水水中转超460万TEU)、上海冠东国际集装箱码头有限公司(水水中转超 410 万 TEU)、广州港股份有限公司南沙集装箱码头分公司(水水中转超 350 万 TEU)、宁波港集团北仑第三集装箱有限公司(水水中转超 230 万 TEU)、盐田国际集装箱码头有限公司(水水中转超 210 万 TEU)、蛇口集装箱码头有限公司(水水中转超 210 万 TEU)、赤湾集装箱码头有限公司(水水中转超 210 万 TEU)、上港集团振东集装箱码头分公司(水水中转超 200 万 TEU)、上海明东集装箱码头有限公司(水水中转超 200 万 TEU)。

中国铁水联运量呈快速发展态势。根据《2020 年交通运输行业发展统计公报》,2020 年,全国集装箱吞吐量为 2.64 亿 TEU,全国港口完成集装箱铁水联运量 687 万 TEU,增长 29.6%。

4.4　码头绿色集疏运技术

绿色集疏运技术主要指采用电力等清洁能源水平运输车辆完成码头与后面堆场、场站、陆港等之间的运输。目前也有将满足最高等级排放标准的柴油车辆的集疏运方式列为绿色集疏运技术。美国洛杉矶港和长滩港规定禁止老旧车辆,以及未按要求进行改造的指定生产年限的车辆不能进入港口,中国部分省市规定国Ⅳ以下的车辆不允许进入港口区域。通过建立高效的集疏运系统,降低集疏运系统拥堵的概率,来降低港区集装箱卡车的废气排放。

绿色集疏运技术除了清洁能源水平运输车辆外,还包括高架集装箱转运系统、铁路集疏运系统、管道集疏运系统、圆管状带式输送机(适用于干散货运输)等。

4.4.1　国外高架集疏运系统

高架集装箱转运系统(OCTS)可用于将集装箱从港口转运至独立于公共设施的内陆堆场或内陆集装箱码头,系统运行地上架空的高架上。系统可以为港口提供在不同码头之间或堆场之间的 24h 不间歇的集装箱运输,这些系统由市电供电,不像水平运输车辆依赖于电池或其他动力,因此,高架系统不会因更换电池充电而影响 24h 连续作业。

高架集装箱转运系统的灵感来自于高架乘客换乘系统,如德国伍珀塔尔的悬挂式单轨(图 4-19)或全球各地的滑雪缆车,作为单轨铁路的一种,只使用一条轨道。吉隆坡、悉尼、大阪、东京等城市以及许多游乐园和机场都拥有悬挂式单轨铁路,而孟菲斯、德累斯顿、多特蒙德等城市也有这种交通工具(图 4-20)。

图 4-19　FuTran 公司开发的高架系统

图 4-20　悬挂式单轨铁路(也称空中轨道列车)

　　这些系统已经成功地应用于采矿业,实现矿石运输的自动化和快速化,引起了货运市场和物流系统创新者的注意。通过对系统进行不断改造和创新,可以自主地将集装箱从港口运送到内陆堆场。虽然这样的系统不是一个新概念,但高架集装箱转运系统商业应用相对较新。全球范围内具有竞争力的供应商数量有限,两个主要的供应商是 FuTran 和 Eaglerail。

　　FuTran 公司为南非矿业公司开发了代替卡车运输的高架系统,整个系统都由市电电力提供动力,两套系统每年能够运输 2.5 亿 t 矿,替代了通过公路运输的卡车系统,大大降低了物流成本,用市电替代了燃油,实现了电能替代,具有很好的环境效益和社会效益。

　　Eaglerail 公司致力于集装箱运输,主要考虑到全球城市和港口周围的拥堵问题、港城矛盾问题,其将改变短途的柴油车辆运输作为目标,跟 FuTran 一样,Eaglerail 运作的高架集装箱运输系统也可以在地上或地下运行,可根据当地的实际自然条件进行设置。Eaglerail 的集装箱运输业务与 17 个以上的港口当局有着密切的联系,Eaglerail 致力于采用高架集装箱运输系统将港口连接到内陆多式联运枢纽,打破了集装箱运输内陆紧紧依靠公路运输的限制(图 4-21)。

图 4-21　Eaglerail 公司的高架集装箱运输系统

另外,可以通过高架专用路线或共享道路走廊解决城市边界内河港口的集疏运问题,方案示意见图 4-22。

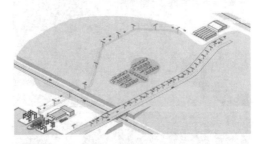

图 4-22　港口及周边城市的高架集疏运方案

4.4.2　国内高架集疏运系统

2017 年 7 月,中车四方下线悬挂式单轨列车(图 4-23)进入形式试验和试运行阶段,其最高运行速度为 70km/h,运行速度媲美地铁,是国内速度等级最高的空轨列车。

图 4-23　中车四方研发的悬挂式单轨列车

2020 年 11 月,山东港口青岛港与中车长江集团长江公司就前湾港区智能货运空轨项目签约,由中车长江公司制造的智能空轨集疏运系统落地青岛港。智能空轨具有智能化、无人化、绿色环保等特点,可实现港口、陆路、铁路联运“零换乘”,打通物流瓶颈的“最后一公里”。智能空轨集疏运系统项目在青岛港全自动化码头进行建设,计划项目全线长约 9.5km,年运输能力达 150 万 TEU。一期示范段项目全长 620m,已于 2021 年 6 月 29 日竣工,实现了港区集疏运交通由平面向立体空间的升级。

智能空轨集疏运系统是一种全新的、革命性的、跨界融合的交通理念,以立体思维构建未来港口物流的集疏运网络,将有效解决运输枢纽之间“临而不接、连而不畅”的运输桎梏。智能空轨还具有延展性强、兼容性好、适应能力强的特点,是一种更安全、更高效、更环保、更经济的新型立体运输方式。传统港口集疏运系统涉及铁路、公路建设,投资大、周期长。青岛港前湾南岸的集装箱码头集疏运,预估成本约 80 亿元,而采用智能空轨集疏运系统可节省成本 50% 以上,占地面积仅为公路建设的 30%,在降低成本的同时提高了土地利用率。

中车长江集团历时数年创新研发,将智能空轨集疏运系统与青岛港集装箱码头业务有机融合,实现港口的智能、高效、无缝衔接,见图 4-24 和图 4-25。项目采用智能空轨系统与 AGV、IGV、无人集卡和有人集卡等多种交互方式,精准对接港口业务形态,综合运用 5G、人工智能、大数据等高科技,实现智慧港口建设新突破,进一步提升青岛港集装箱集疏运能力,扩展港区发展空间。该系统与集装箱对接部分类似于集装箱吊具,可以任意提取或运转20英尺(1英尺=0.3048m)、40英尺、45英尺等各种标准集装箱以及专用运载单元,通过规划好的线路实现货物的高效、快捷转运及分配。其设计运行速度可达30km/h,适用于中、短距离的运输、配送路线,完全可以与港口及物流集散中心现有的设施进行有机衔接,打通综合交通运输"中间一公里",实现综合利益最大化。该系统的主要技术参数:悬挂式单轨车辆运行速度为30km/h;最大纵坡为8%;运输集装箱规格为20英尺、40英尺、45英尺;供电方式为第三轨供电,额定供电电压为750V;最小平面曲线半径为50m,最小竖曲线半径为800m。

图4-24 青岛空轨集疏运系统的模型局部图

图4-25 青岛空轨集疏运系统的模型总体图

据报道,2019年10月12日,由中国中车集团与沧州港务集团采用BLT(建设—租赁—转让)模式合作推动的沧州黄骅港综合港区空轨集疏运项目设计方案(图4-26)通过审批,进入实质性推进阶段。该线路规划复线长度为26.2km,单线长度为2.5km,总投资约20亿元。项目建成后将有效推进沧州黄骅港"散改集""公转铁"进程,缓解地面交通压力,提高煤炭等散货集载化程度、港口集疏运能力,拓展港口堆存空间,解决多式联运的"最后一公里"问题,是智能、绿色、环保的集疏运通道的重要组成部分。

图4-26 黄骅港综合港区空轨集疏运模型图

4.4.3　其他集疏运系统

除了以上的集疏运系统外,研究人员还设计了地下集装箱集疏运系统,用于大量运输单元货物。英国 Mole solutions 公司生产用于集装箱的地下运输系统(图 4-27),但也生产可从港口直接运输至客户的更小货物,如托盘等。这些系统需要一个更坚实的隧道网络,但可以集中在城市周边的物流集群。此外,还有一些港口企业准备建设进入周边城市地区和市场的交通走廊,这些走廊将受益于高速铁路或现有走廊的发展建设。交通系统在这些走廊上运行。

德国汉堡港将高速货运系统用于集装箱集疏运。2021 年 7 月,德国汉堡港 HHLA 公司和美国超级高铁公司 HyperloopTT 联合开发 HyperPort(图 4-28),这是一种可持续的高速货运解决方案,能够提高运力和效率,同时减少港口的污染和拥堵。该系统现在进入认证设计审查阶段。2021 年 10 月 11—15 日,在汉堡举行的世界智能交通大会(World Congress)上将通过 VR 虚拟现实来独家展示 HyperPort。HyperPort 是基于超级高铁(Hyperloop)的基础上进行标准化开发的,该系统适用于能够在几分钟内运输数百公里集装箱货物的港口运营商。HyperPort 胶囊式运输器可以以飞机速度可持续地运输两个 20 英尺集装箱或一个 40 英尺或 45 英尺集装箱,该系统可以在封闭的操作环境中每天移动 2800 个集装箱,消除了平交道口,提高了可靠性、效率和工人安全性。

图 4-27　地下集装箱运输系统　　　　图 4-28　高速货运系统

第5章

>>>>>>>>>>>>>

港口能源结构优化技术

5.1 能源消费结构现状

5.1.1 全球能源消费结构

自全球工业化以来,煤炭、石油、天然气等化石能源一直是全球能源消费的三大主要能源,并且在未来一段时期还将在全球能源消费中保持很高的比例。因此,调整能源结构对于降低碳排放具有重要意义。能源消费结构优化在终端用能侧尽量降低煤炭、石油、天然气等化石能源的比例,提高非化石能源的消费比例,直到最终实现非化石能源消费占比达到100%。

2020年,全球主要国家或地区的能源消费情况见表5-1,从表中可以看出,全球一次能源消费中,前三位能源均为化石能源,分别是石油、煤炭和天然气,占比分别为33.1%、24.2%、27%,这三项化石能源合计消费量占2019年全球一次能源消费总量的84.3%,这表明目前的全球能源消费仍以化石能源为主。

表 5-1　2020 年全球主要国家或地区的能源消费情况　　　　　　　　10^{18} J

国家或地区	石　油	天然气	煤　炭	核　能	水　电	可再生能源	总　计
加拿大	4.26	4.05	0.50	0.87	3.42	0.54	13.64
墨西哥	2.46	3.11	0.21	0.10	0.24	0.36	6.48
美国	32.54	29.95	9.20	7.39	2.56	6.15	87.79
阿根廷	1.03	1.58	0.03	0.09	0.27	0.13	3.13
巴西	4.61	1.16	0.58	0.14	3.52	2.01	12.02
智利	0.69	0.22	0.30	—	0.18	0.21	1.60
法国	2.68	1.46	0.19	3.14	0.54	0.68	8.69
德国	4.21	3.12	1.84	0.57	0.17	2.21	12.12
意大利	2.13	2.44	0.21	—	0.41	0.67	5.86
西班牙	2.21	1.17	0.07	0.52	0.24	0.77	4.98

续表

国家或地区	石　油	天然气	煤　炭	核　能	水　电	可再生能源	总　计
英国	2.39	2.61	0.19	0.45	0.06	1.20	6.90
俄罗斯	6.39	14.81	3.27	1.92	1.89	0.04	28.32
伊朗	3.31	8.39	0.07	0.06	0.19	0.01	12.03
埃及	1.33	2.08	0.03	—	0.12	0.09	3.65
南非	1.02	0.15	3.48	0.14	—	0.11	4.90
澳大利亚	1.83	1.47	1.69	—	0.13	0.45	5.57
中国大陆	28.50	11.90	82.27	3.25	11.74	7.79	145.45
中国香港	0.61	0.18	0.14	—	—	—	0.93
印度	9.02	2.15	17.54	0.40	1.45	1.43	31.99
印度尼西亚	2.34	1.50	3.26	—	0.17	0.37	7.64
日本	6.49	3.76	4.57	0.38	0.69	1.13	17.02
新加坡	2.93	0.45	0.02	—	—	0.01	3.41
韩国	4.90	2.04	3.03	1.42	0.03	0.36	11.78
中国台湾	1.89	0.90	1.63	0.28	0.03	0.09	4.82
泰国	2.39	1.69	0.73	—	0.04	0.28	5.13
越南	0.98	0.31	2.10	—	0.61	0.08	4.08
其他国家或地区	40.58	34.99	14.26	2.88	9.44	4.56	106.70
总计	173.72	137.64	151.41	24.0	38.14	31.73	556.62

资料来源:《bp世界能源统计年鉴2021》。

全球主要国家的各类能源占比情况见表5-2,化石能源占比低于60%的国家主要是法国和巴西,分别是49.8%,52.8%。其他大部分国家的化石能源消费占消费总量的84.4%,略高于全球平均水平(83.1%)。

表5-2　全球主要国家或地区的能源消费占比情况表(2020年)　　　　　　　%

国家或地区	石　油	天然气	煤　炭	核　能	水　电	可再生能源
加拿大	31.3	29.8	3.6	6.4	25.1	3.9
墨西哥	38.1	48.0	3.2	1.6	3.7	5.5
美国	37.1	34.1	10.5	8.4	2.9	7.0
阿根廷	32.9	50.2	1.0	3.0	8.6	4.3
巴西	38.4	9.6	4.8	1.1	29.3	16.7
智利	43.1	13.7	18.7	0.0	11.4	13.0
法国	30.8	16.8	2.2	36.1	6.3	7.8
德国	34.8	25.7	15.2	4.7	1.4	18.2
意大利	36.4	41.5	3.5	0.0	7.1	11.5
西班牙	44.4	23.5	1.5	10.4	4.9	15.4
英国	34.6	37.9	2.8	6.5	0.8	17.4
俄罗斯	22.6	52.3	11.6	6.8	6.7	0.1

续表

国家或地区	石 油	天然气	煤 炭	核 能	水 电	可再生能源
伊朗	27.5	69.8	0.6	0.5	1.6	0.1
埃及	36.5	57.1	0.9	0.0	3.2	2.4
南非	20.7	3.0	71.0	2.8	0.1	2.3
澳大利亚	32.9	26.4	30.3	0.0	2.3	8.1
中国大陆	19.6	8.2	56.6	2.2	8.1	5.4
中国香港	65.9	19.2	14.8	0.0	0.0	0.1
印度	28.2	6.7	54.8	1.2	4.5	4.5
印度尼西亚	30.7	19.6	42.6	0.0	2.3	4.8
日本	38.1	22.1	26.9	2.2	4.0	6.6
新加坡	85.9	13.3	0.6	0.0	0.0	0.3
韩国	41.6	17.3	25.7	12.1	0.3	3.0
中国台湾	39.2	18.6	33.9	5.8	0.6	1.9
泰国	46.7	33.0	14.2	0.0	0.8	5.4
越南	23.9	7.7	51.4	0.0	15.0	2.1
其他国家	38.0	32.8	13.4	2.7	8.8	4.3
总计	31.2	24.7	27.2	4.3	6.9	5.7

5.1.2 中国能源消费结构

中国的能源消费结构加快向清洁低碳转变。根据《新时代的中国能源发展》白皮书数据,2019 年,煤炭消费占能源消费总量的 57.7%,比 2012 年降低 10.8%。尽管煤炭仍是中国能源消费中的主要能源,但在中国一次能源结构中的占比大幅下降。天然气、水电、核电、风电等清洁能源消费量占能源消费总量的比重为 23.4%,比 2012 年提高 8.9%。天然气作为一种过渡的清洁能源,在中国的增加较快,占全球天然气消费增长的 20% 以上。非化石能源占能源消费总量的比重达 15.3%,比 2012 年提高 5.6%,已提前完成到 2020 年非化石能源消费比重达到 15% 左右的目标,但要实现 2030 年非化石能源消费比例提高到 20% 的目标还需不断地调整能源消费结构。未来十年,中国将大力推进非化石能源消费。

交通运输的新能源汽车发展较快,2019 年,新能源汽车的新增量和保有量分别达到 120 万辆和 380 万辆,均占全球总量的一半以上;截至 2019 年年底,全国电动汽车充电基础设施达 120 万处,建成全球最大规模充电网络,有效促进了交通领域的能效提高和能源消费结构的优化。当前,交通运输部门能源消费占全国的总终端能耗约 10%。随着城市化进程发展,交通运输部门的能源消费也呈现较快增长。交通运输部门通过统筹交通基础设施空间布局,促进资源集约高效利用,优化交通运输结构,提升绿色交通分担率,推进绿色交通装备标准化和清洁化,提高运输效率,降低单位运输周转量能耗水平,改进交通运输燃料构成,推广电气化、氢燃料和生物燃料的利用,同时通过强化绿色交通理念,来引导社会公众出行的理念和生活方式。

中国的能源消费总量及过程变化情况见图 5-1,中国的能源消费结构在不断的优化中。

原煤的消耗量呈逐年下降的趋势,尤其是在 2011 年以后,递减趋势明显。天然气和一次电力及其他能源呈逐年递增的趋势。

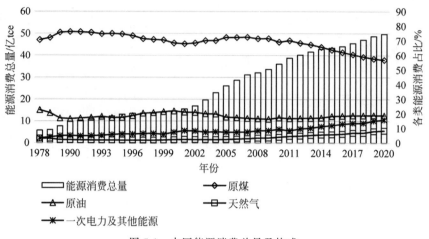

图 5-1　中国能源消费总量及构成

5.1.3　港口能源消费结构

港口消耗的能源种类主要有柴油、汽油、重油、煤炭、液化天然气和电力等。

在中国沿海港口的能耗结构中,能源结构差别较大。对典型港口的能源消费结构进行调查,结果见表 5-3。电力折算标煤系数选择当量值系数($0.1229\mathrm{kgce}/(\mathrm{kW \cdot h})$),从计算比例中可以看出,港口主要以电力和柴油两种能源为主,占比达到 80% 左右,大部分港口的柴油比例高于电力的占比,柴油的占比为 37.16%~76.24%,平均值为 56.03%;电力的占比为 17.46%~42.53%,平均为 28.89%。虽然港口在 2006 年开始进行大规模的 RTG"油改电",以及后来的电能替代等技术应用,但是柴油仍是中国港口的主要能源,港口能源结构调整的任务仍很艰巨。

表 5-3　典型港口的能源消费结构数据　　　　　　　　　　　　　　　　%

港　口	电　力	柴　油	汽　油	煤　炭	天然气	其　他
P1	23.21	76.24	0.51	0.03	0	0.01
P2	29.26	65.08	1.19	1.5	2.96	0.01
P3	26.78	38.67	0.58	20.71	0	13.26
P4	17.46	37.16	33.96	4.9	0	6.52
P5	33.14	54.15	0.66	0	0	12.05
P6	42.53	55.36	2.11	0	0	0
P7	25.52	62.83	1.03	0	7.89	2.73
P8	41.23	58.77	0	0	0	0
平均	29.89	56.03	5.01	3.39	1.36	4.32

德国 HHLA 的各种能源比例情况见图 5-2。2020 年,柴油和汽油等燃油占比约为 37%,电力比例约为 48%,其他能源比例约为 15%。德国 HHLA 消耗的电力中,有约 50% 的电力是由可再生能源产生的电力。

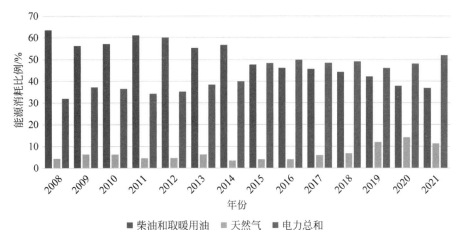

图 5-2　德国 HHLA 的各种能源消耗比例

港口能源消费结构的变化趋势如下。

（1）港口能源消费结构逐步由以化石能源为主转向电力为主,港口通过 RTG"油改电"、流动设备电能替代等技术应用,使化石能源在港口的比例逐渐减少,并逐步被电力,特别是绿色电力所替代。

（2）天然气占比提升。天然气在全国能源消费中的占比从 2005 年的 2.4% 提高到 2018 年的 7.8%。

（3）港口煤炭消费占比大幅减少,港口锅炉逐步采用天然气等清洁能源。

（4）电力等清洁能源,风能和太阳能等可再生能源的占有比例逐步提高。港口电能替代推进加快,且电力更加清洁化,水电、光伏发电等清洁电力占比稳步提升。

港口加强可再生能源发电、终端能源消费环节的用能替代是实现碳达峰、碳中和战略的重要路径。在港口规划和设计阶段,以及港口改造升级和设备升级中,应优先选用高效率、低耗能的电动港口设备,优先选用以清洁能源及新能源作为动力源的港口设备,在源头上优化好能源消费结构。拓展电能的替代广度和深度,提高港口电气化水平,逐步实现港口区域的"无烟化""零碳化"作业。港口以电力和氢能取代化石燃料是重要的深度脱碳技术。要加快发展和推广电动港口流动机械技术以及氢燃料电池港口流动机械技术。当前的电动车辆技术和产业化推广迅速,成本不断下降,充电基础设施快速发展,综合成本与燃油车辆逐渐趋近,将为交通运输部门深度脱碳提供重要支撑。

可再生能源和电能替代技术的成本呈逐年下降趋势。根据瑞银全球研究的预测,可再生能源已逐步实现成本平价,预计其他颠覆性替代技术将紧随其后,电动车及动力电池将于 2024 年实现平价,储能将于 2025—2027 年达到平价,而氢能不太可能在 2030 年之前实现平价。预计电动车的渗透率从当前 5% 升至 2030 年的 50%,并于 2024 年实现成本平价。预计在 2050 年,氢能将占一次能源的 10%,高于目前的 2%。储能渗透率将从目前产能的 7% 提高至 2060 年的 64%。碳捕集、利用与封存（CCUS）不太可能成为实现净零碳排放目标的重要措施,因为预计到 2050 年,碳捕集量将仅占中国当前年排放量的 10%。

5.2　燃油港口流动机械电能替代技术

电能替代指在港口终端能源消费环节使用电能替代燃油、散烧煤的能源消费方式,如港口电动车辆、船舶靠港使用岸电、电采暖、地能热泵、工业电锅炉(窑炉)、电蓄能调峰等。电能具有清洁、安全、便捷等优势,在终端用能场所(如港口)无排放。国家电力越来越清洁,整个链条的电能的碳排放也会越来越低。实施电能替代对于推动能源消费革命、落实国家能源战略、促进能源清洁化发展、实现碳达峰、碳中和意义重大,是提高港口清洁能源比重、减少大气污染、降低碳排放的重要举措。本节主要介绍港口流动机械的电能替代技术。

2022年3月,国家发展改革委等十部门联合发布《关于进一步推进电能替代的指导意见》(发改能源〔2022〕353号),积极推进厂矿企业等单位内部作业车辆、机械的电气化更新改造。《绿色交通"十四五"发展规划》提出推进新增和更换港口作业机械、港内车辆和拖轮、货运场站作业车辆等优先使用新能源和清洁能源。到2025年,上海港、大连港、天津港、青岛港、连云港港、宁波舟山港、厦门港、深圳港、广州港、北部湾港、洋浦港等11个国家集装箱枢纽海港新能源、清洁能源、集卡占比达到60%。

目前,通过国家和行业发布的相关政策分析可知,电能替代仍是"十四五"期间及以后能源转型的主要方向之一,国家将加快推进交通运输等行业的电气化进程。港口领域的电能替代将会达到一个新的水平。

5.2.1　港口流动机械驱动技术现状

目前,港口流动机械主要以燃油为主,是港口的主要耗能设备和污染源。由于港口流动机械的流动性大,因此,除了燃油外,还可采用LNG、锂电池、混合动力、燃料电池等车载动力。本节以集装箱牵引车作为港口流动机械的代表介绍具体技术方案。

集装箱牵引车(图5-3)是一种适用于集装箱码头水平运输的特殊类型的牵引运输设备,具有运输距离短、运行区间固定、低速重载、连续工作、挂摘板方便等特点,主要用于运输集装箱等货物,特别适合港口狭小场地、繁忙高效作业。近年来,中国交通运输业的快速发展推动了大型搬运设备的技术进步,集装箱牵引车逐渐为港口用户所认可,并得到了大范围的推广使用。集装箱牵引车作为特种车辆,其性质决定了具有数量少、种类多的特点。

图 5-3　集装箱牵引车外形图

内燃动力集装箱牵引车的动力与传动系统包括发动机、变速器、传动轴、驱动桥和车轮等。主要部件由专业供货商提供集成配套件,见图5-4。

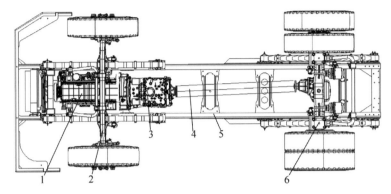

1—发动机;2—转向桥;3—变速器;4—传动轴;5—车架;6—驱动桥。

图5-4 动力与传动系统

目前,集装箱牵引车的动力系统有四种常用形式:柴油发动机、天然气发动机、锂电池组电力驱动和混合动力。

发动机一般为直列六缸四冲程增压中冷水冷型,额定转速为$1900\sim2300r/min$,最大扭矩为$780\sim1350N\cdot m$,最低燃油耗率为$195\sim198g/(kW\cdot h)$,可满足GB 17691—2005《车用压燃式气体燃料点燃式发动机与汽车排气污染物排放限值及测量方法(中国Ⅲ、Ⅳ、Ⅴ阶段)》国Ⅱ、国Ⅲ、国Ⅳ号排放标准,发动机的平均使用寿命为80万km。

最大牵引力指集装箱牵引车挂的最低挡,即在鞍座允许的最大压载下,对挂车所产生的最大水平拉力。

车辆所能提供的最大牵引力如下。

$$F_{\max}=N_{\max}\times i\times\eta_T/r \tag{5-1}$$

式中:

$N_{\max}$——动力源最大扭矩,$N\cdot m$;

i——传动系统传动比;

η_T——传动效率,%;

r——轮胎滚动半径,m。

额定牵引质量指集装箱牵引车在额定鞍座压载下牵引的所有挂车带货的总质量(同时车速达到不低于10%的最大车速)。

各品牌典型产品的主要技术性能参数见表5-4。从表中可以看出传统柴油机驱动的集装箱牵引车的功率为$170\sim196kW$。

表5-4 各品牌典型产品的主要技术性能参数

主要参数	中国重汽	陕西重汽	哈工机械	Kalmar	TERBERG
额定牵引质量/t	70(57)	70	80	65	N/A
最小转弯半径/mm	6000(6500)	7000(8500)	5400(5730)	5563(7056)	6500
整备质量/kg	6900(7650)	8000(7500)	7500(8100)	7000	7000
发动机功率/kW	196(196)	193(177)	176	170(155)	170

主要参数	中国重汽	陕西重汽	哈工机械	Kalmar	TERBERG
变速箱类型	自动	自动	自动	自动	自动
满载车速/(km/h)	25	15~25	25	可设(40)	25
空载车速/(km/h)	39(40)	38(35)	45	N/A	36.2
第五轮形式	可升降	可升降(固定)	可升降	可升降	可升降
最大爬坡度/%	20	20	22	23	N/A
外形：长×宽/mm	4920×2645 (5275×2630)	6000×2645 (5070×2645)	4984×2500 (5290×2500)	4900×2490 (5340×2730)	5435×2480
动力类型	柴油(LNG)	柴油(LNG)	柴油(LNG)	柴油(LNG)	柴油

注：① N/A 表示未能获得相关数据。

　　② 不带括号的为柴油发动机数据,带括号的为 LNG 发动机数据。

5.2.2　电动港口流动机械应用现状

中国港口一直在不断探索港口流动机械的电气化。随着能源供给日趋紧张和环保要求日趋严厉,港口作为能源消耗大户,其能源消耗模式的转型势在必行,在港口流动机械上应用新型环保清洁能源及新能源也逐渐被提上了工作日程。开发使用非石油的新型动力、环保节能的能源和替代燃料的港口流动机械不仅有利于保障经济健康持续发展,还可以有效解决能源紧缺和环境污染问题,是先进港口流动机械设计的发展方向之一。

"十二五"时期,交通运输部共计投入 8458 万元(不含绿色港口主题性项目中实施的RTG"油改电"项目)节能减排专项资金补助,用以上海港、天津港和宁波港等为代表的 16家港口企业开展集装箱码头 RTG"油改电"工作,起到了很好的引导作用。再加上后续绿色港口创建试点大规模开展 RTG"油改电"项目。目前,全国沿海及内河主要港口基本完成了RTG"油改电",比例达到 80% 以上。另外,运行路线相对固定的港口大型装卸设备(如岸桥、RMG 等)已基本实现全面电气化。为解决燃油动力港口流动机械的污染问题,近些年,虽然一些港口采用了 LNG 动力集卡、自卸车、装载机等来替代传统柴油设备,有效降低了SO_2 等大气污染物的排放,但依然会有温室气体排放,电能替代能够实现在港口属地的"零排放",燃油港口流动机械的电能替代依然是未来的发展趋势。

国外电动港口流动机械技术已经到达了较高水平,并在一定范围内得到了应用,如美国洛杉矶港和长滩港较早应用电动集卡、空箱堆高机等港口流动机械。德国的 GOTTWALD公司开发出了电动自动导引车(AGV)。中国也不断研发和应用电动港口流动机械,上海振华重工公司也开发了锂电池动力的电动 AGV,应用于厦门港远海、青岛前湾、上海洋山港等自动化集装箱码头。

近年来,随着车辆用电池技术的快速发展,电动港口流动机械在港口已开始探索性应用。目前,天津港、唐山港、武汉阳逻港、广州港、厦门港、上海港等国内一些港口已有电动集卡的应用,天津港、宁波港和深圳妈湾港实现了无人驾驶电动集卡的规模化应用,部分港口少量应用了电动叉车,青岛港、厦门港应用了电动空箱堆高机,徐州港应用了徐工制造的电动正面吊。这些应用基本是探索性、试验性的,虽然还不是全国性大规模的推广应用,但已对电动港口流动机械在港口的应用进行了较好的示范。随着碳达峰、碳中和战略的实施,未来将会有更多的电动港口流动机械投入使用。

1. 电动集卡的应用现状

1) 电动集卡的应用情况

集卡、集装箱牵引车、集装箱拖挂车为不同港口的不同称呼,本书统一称为集卡,但考虑到介绍各港口的应用情况,在部分叙述中仍沿用原港口公开资料口径的称呼。

美国洛杉矶港使用电动集装箱拖挂车(电动集卡)。因电池技术有待提高、供电设备设施不普及等因素,虽然在短期内电动车辆的广泛应用前景并不看好,但洛杉矶港早就开始了在集装箱码头应用电动集装箱拖挂车的尝试,目前,这一尝试仍在继续。为洛杉矶港提供电动集装箱拖挂车的 Balqon Corporation 公司年生产电动车辆 35 辆,出口 35 套电动车辆电池控制系统到欧洲。电池控制系统是其核心技术,主要改善电动车辆的动力性能。2010 年 4 月,美国洛杉矶港引进由 Vision Industries 公司与 Capacity 公司合作开发的零排放电动/氢燃料电池混合动力集装箱牵引车(ZETT),该集装箱牵引车可连续工作 16h,仅需充电 15min,以明显的优势超过电池动力集装箱牵引车,每台设备的成本不超过 28 万美元。

卡尔玛公司与长滩港码头(LBCT)签订了一项为期 6 个月的示范项目合同,提供一台 Ottawa T2E 电动码头牵引车,此订单于 2019 年第一季度完成交付。美国港口运营商对设备的环保要求不断提升,对此,加利福尼亚港已率先制定了将于 2030 年前实现全部设备电动化的目标。十多年来,卡尔玛公司一直致力于与港务局合作改善长滩地区的空气质量。新型 Ottawa T2E 电动码头牵引车将在长滩港货运电动化项目中发挥重要作用,此项目也是美国最大的零排放起重机及其他海港货物装卸设备项目。卡尔玛公司最新的锂电池技术配备可从源头实现零排放的全电动传动系统。车载电流逆变系统可在工作间歇随机充电,电池监控系统实时显示用电状态并在电量不足时提示驾驶员。卡尔玛与墨西哥烘焙品制造商宾堡集团(Bimbo)签订合约,提供 3 台 Ottawa T2E 电动码头牵引车,于 2019 年第三季度交付。

中国的陕西汽车控股集团有限公司(陕汽)进行了以超级电容作为动力源的电动牵引车的研究工作。2009 年 9 月,陕汽开发的电动牵引车选用 50 组超级电容作为动力源,大功率电动机驱动的纯电动设计具有启动力矩大、调速精度高、系统效率高、维护简便等优点,达到了零排放、无污染、低噪声,使用费用比传统柴油机减少约 1/3。2012 年 12 月,陕汽开发销售了其二代产品,该车平均车速保持在 20～30km/h,最高时速可达 35km/h。在短距离、固定区域内,运行机动灵活、性价比高。以上海洋山港为例,每百公里可节省近 200 元。

2018 年 4 月,天津港集团公司、中国重汽集团公司和天津主线科技公司三方携手打造的全球首台无人驾驶电动集卡在天津港开启试运营,见图 5-5。该电动集装箱卡车由电池模块驱动,车上安装了北斗定位系统和激光雷达、毫米波雷达、摄像头等设备进行智能行驶,配备了全球先进的驾驶系统和成熟可靠的纯电中央驱动控制系统,整车满载行驶可达 120km,并且充电时间小于 1h。目前,天津港有 25 台无人驾驶集卡在运营。

2018 年开始,广州南沙三期集装箱码头购置两台三一重工生产的电动集卡,见图 5-6,它们电池容量大,可满足 20h 连续作业,使用情况较好。随后购置的约 20 台电动集卡到货,服役于南沙三期集装箱码头。

图 5-5　天津港无人驾驶电动集卡

图 5-6　广州南沙三期电动集卡

2018 年 8 月,由湖北三环集团生产的 4 台纯电动集卡在武汉阳逻港一期码头开始使用(图 5-7),载重量 35.8t,使用磷酸铁锂动力电池,1h 可充满电,一次性续航里程 130km。经过测试,一台纯电动集卡车百公里耗电 130kW·h,成本不超过 150 元(电费),而同等马力的柴油车百公里油耗 40L,成本约 300 元,前者较后者运营成本下降 50% 以上。同时,后期维护费用也可下降 40%。

图 5-7　武汉阳逻港一期码头电动集卡

2019 年 11 月,上汽集团、上港集团和中国移动联合宣布,全球首次"5G＋L4 级智能驾驶重卡"示范运营在上海洋山深水港正式启动。计划在 2020 年实现智能驾驶重卡小批量示范运行,未来 3～5 年内实现大批量商业化运行。在上汽 5G 智能重卡来回 72km 的物流环线上,从深水港物流园经东海大桥到洋山码头,涵盖了普通道路、高速公路、码头、堆场、夜间大交通流量等复杂场景。智能重卡的主要贡献包括车队能耗降低10%,提高高速公路通行效率等。上汽智能重卡搭载的清洁能源动力系统能使其污染排放比传统柴油动力重卡减少60%。

2019年12月,厦门海润首批5辆纯电动集装箱牵引车投用(图5-8)。2020年11月,厦门港区海天码头、海润码头再次投放35辆该类型的车辆进入生产作业,这是该集团推进新一代绿色生态港口建设的重要举措。该批次车辆由公司批量采购。按照规划,厦门港区的后续集装箱牵引车纯电动化比例将稳步提高,并在"十四五"期间实现港内牵引车高度电动化。纯电动牵引车试生产的统计数据显示,牵引车"油改电"节能率达80%以上,每辆纯电动牵引车每年可节约能源17t标准煤,减少47.4t二氧化碳排放,全港近300辆港内集装箱牵引车每年可节约能源5300t标准煤,减少13 000t二氧化碳排放。同时,每辆纯电动牵引车可节省20%的人工及维护费用,为未来全面实施无人驾驶方案创造有利条件。

图 5-8　厦门港应用的电动集装箱牵引车

2020年8月,由AutoBrain打造的无人驾驶电动集装箱卡车在深圳妈湾港顺利投入运营。示范运营由深圳妈湾港、三一海工集团和AutoBrain共同实施。AutoBrain在三一海工提供的新能源电动集卡上,加装激光雷达、相机、智能控制器等硬件及软件系统。妈湾港同时试用了不同厂家的电动集卡产品,以开展运营比较(分别见图5-9和图5-10)。

图 5-9　妈湾港无人驾驶电动集卡(车型一)

2020年8月15日,妈湾港无人电动集卡在实际作业过程中采取了无人电动集卡与传统有人驾驶集卡混行的模式,平均单箱用时仅7min29s,超过人工集卡的8min08s,达到业界一流水平。本次作业共投入3台岸桥、6台场桥、4台无人集卡、14台传统集卡进行生产作业。岸桥单台峰值作业效率超40自然箱/h。

图 5-10　妈湾港无人驾驶电动集卡(车型二)

2020 年 11 月,宁波舟山港购置的 13 辆无人电动集装箱卡车到货,均为 L4 级无人驾驶电动重卡,可以 24h 连续工作,见图 5-11。

图 5-11　宁波舟山港无人驾驶电动集卡

2018 年 3 月,唐山港集装箱码头试运行首辆比亚迪电动集卡,标志着唐山港在大型新能源车辆港口应用探索中迈出重要一步。2018 年 7 月,四辆陕汽电动集卡陆续运到唐山港。2019 年 3 月,在唐山港集装箱码头的 22 号泊位上,振华重工智慧集团完成了 5 辆全电动无人驾驶车队的阶段性研发测试工作。此次测试初步建立并打通了自动化无人驾驶集卡和码头起重设备的整套作业系统,各项系统数据互通,实现了无人驾驶集卡和自动化 RMG 的作业信息自动交互,全程无人参与。同时,完成了无人驾驶集卡在实际作业环境下的各项功能测试。唐山港无人电动集卡见图 5-12。

图 5-12　唐山港无人电动集卡

除了纯电动集卡外,还有混合动力应用于集卡。应用于港口流动机械的混合动力系统主要有燃油与电动混合动力系统(一般简称"电动混合动力")和燃油与液压混合动力系统

（一般简称"液压混合动力"），这两种混合动力系统在集装箱牵引车上都有应用。

集卡除了采用纯电池驱动和混合动力驱动外，还可采用氢燃料电池驱动。随着相关技术的发展，氢燃料电池集卡也逐步在国内外港口进行实测运行。洛杉矶港和长滩港于 2017 年更新了绿色港口计划，开始布局港区集卡逐步更换为零排放集卡。目前，长滩港现有燃料电池牵引车 3 辆，加氢站一座。洛杉矶港有 1 台燃料电池集装箱装卸车、2 台燃料电池牵引车、10 辆燃料电池重型集卡，并建造了一座加氢站。

2018 年 7 月，丰田正式对外展示其第二代氢燃料电池卡车。该车是零排放半挂卡车，续航里程升级后逾 300mile(483km)。丰田燃料电池卡车原型车（第一代）于 2017 年 4 月开始运营，在长滩港口和洛杉矶港口之间行驶了近 1 万 mile(1mile＝1609m)。此次推出的第二代车型在 2018 年秋天开始进行实地测试。新款车型的总重量为 80 000lb，采用氢燃料电池，每次填充燃料行驶里程超过 200mile，其中包括一对燃料电池组和一个 12kW·h 的电池，功率到达 670 马力（1 马力＝735.499W）。

2019 年 10 月，山东省港口集团青岛港前湾集装箱码头公司参与研发和测试的 3 台氢能源集卡车正式投入实试运营（图 5-13），实现了国内首次新能源（氢燃料＋纯电动）重卡车队的落地应用，在全国同行业中率先实现了港口流动机械能源电力转型的新方式。该氢燃料电池集卡采用氢燃料电池（输出功率：60kW）配合锂电池组（容量：133kW·h）驱动，电机额定输出功率为 115kW，车辆综合续航能力超过 210km，最高车速 85km/h，每百公里耗电 1.08kW·h。该集卡以氢气和氧气为原料，反应后产生水和能量，解决了传统车辆环境的污染问题，是一款高效、清洁、零污染、零排放的新型新能源车辆。该码头年吞吐量 2000 万 TEU，减少柴油使用量 2.1 万 t，每年减少二氧化碳排放 6.67 万 t，二氧化硫排放 82.56t，氮氧化物排放 1296t，颗粒物排放 30.96t。

图 5-13　青岛港氢燃料电池集卡

江铃重汽研发了燃料电池重卡（图 5-14）。采用混合动力驱动，智能切换氢燃料系统和动力电池系统供能，常规情况下由氢燃料电池供能，动力需求大时采用混合动力共同供能。动力电池包容量 127kW·h，燃料电池系统的最大净输出功率为 95kW，电机的最大功率为 250kW，最高时速可达 85km/h，续航里程达到 400km。加氢时间在 10min 以内，大大提高了使用效率。整车运营成本比同级别柴油车型低 50%。

目前，氢燃料电池集卡已逐步在国内试点示范运行。2020 年 11 月 13 日，福田汽车与上海轻程达成战略合作，以 100 台智蓝氢燃料重卡为新起点，共同完善氢燃料电池商用车供应链，探索氢能商用车在华东地区的示范运营。首批 100 台智蓝氢燃料重卡将率先服务于

图 5-14　江铃重汽氢燃料电池重卡

宜家(上海)中长途运输场景,为氢能发展提供应用经验。2022 年 1 月,天津港购置 30 台氢燃料电池集卡。

2)各个厂家电动集卡的主要技术参数

三一集团有两款纯电动集卡,分别是 SEV2503(图 5-15)纯电动港口牵引车和 SM4250T0BEV(图 5-16)纯电动港口牵引车。SEV2503 牵引车是一款纯电动重型港口牵引车,主要用于港口、码头、仓库、机场及工地内等场所,完成货物运输任务。自主研发的主控技术实现了场地内工作环境下对纯电动低速牵引车的实时精确控制,解决了传统码头牵引车怠速时间长、油耗高、排放差等缺点。SM4250T0BEV 纯电动港口牵引车的最大牵引质量为 55 000kg,可同时运载 2 个集装箱。充电 60min 可达 95% 电量,续航里程可达 120km,续航时间 18h,较同类产品节能 20%。如按每天运行 120km,运营费用可节省 150 000 元/年。

图 5-15　三一 SEV2503 型电动集卡

图 5-16　三一 SM4250T0BEV 型电动集卡

徐工 XGA4252BEVWC 型电动集卡(图 5-17)搭载中央电机及 AMT 变速箱,驱动电机的峰值扭矩可达 2800N·m,超过当前主流的 13L、560 马力柴油发动机的动力水平;其电池采用磷酸铁锂电池,容量为 281kW·h,最高车速可达 84km/h,续航里程高达 150km,基本满足客户运输需求;采用自主设计的电池管理系统,SOC、SOH、SOP 控制策略更精确,保证电池系统更高效、更安全。

比亚迪 Q1 电动集卡(图 5-18)满载工况下续航可达 150km,最大允许牵引质量 31 500kg。电机最大功率 180kW。纯电动集卡车每月比柴油集卡车节约 1.4 万元,一年可节约费用约 16.8 万元。在减少污染物排放方面,每台内燃机集卡车每月排放 7.85t 二氧化碳,而纯电动集装箱卡车排放为零,每台纯电动集卡每年可少二氧化碳排放 94.2t。

图 5-17　徐工 XGA4252BEVWC 型电动集卡

图 5-18　比亚迪 Q1 电动集卡

华菱于 2017 年推出了一款 6×4 驱动的纯电动卡车(图 5-19)。该车蓄电池由深圳沃特玛电池有限公司制造,功率为 245kW,能够输出大约 330 马力(1 马力＝735.499W)的动力。

图 5-19　华菱电动集卡

西井与和记港口集团有限公司携手打造的 AI 无人驾驶集卡(图 5-20)与人工驾驶集卡混行自动化码头。目前,泰国林查班港拥有 6 辆 Q-Truck。

卡尔玛(Kalmar)Ottawa T2E 电动码头牵引车(图 5-21)清洁、环保且高效,减少了噪

图 5-20　西井无人电动集卡

声、颗粒物和大气污染物的排放,为驾驶员提供了更为安全和健康的工作环境,并适合在室内外使用。牵引车配备较少的运动部件和直观的故障诊断系统,可减少维修时间并降低成本,有助于延长车辆运行时间。它通过一个锂电池组充电,并配备车载逆变充电器。牵引车将配备先进的电池监控系统,以确保及时了解实时电量以及规划何时充电。电池采用 12V 的免维护"系统启动",132kW·h(3 组)锂电池组。在动力控制方面,配备 170kW 的集成式逆变充电器,70kW 的电池充电。

图 5-21　Kalmar 电动码头牵引车

2019 年 11 月 29 日,Terberg 发布一种新型的码头牵引车,这样,Terberg 能提供包括第 5 阶段认证的柴油发动机,第 3 代电力驱动,以及氢燃料电池驱动系统等所有的动力型车辆。这些码头牵引车也为自动化集装箱码头提供了新型产品,这有助于 Terberg 提供更清洁的产品,有助于降低油耗。

表 5-5 分析了目前市场上较为有代表性的电动集卡型号及其主要技术参数。

表 5-5　电动集卡的主要技术参数

参　　数	SEV2503-三一	SM4250T0BEV-三一	XGA4252BEVWC-徐工
动力类型	纯电动	纯电动	纯电动
牵引列车最大总质量/t	70	55	73
最小转弯半径/mm	17 000	16 000	17 000
整备质量/kg	12 000	9250	13 000
发动机功率/kW	100/185+250/350	100/185+80/150	215/360

续表

参　数	SEV2503-三一	SM4250T0BEV-三一	XGA4252BEVWC-徐工
变速箱类型	自动	自动	电控
满载车速/(km/h)	70	50	84
最大爬坡度/%	≥9	≥9	20
外形：长×宽/mm	7310×2490	6250×2550	7510×2550
续航里程/km	≥150	≥120	100～150
电池类型	磷酸铁锂	磷酸铁锂	碳酸铁锂
电池额定电压/V	614.4	614.4	/
电池额定容量/(A·h)	540	420	/
电池容量/(kW·h)	331.776	258.048	281
电机形式	永磁同步	永磁同步	永磁同步
充电时间/h	1	1	2

2. 电动空箱堆高机应用现状

卡尔玛公司在日益升高的燃油成本和日趋严格的排放标准下寻求高效节能环保的解决方案，降低燃油成本和排放。卡尔玛电动空箱堆高机 ECG70-35E3/E4 是首款电动空箱堆高机产品(图 5-22)。其在不影响运行功率的情况下，降低燃油成本，满足当前和未来的排放标准。设备可将集装箱堆至四层高，配备可选电池技术，可环保高效地完成堆箱工作。

图 5-22　Kalmar 空箱堆高机

2019 年，三一海工设计开发的全电动空箱堆高机(图 5-23)在厦门港海天码头完成组装，并投入集装箱空箱作业的试用测试。该型电动空箱堆高机采用动能回收、势能回收、全电驱动等节能措施，大幅延长了续航时间，充电 1h，可连续作业 12h，满足港口码头高强度作业的需求。电动空箱堆高机采用电驱动等先进技术后，整机运营、使用维护成本远低于传统内燃机动力的空箱堆高机，使用一年即可收回成本，后续可为客户创造可观的经济效益。根据厦门港海天码头测算，目前试运行的电动空箱堆高机的作业耗电量为 23.3kW·h/h，单箱电量为 0.85kW·h，而柴油动力空箱堆高机的油耗约为 14L/h，单箱油耗约 0.43L/h，对比单箱可节约成本 1.93 元/h。动力系统由电机和锂电池组成，基本免维护，无发动机、变速箱,维护工作量大幅度下降。液压系统由阀控改为泵控,减少液压控制阀组,液压维护相对简单。电池 5 年质保,质保期内免费更换。综合统计,单箱作业成本可下降大约 60%。

图 5-23 厦门海天码头电动空箱堆高机

2020 年 5 月,青岛港前湾港集装箱码头完成了 3 台电动空箱堆高机的动力系统改造(图 5-24)。在保留原机的各项控制功能的基础上,通过动力系统改造,以"锂电池组"作为设备的动力来源,将电动机的功率分配给传动系统和液压系统。此方案设备改动较小,保留原有设备的"电气控制系统",资金投入少,性价比高。

图 5-24 青岛港电动空箱堆高机

三一集团 SDCE90K7 电动空箱堆高机(图 5-25)根据行驶、液压转向、刹车等系统的不同要求,配备不同的电机驱动。常规空箱堆高机发动机和变速箱需要专业人员定期维护,维护内容复杂、成本高。而电动空箱堆高机的锂电池不需维护,仅电机冷却系统需定期补加冷却液,简单易行。电池安装设计有滑轨可以单人推出,拆装方便。配备双枪快充,60min 即可充满。高压部分设计安全报警系统,对绝缘、漏电、过压、过温等故障进行检测分级,并自行采取中断、限流等措施来保障设备及人员安全。

图 5-25　三一 SDCE90K7 空箱堆高机

徐工集团 XCH907E 空箱堆高机(图 5-26)整车搭载驱动控制系统、门架控制系统、吊具控制系统、常规电气控制系统等,通过 CAN 总线进行传输信号,稳定可靠。动力电池选用国内电池龙头企业宁德时代的磷酸铁锂电池,型号为 LEP302Ah,额定容量为 604A·h,电量为 350kW·h。整机合理优化布局,储备动力容量大,连续作业能力强,续航时间高于行

图 5-26　徐工 XCH907E 集装箱空箱堆高机

业产品的 13%～19%。通过装在链条端部的压力传感器来检测门架两侧的重量及偏载情况，检测误差小于 1%，减少了不必要的作业，提高了作业效率。通过雷达和红外探头检测空箱堆高机的后方情况，当有人员或障碍物接近时，报警并智能刹车。

表 5-6 分析了目前市场上的主流电动空箱堆高机，包括三一集团 SDCE90K7、徐工集团 XCH907E 和 Kalmar 等机型。

表 5-6　电动空箱堆高机的主要技术参数

参　　数	SDCE90K7-三一	XCH907E-徐工	Kalmar
额定起重量/t	9	9	9
起升速度(满载)/(mm/s)	550	450	450
起升速度(空载)/(mm/s)	600	600	650
最大行驶速度(空载)/(km/h)	20	22	22
爬坡能力(空载)/%	25	30	8
最小转弯半径/mm	6200	6000	6750
最大牵引力/kN	—	107	105
发动机功率/kW	—	100	164
堆码层数	7	7	7
电机形式	永磁同步	水冷永磁同步	—
电池类型	碳酸铁锂	碳酸铁锂	—
电池额定电压/V	无	无	—
电池额定容量/(A·h)	无	无	—
电池容量/(kW·h)	331.7	350	—
充电时间/h	1	2	—
使用时间/h	≥10	8～10	—

3. 电动叉车的应用现状

近年来，随着国家对环保的重视以及绿色仓储与配送事业的发展，开发和研制电动叉车、环保型叉车已经成为中国叉车行业的发展趋势。2017 年，中国电动叉车销售量的增幅高达 43.9%，2018 年的增幅也达到 38%。根据中国工程机械工业协会工业车辆分会最新公布的统计数据，2019 年，中国叉车市场的总销售量(Ⅰ+Ⅱ+Ⅲ+Ⅳ+Ⅴ)为 608 341 台，其中电动叉车(Ⅰ+Ⅱ+Ⅲ)为 298 637 台，占比几乎达到 50%。表 5-7 列出了中国工业叉车 2018—2019 年的销售情况，由表中可以看出电动步行式仓储车辆的增长率最高，接近 10%，而内燃平衡重式叉车呈负增长趋势。

表 5-7　中国工业车辆销售情况

类　　型	名　　称	2019 年/台	2018 年/台	同比/%
Ⅰ	电动平衡重乘驾式叉车	63 462	63 054	0.65
Ⅱ	电动乘驾式仓储车辆	9323	12 088	−22.87
Ⅲ	电动步行式仓储车辆	225 852	205 954	9.66
Ⅳ+Ⅴ	内燃平衡重式叉车	309 704	316 056	−2.01
Ⅰ+Ⅱ+Ⅲ	电动类叉车合计	298 637	281 096	6.24
Ⅰ+Ⅱ+Ⅲ+Ⅳ+Ⅴ	工业车辆合计	608 341	597 152	1.87

　　除了锂电池的电动叉车外,燃料电池叉车的使用也成为港口、货运中心及仓库等实现"低碳""零排放"的重要举措。截至2019年9月,全球燃料电池叉车的保有量已超过2.5万台。其中美国成为燃料电池叉车的最大市场,燃料电池叉车的全球销量占比达96.7%。

　　图5-27为杭州叉车CPD35-AEY2型蓄电池叉车。AE系列电动叉车是全新架构自主研发的新系列高效、节能电动平衡重式叉车。产品外观、人机工程、可靠性、维护保养等方面被进行了重点优化,整车性能大幅度提升。CPD35-AEY2型蓄电池叉车采用标准铅酸蓄电池,电池额定电压80V,电池容量400kW·h。

图5-27　杭州CPD35-AEY2型蓄电池叉车

　　图5-28为中力电动平衡重叉车。CPD系列电动叉车具有多种型号,适宜港口工况的有CPD30L1S型(额定起重量3t)和CPD35L1S型(额定起重量3.5t)。两款均为锂电池标配,随充随用。电池额定容量为460kW·h,快充时间为2h。专为锂电池定制的底盘设计使车身的布局达到最优化,使同等载重量的自重得以减轻,使续航时间得以提高。

图5-28　中力电动平衡重叉车

　　表5-8分析了目前市场上较为成熟的电动叉车的技术参数。

表5-8　电动叉车的主要技术参数

参　　数	CPD34-AEY2-杭州叉车	CPD30L1S-中力叉车	CPD35L1S-中力叉车	HT30-林德柴油叉车
额定起重量/t	3.5	3	3.5	3
载荷中心距/mm	500	500	500	500

续表

参　　数	CPD34-AEY2-杭州叉车	CPD30L1S-中力叉车	CPD35L1S-中力叉车	HT30-林德柴油叉车
标准起升高度/mm	4159	3000	3000	4400
最大行驶速度(满载)/(km/h)	14	11	15	19
最大行驶速度(空载)/(km/h)	15	13	16	20
最小转弯半径/mm	2380	2400	2400	2421
电动机类型	永磁同步	永磁同步	永磁同步	—
电池类型	铅酸电池	锂电池	锂电池	—
电池额定电压/V	80	80	80	—
电池额定容量/(kW·h)	400	460	460	—
充电时间/h	6	2	2	—

　　根据 2014 年的空气排放清单,长滩港有 231 台叉车在运行,长滩港的叉车排放数据见表 5-9,其中柴油(100)和丙烷(108)数量最多。2014 年,长滩港叉车排放了 1881t 二氧化碳当量、16t 氮氧化物、0.3t 颗粒物和 22.3t 一氧化氮。由于燃料电池叉车的排放量可以忽略不计,因此将其部署在长滩港可减少直接的现场大气污染物排放。

表 5-9　长滩港的叉车排放数据

燃　料	数量/台	每年运行时间（平均）/h	二氧化碳当量/t	氮氧化物/t	颗粒物/t	一氧化碳/t
柴油	100	498	1200	10.4	0.3	7.0
丙烷	108	314	509	5.5	0	14.0
汽油	14	403	172	0.1	0	1.3
电力	9	207	0	0	0	0

4. 电动正面吊的应用现状

　　长期以来,正面吊的动力源一直是柴油机,但近年来,随着节能环保理念深入人心,采用混合动力或纯电动驱动已成为新的发展趋势。

　　2013 年,科尼推出混合动力正面吊,最大的起升能力为 45t,其动力系统由柴油发动机直接驱动发电机,整个行驶系统实现电气化驱动;液压起升系统由电动马达直接驱动;配备能量储存装置——超级电容能源可再生系统,用于回收和储存能源,确保车辆牵引、提升等操作需求。混合动力正面吊的能耗为 8~10L/h 柴油,在环境保护和成本节约方面具有显著优势。

　　另外,近两年,徐州工程机械、三一重工、Kalmar 等公司分别开展了电动正面吊的研发和制造工作,均有产品在使用。

　　2018 年年底,徐工工程机械的纯电动 XCS45 交付徐州港务集团孟家沟港使用,每天200 个集装箱,500t 散货,从 2018 年 11 月开始运行近 2000h 后,设备状态良好。该设备采用 235kW·h 的大容量免维护动力电池,且拥有智能化的能源管理系统,再辅以回收率可达30% 的能量回收技术,可实现 8h 连续重载作业。200kW 大扭矩驱动电机匹配 AMT 变速箱,可输出 350kN 的牵引力,使车辆在瞬间即可达到 25km/h 的速度。目前,该公司的电动正面吊又进行了技术升级。

徐工 XCS4531E 型电动正面吊(图 5-29)是徐工集团继 XCS45 型电动正面吊之后推出的新一代产品。该设备具备能量回收系统,可利用发电机将集装箱、吊具的重力势能以及刹车时的动能转化为电能,对电池充电,实现能量回收,整体节能 20%。配备的负载敏感液压系统可根据负载需求自动调节油泵输出流量,避免溢流损失,高效、节能。配备 423kW·h 的大容量电池组,充电 2h 可工作 8~10h,基本满足港口的单班工作时长。

图 5-29　徐工 XCS4531E 型电动正面吊

三一集团的 SRSC45E 电动正面吊(图 5-30)具备 FISG 电机增程器,在无法充电的情况下,增程器开启可以确保电动正面吊的全天 20h 作业。该设备具备势能回收技术,下降过程可以回馈电能,提高续航。液压系统优化由电机直接驱动,效率高。电机驱动电控泵系统,动作流量可以精准分配,动作控制更加精准。臂架伸缩、臂架俯仰、吊具动作及行驶由不同电机驱动。行驶由双电机直驱,行驶加速响应快,无级调速,无换挡冲击,易于操作。产品保留双枪充电口,可实现大功率快速充电。

图 5-30　三一 SRSC45E 型电动正面吊

Kalmar 研发的电动正面吊(图 5-31)于 2021 年 12 月投入市场,拥有 45t 的提升能力,可以堆高五层和深三排。此外,326kW·h 锂离子电池有五年保修期,预计首次使用寿命为 10~12 年。Kalmar 已与挪威 Westport AS 签订协议,提供电动正面吊,用于帮助 2030 年实现脱碳,预计 2022 年第四季度完成交付。

图 5-31　Kalmar 电动正面吊

　　表 5-10 分析了上述三款电动正面吊的技术参数。三一集团 SRSC45E 型正面吊是增程式正面吊,而徐工 XCS4531E 型正面吊则为纯电式正面吊。增程式采用柴油转换成电能,电能再转换成动力的方式,其优点是充电灵活,可以随用随充,但是能量转换过程有两次能量损耗,需要增加 2 倍的柴油燃烧来弥补,能耗是柴油正面吊的 2 倍。发电机组在码头直接燃烧柴油发电,对码头会造成环境污染和噪声污染。纯电式正面吊采用充电桩充电供能的形式,实现了节能环保和零排放,但其缺点是价格成本,续航能力不如柴油设备。

表 5-10　电动正面吊的主要技术参数

参　　　　数	SRSC45E-三一	XCS4531E-徐工	Kalmar
额定承载/t	45	45	45
起升速度(空载)/(mm/s)	420	420	420
起升速度(满载)/(mm/s)	250	250	250
行驶速度(空载)/(km/h)	21	20	25
行驶速度(满载)/(km/h)	15	14	21
最小转弯半径/mm	8000	8000	8300
爬坡能力(空载)/%	28	20	40
爬坡能力(满载)/%	16	13	28
吊具回转角度/°	—	+105/−195	+195/−105
吊具侧移距离/mm	—	±800	±800
轴距/mm	—	6000	6250
发动机功率/kW	增程器 FISG 电机功率:75kW 增程器发动机功率:92kW	300	224
电机类型	永磁同步	永磁同步	—
电池类型	碳酸铁锂	碳酸铁锂	—
电池额定电压/V	589.26	618	—
电池额定容量/(A·h)	456		
电池容量/(kW·h)	268.702 56	423	326
充电时间/h	—	2	—
使用时间/h	20	8~10	—

5. 电动港口流动机械的应用总结

电动港口流动机械在国内外港口的应用逐步增多。随着国家碳达峰、碳中和战略的实施,各地积极推进碳达峰行动,电动港口流动机械的应用会更多。目前,国内外港口应用电动港口流行机械的统计见表 5-11。

表 5-11　电动港口流动机械应用

设备类型	序　号	应用码头	应用规模	备　　注
电动集卡	1	美国洛杉矶港	少量应用	加州计划 2030 年实现全电动
	2	美国长滩港	少量应用	
	3	天津港	31 台无人驾驶集卡,50 台电动集卡,30 台氢燃料电池集卡	
	4	广州港	30 台电动集卡	
	5	武汉阳逻港	4 台电动集卡	
	6	厦门港海天码头、海润码头	约 80 台电动集卡	
	7	深圳妈湾港	18 台无人驾驶集卡	无人驾驶,混行技术
	8	宁波港	20 台无人驾驶集卡,15 电动集卡	无人驾驶
	9	唐山港	5 台无人集卡	
	10	洋浦国际集装箱码头	36 台电动集卡	
	11	日照港	30 台电动集卡	
	12	安徽芜湖港	6 台电动集卡	
	13	青岛港	3 台氢燃料电池电动集卡	氢燃料电池集卡
电动空箱堆高机	1	美国长滩港	少量应用	
	2	厦门港海天码头	1 台电动空箱堆高机试用	
	3	青岛港前湾码头	改造 3 台电动空箱堆高机	
电动叉车	1	青岛港	3t 以下叉车均为电动	
电动正面吊	1	徐州港	1 台电动正面吊	
	2	广州港	少量应用	
	3	宁波港	少量应用	
	4	中车株洲所风电基地	1 台电动正面吊	
	5	宁波百川港通	1 台电动正面吊	
	6	海南逸盛石化码头	1 台电动正面吊	

5.2.3　电动车辆和燃油车辆比较研究

1. 基于生命周期的效率对比

本节所称车辆主要为港口流动机械。

基于生命周期的车辆效率包括能源开采环节、能源加工转换和储运中间环节、终端利用环节三个环节的效率。

能源开采环节的煤炭开采效率为 35％,原油的开采效率为 31％。中国电力主要以火电为主,占比约为 70％,而火电绝大部分以煤炭发电,所以按煤炭的开采效率作为电力的开采环节数据。在加工转换环节,火电的机组效率取 42％,从图 5-32 中可以看出开采环节和火电厂的机组效率是决定电动车辆整个生命周期效率的关键节点。由于开采效率和火电厂机组效率较低,因此使得整个电动车辆生命周期内的能源效率约为 11.3％。除了火电厂这个环节外,到达用户终端后的电力使用环节的效率都很高。

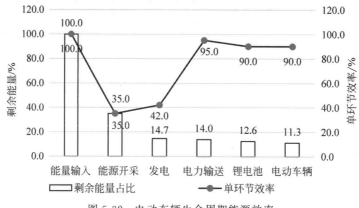

图 5-32　电动车辆生命周期能源效率

在燃油车辆的生命周期中,开采环节和柴油机效率是决定燃油车辆整个生命周期效率的关键节点。由于开采效率和柴油机效率低,因此整个燃油车辆的能源效率仅为8.4％。

从整个生命周期的角度比较,电动车辆和燃油车辆的能源效率情况,在图 5-32 和图 5-34的条件下,电动车辆的能源效率略高于燃油车辆的能源效率,约高出 35％。主要影响效率的环节除了共同的开采环节外,还有电动车辆的发电环节和燃油车辆的柴油机环节。电动车辆和燃油车辆的生命周期各环节能源损失情况分布见图 5-33 和图 5-35。

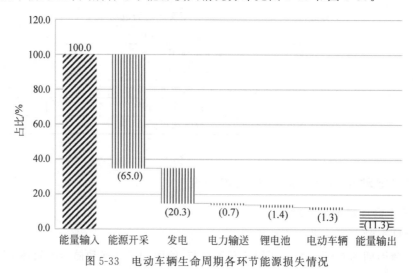

图 5-33　电动车辆生命周期各环节能源损失情况

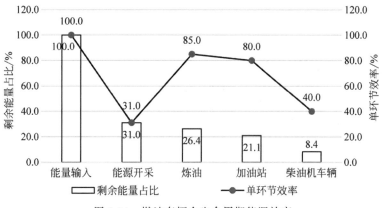

图 5-34 燃油车辆全生命周期能源效率

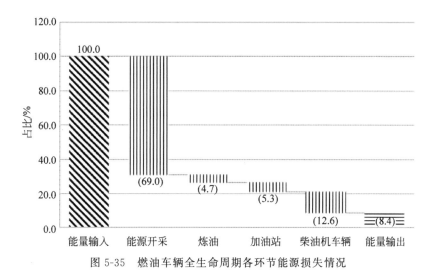

图 5-35 燃油车辆全生命周期各环节能源损失情况

根据相关文献研究,在生命周期内,目前,电动车辆的二氧化硫排放和氮氧化物排放略高于燃油车辆,但电动车辆排放的碳氢化合物和二氧化碳比燃油车辆少。

电动车辆替代燃油车辆的重要意义在于电动车辆在港口属地的大气污染物排放为零,大大提到了港口周边城市的环境空气质量。而转移到火电厂排放的污染物可以集中处理,处理效率更高,相对排放更低。

2. 基于用户终端的效率对比

基于用户终端的效率是终端利用环节的能源利用效率。基于用户终端能源到车轮的效率对比见图 5-36 和图 5-37。从用户终端使用能源的效率来看,由于电动车辆的电动机效率远远大于燃油车辆的柴油机效率,所以电动车辆的能源效率高,最后能量输出的比例大,电动车辆的效率是燃油车辆的 2 倍多。

3. 基于生命周期的经济性比较

1)财政补贴政策

目前,除农用机械外,中国尚未出台非道路移动机械的淘汰报废规定,也没有鼓励和支

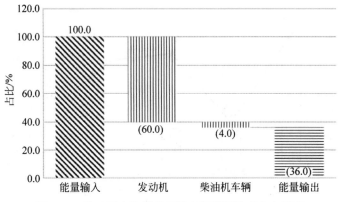

图 5-36　基于用户终端的燃油车辆能源效率分布情况

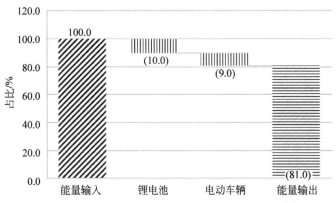

图 5-37　基于用户终端的电动车辆能源效率分布情况

持高排放非道路移动机械淘汰报废补贴的具体细则。且由于非道路移动机械种类繁多、价格区间大、残值高、产权不明晰等原因,使得发放补贴的精准性难以保障,执行难度大,目前暂不具备淘汰补贴条件。

2019 年 7 月 4 日,深圳市工业和信息化局发布《深圳市推进新能源工程车产业发展行动计划(2019—2021 年)》。计划表示,到 2021 年,完成工程车领域新增车辆纯电动化。通过示范引领,逐步延伸至大型吊车、挖掘机、推土车等其他类型的新能源工程车。创建一批新能源工程车产业示范基地,突破一批核心关键技术,形成涵盖新能源工程车领域的完整产业链,完成深圳市传统工程车的替换更新工作,切实完成工程车节能减排目标。该行动计划自发布之日起实施,实施期限至 2021 年 12 月 31 日。

深圳市人居环境委、深圳市经贸信息委、深圳市财政委、深圳市交通运输委、深圳市住房建设局、深圳市公安交警局联合发布了《深圳市老旧车提前淘汰奖励补贴办法(2018—2020 年)》,办法提出,在深圳市注册登记的国Ⅲ柴油车,经技术鉴定为环保关键部件缺失且未进行技术改造的排放标准高于国Ⅲ的柴油车(以下简称 B 类车),自 2018 年 7 月 1 日(含)至 2020 年 6 月 30 日(含)期间报废淘汰的国Ⅲ柴油车以及 B 类车可依据表 5-12 的标准申请资金补贴。

表 5-12　国Ⅲ柴油车补贴标准　　　　　　　　　　　　万元

车型及淘汰方式			初次注册年份					
			2008 年及以前	2009 年	2010 年	2011 年	2012 年	2013 年及以后
载货汽车	报废淘汰	微型	0.70	0.91	1.12	1.33	1.54	1.75
		轻型	1.05	1.40	1.75	2.10	2.45	2.80
		中型	1.40	1.82	2.24	2.66	3.08	3.50
		重型	2.10	3.01	3.92	4.83	5.74	6.65
	转出淘汰	微型	0.28	0.36	0.45	0.53	0.62	0.70
		轻型	0.42	0.56	0.70	0.84	0.98	1.12
		中型	0.56	0.73	0.90	1.06	1.23	1.40
		重型	0.84	1.20	1.57	1.93	2.30	2.66

2019 年 6 月,武汉市人民政府发布了《武汉市加快现代物流业发展的若干政策》,提出要加快推广新能源配送车辆。对纯电动货车不少于 100 辆的企业,且单车年行驶里程达到 2 万 km 的,按照每车每年 3000 元给予运营补贴;具有冷藏功能的,按照每车每年 4500 元给予运营补贴。单个企业每年补贴最高不超过 100 万元。

《广州市港务局　广州市生态环境局　广州海事局关于印发广州港口船舶排放控制补贴资金管理办法的通知》中对港口清洁能源设备给予补贴,港口企业加入并履行广州港航绿色公约,补贴标准:对于港区内替代更新的拖车、叉车、正面吊采用液化天然气(LNG)、电能以及其他清洁能源设备,按照其购置或改造费用的 30% 予以补贴;每台设备的最高补贴额度不得超过 15 万元。

2) 燃油车辆和电动车辆的经济性比较

根据城市公交车的电能替代经验,电动公交车对传统柴油公交车的替代之路困难重重。电动公交车的购车成本是传统柴油公交车的 2~4 倍。同时,电动公交车需要充电桩配套设施,以解决其续航里程短的问题,但充电桩因为公交场站用地匮乏而捉襟见肘,不足以满足电动公交运营中补电的需求;而且电动公交在其生命周期中,至少需要更换一次电池。电池费用通常是电动车辆价格的一半。

港口车辆的生命周期成本指从购置到报废整个生命周期内产生的成本总和。生命周期成本主要由 3 个部分组成:购置成本、使用成本及维修保养成本。

(1) 国外氢燃料电池与柴油车辆对比。国外某氢燃料电池车辆厂家对柴油、LNG、氢燃料电池驱动的港口车辆进行了比较,结果见表 5-13。

表 5-13　柴油、LNG 和氢燃料电池车辆比较

参　数	柴油车辆	LNG 车辆	氢燃料电池车辆
功率/马力	450(最大值)	320(最大值)	536(最大值)
扭矩/(ft/lb)	1350	1000	3300
燃料	10 000 加仑	16 700 加仑	6765 磅
颗粒物排放/lb	1237	4.6	零排放
非甲烷碳氢化合物/甲烷碳氢化合物/lb	173	66.5	零排放
NO_x/lb	1485	570	零排放

参　　数	柴油车辆	LNG 车辆	氢燃料电池车辆
二氧化碳/lb	217 800	142 145	零排放
噪声污染	有	有	无

生命周期的经济性比较见表 5-14。假设车辆使用年限为 8 年,每年运营 78 000mile (1mile＝1609.344m)。按这个结果计算,氢燃料电池车辆在生命周期内比柴油车辆节约 392 553 美元成本。

表 5-14　生命周期的经济性比较　　　　　　　　　　　　　　　　美元

参　　数	柴　油　车　辆	氢燃料电池车辆	备　　注
车辆初设投资	140 000	270 000	
新能源车辆免税	—	40 000	
清洁卡车项目购买基金补贴	—	100 000	
净车辆购置成本	140 000	130 000	
服务期燃料费用	606 365	229 412	
服务期维护费用	25 600	20 000	
设备残值	20 000	20 000	
整个周期费用	**751 965**	**359 412**	**节省 392 553 美元**

(2) 集装箱卡车的经济性比较

因周期费用成本跟车辆的初始投资、车辆单耗、能源成本、维护费用、设备残值等密切相关,所以可以根据燃油集卡和电动集卡的价格差与车辆年装卸量的关系绘图,算出达到燃油集卡和电动集卡周期成本相同时价格差与装卸量的关系。另外,还可以绘制能源成本差与车辆年装卸量的关系曲线,算出达到燃油集卡和电动集卡周期成本相同时能源成本差与装卸量的关系。

集装箱卡车的生命周期成本 (C_t) 计算公式如下。

$$C_t = C_b + C_u + C_m - C_s$$

式中:

C_t——生命周期成本;

C_b——购置环节成本,包括车辆初始投资,扣除免税和补贴部分;

C_u——使用环节成本,包括车辆保险费等;

C_m——维护环节成本;

C_s——车辆残值。

在一定的港口使用条件下,根据港口测试数据,电动集卡与柴油集卡的经济性分析见表 5-15。表中数据是基于集卡一年装卸 2.5 万 TEU 计算的,周期费用与装卸量关系很大,图 5-38 列出了不同装卸量下的燃油集卡和电动集卡的周期费用。在每年装卸量为约 3 万 TEU 时,电动集卡和燃油集卡的周期费用相当。

表 5-15　电动集卡与燃油集卡的经济性分析

参　　　数	柴油集卡/万元	电动集卡/万元	备　　　注
车辆初设投资	35	80	
新能源车辆免税	—	0	
新能源车购买基金补贴	—	0	
净车辆购置成本	35	80	按设备使用年限 10 年计算
车辆保险费	1.9	1.9	1.9 万元
服务期燃料费用	$3.11 \times 2.5 \times 10$	$0.72 \times 2.5 \times 10$	按港口测算
服务期维护费用	3.5×10	$3 \times 10 + 30$	电池前 6 年免费
设备残值	1.75	4	5% 残值
整个周期费用	147.83	155.82	

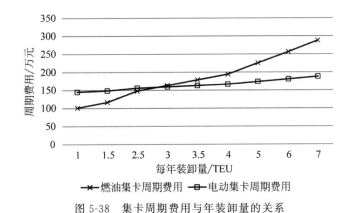

图 5-38　集卡周期费用与年装卸量的关系

目前,锂电池成本是电动车辆的主要成本之一,大概占电动车辆总成本的 50%。随着电池技术的发展,锂电池的价格逐步降低,见图 5-39。锂电池价格的降低将大大降低电动车辆的整车成本。

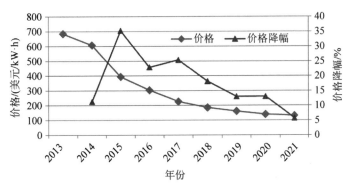

图 5-39　锂电池价格的逐年变化情况

4. 电动车辆和燃油车辆的排放比较

电动车辆的减排量取决于电动车辆本身的能源效率,电力中可再生能源的比例,车辆所在区域的电力排放因子和新能源车辆的应用规模。

从单台车辆的减排效果来看,以一辆普通燃油小汽车一年行驶 1.5 万 km,百公里油耗 8.8L 为例,一年的排放量为 2.54t 二氧化碳。一辆纯电动小汽车百公里大约需要耗电 16kW·h,以华中电网 2012 年的排放因子 0.5257kg/(kW·h)计算,一年排放 1.28t 二氧化碳。该区域一辆纯电动小汽车一年可以减排 55% 左右。

由上计算可知,城市所在电网的电力越清洁,电动车辆所带来的减排效果就越明显。在水电占比较大的区域,如青海、四川、云南等地的电动车辆的年排放量较小。而在火电比例相对较高的山东、山西等地,电动车辆的减排效果不是特别明显,大概减排 15% 左右,甚至在一些区域的电动车辆排放测算中,电动车辆的二氧化碳排放比燃油车辆还要多,但电动车辆在所在城市区域降低大气污染物排放方面具有绝对的优势。

由于各个区域电力的排放因子不同,且中国的电力仍是以煤电为主,而煤炭的碳排放因子高于原油,因此在某些区域,电力替代燃油后的二氧化碳排放量可能增加。

根据厦门港的实际测试,电动牵引车的耗能是 1.16~1.52kW·h/TEU,柴油牵引车的平均耗能是 0.65L/TEU。根据其他港口统计,集装箱码头港口牵引车的能耗范围为 0.4~2.2kg/TEU。根据以上基础数据,如果在厦门的南方地区计算电动牵引车的二氧化碳排放量为 0.61~0.80kg/TEU,而如果在电力二氧化碳排放因子最高的华北地区,电动牵引车的二氧化碳排放量为 1.02~1.34kg/TEU,而柴油牵引车的二氧化碳排放量为 1.26~2.95kg/TEU。由此,在电力二氧化碳排放因子高的地区的某些工况下,电动牵引车的二氧化碳排放是高于柴油牵引车的二氧化碳排放的,但在大部分工况下,电动牵引车的二氧化碳排放明显低于柴油牵引车的二氧化碳排放。

5.2.4 电动港口流动机械驱动关键技术

电动港口流动机械是集装箱码头的重要装卸运输设备。本节主要分析电动车辆驱动的关键技术。

随着技术的发展,车辆动力形式逐步由传统燃油动力形式过渡到混合动力形式,再到纯电动动力形式,三种主要动力形式各有优缺点。从降低碳排放的角度来看,纯电动车辆是解决港口流动机械二氧化碳排放问题的最佳方案。

1. 传统燃油车辆动力形式

燃油车辆主要以柴油机为动力,一般是柴油机带动变速箱运转,变速箱将动力传给传动轴,传动轴再将动力传到驱动桥,驱动桥驱动车轮运转。按照传动方式分,有三种形式:机械式、液力式和静压式。

内燃车辆的机械式和液力式传动装置,其动力一般都是集中传递,最后通过驱动桥的差速器传给左右两侧的车轮,这种传动方式称为集中传动。静压传动的车辆除了集中传动的方式外,还可以取消差速器,驱动桥左右两侧的车轮各由独立的传动装置驱动,这种传动方式称为分别传动。

内燃车辆机械式传动示意图见图 5-40。它由摩擦式离合器、齿轮变速箱、传动轴和驱动桥(主传动、差速器和半轴)组成。发动机传给驱动轮的扭矩的改变,集装箱牵引车行驶方向的改变,都依靠手动换挡的变速箱实现。

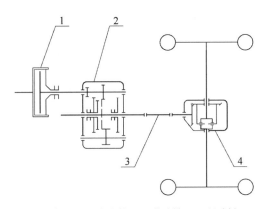

1—离合器；2—变速箱；3—传动轴；4—驱动桥。

图 5-40　内燃集装箱牵引车机械式传动示意图

内燃车辆液力式传动示意见图 5-41。它与机械式传动在构造上的主要不同之处是用液力变矩器代替了机械摩擦式的离合器。

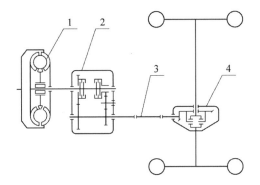

1—液力变矩器；2—变速箱；3—传动轴；4—驱动桥。

图 5-41　内燃集装箱牵引车液力传动示意图

静液压传动示意见图 5-42。行走轮胎的轮辋直接安装在减速机箱体上，液压马达与减速机连接后驱动车轮，这时车辆的悬挂缓冲元件、转向驱动往往是液压油缸。

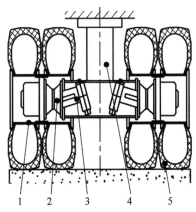

1—车轮轮辋；2—减速机；3—液压马达；4—悬架；5—轮胎。

图 5-42　静液压传动示意图

内燃集装箱车辆的机械式、液力式和静压式三种传动形式的优缺点比较见表 5-16。

表 5-16　内燃集装箱车辆的三种传动形式比较

传动形式	机 械 式	液 力 式	静 压 式
效率	高	较低	较低
变速性能	差	好	好
操纵难易	较难	易	易
零件数目	较少	多	少
加工精度	低	较低	高
体积和重量	较重	重	轻
维修方便性	好	较好	差
寿命	较长	长	短

目前,液力式传动和机械式传动是内燃集装箱车辆的主要传动方式。为了改善集装箱车辆的性能,简化操作,提高牵引效率,内燃集装箱牵引车多采用液力式传动。

2. 混合动力车辆驱动方案

混合动力车辆指配备 2 个以上驱动装置(动力源)的车辆,动力形式主要以发动机和电动机为主,按动力传输结构方式分为串联式、并联式和混联式三种。

除了按动力传输结构的形式分为三类外,混合动力经常会出现普通混合动力、插电式混合动力以及增程式混合动力等名称和分类方法。普通混合动力靠发动机来给蓄电池充电,不能外接电源充电,类似于非插电式混合动力。插电式混合动力可以通过外接电源来为蓄电池充电。增程式混合动力又叫插电式串联式混合动力系统,只针对串联式结构,而并联式结构和混联式结构既可以应用于普通混合动力,又可以应用于插电式混合动力。本节主要按三种动力传输结构的分类介绍混合动力技术。

1) 串联式混合动力

串联式混合动力(图 5-43)的发动机和电动机以串联的方式进行驱动,储能装置也与电动机串联,电动机是实际的驱动装置,发动机不直接驱动车辆的行驶。在该系统中,整体结构相当于纯电动车辆加个柴油发电机,取消了传统车辆的变速箱,发动机带动发电机对电动机和储能装置进行供电。由于发动机不直接驱动,因此,发动机的功率可小些。发动机驱动发电机产生电能,驱动电动机,同时由储能装置提供部分能量。串联式混合动力包括一台发电机和一台电动机。

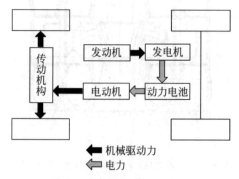

图 5-43　串联式混合动力

由于该类动力系统只有一套电力驱动系统,包括电动机、控制电路、电池,其电动机直接驱动车轮,发动机则用来驱动发电机给电池进行充电。因此,发动机不直接驱动车轮,可不需要变速箱。串联式混合动力的能量转换过程多。由于发动机和发电机不直接驱动车轮,因此造成功率的浪费,能源利用效率较低,能耗高。目前,串联式混合动力的应用较少,并被逐步淘汰。

2) 并联式混合动力

并联式混合动力的发动机和电动机以机械并联的方式进行驱动,既可以采用发动机和电动机同时驱动车辆的方式,也可以采用单独驱动车辆的方式,有发动机与电动机同时驱动、发动机直接驱动、电动机直接驱动三种形式,以发动机驱动为主,电动机驱动为辅。并联式混合动力的发动机与电动机虽然一起输出动力,但动力相互分开,通过分别的机械装置将动力传递到车轮。并联式也常常被归类于重度混合动力中。并联式混合动力发动机直接通过传动机构驱动,能源利用效率较高。

车辆有两套驱动系统,一般在传统燃油车辆的基础上增加电动机、电池和电控系统。电动机与发动机共同驱动车轮,车辆上只有一台电动机,既可作为电动机驱动车轮,又可以充当发电机,驱动车轮的时候充当电动机,不驱动车轮给电池充电的时候充当发电机。

并联式混合动力的三种工作模式如下。

(1) 发动机直接驱动的纯油模式。在该种模式下(图 5-44),发动机工作,驱动车辆行驶,通过发动机与电动机相连,电动机能够反转发电,充当发电机的角色为蓄电池充电。

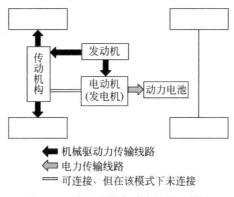

图 5-44　并联式混合动力的纯油模式

(2) 电动机直接驱动的纯电模式。在该种模式下(图 5-45)发动机关闭,由蓄电池为电动机供电,从而驱动车轮行驶。当减速或制动时,发动机关闭,电机以发电机的方式工作,并将机械能转化为电能,储存在蓄电池中。

(3) 发动机与电动机同时驱动的混合模式。如图 5-46 所示,发动机和电动机同时启动,共同为车辆提供动力,多用于急加速、爬坡等高负荷工况。由于并联混合动力只有一台电动机,没有独立的发电机,因此,在混合模式下,电动机在驱动车辆运转时,无法实现发动机为蓄电池充电的功能,这蓄电池导致长期在混合模式下可能会被耗尽,而只能在发动机直接驱动的纯油模式下工作。

虽然该系统主要以发动机为主要动力,无功率浪费问题,但发动机不能保证一直在最佳转速下工作,油耗比较高。

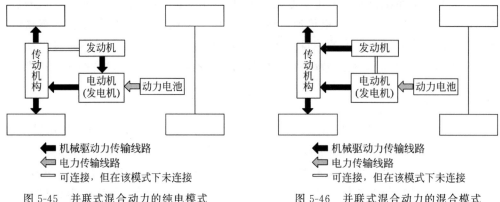

图 5-45　并联式混合动力的纯电模式　　　图 5-46　并联式混合动力的混合模式

3）混联式混合动力

混联式混合动力是并联式和串联式的结合形式。该系统的车辆也有两套驱动系统,即发动机系统和电机驱动系统,并各有一套机械变速机构。两套机构或通过齿轮系,或采用行星轮式结构结合在一起,从而综合调节发动机与电动机之间的转速关系。混联式混合动力系统可以更加灵活地根据工况来调节发动机的功率输出和电机的运转。与并联式不同的是,混联式有两个电动机,一个电动机用于直接驱动车轮,还可以在减速或制动时充当发电机为蓄电池充电,还有一个电动机充当发电机,给蓄电池充电。混联式具有串联式和并联式的优点,纯电模式下安静,使用成本低;在串联模式下,发动机可以一直控制最佳转速,油耗低;在并联模式下,两台电机、一台发动机可以一起工作,有很好的起步和加速性能。但缺点是两台电机、发动机、变速箱缺一不可,配套的电控、油路也不能少,总成本高。

混联式混合动力的三种工作模式如下。

(1) 发动机直接驱动的纯油模式。在该种模式下(图 5-47),发动机工作,驱动车辆行驶,同时发动机可以带动发电机,为蓄电池充电。该模式与并联式混动动力不同,发动机带动的是发电机。

(2) 电动机直接驱动的纯电模式。在该种模式下(图 5-48),发动机关闭,由蓄电池为电动机供电,驱动车轮行驶。当减速或制动时,发动机关闭,电机以发电机方式工作,将机械能转化为电能,储存在蓄电池中。该模式与并联式混合动力相同。

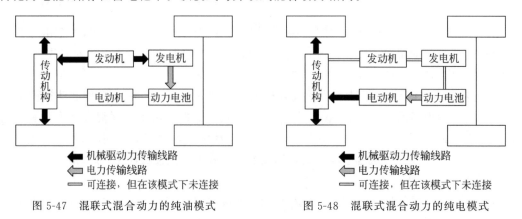

图 5-47　混联式混合动力的纯油模式　　　图 5-48　混联式混合动力的纯电模式

（3）发动机与电动机同时驱动的混合模式。如图 5-49 所示，发动机、电动机、发电机同时开启，发动机直接驱动车辆，同时发动机为发电机充电，而电动机由蓄电池提供的电能驱动车辆。该模式与并联模式的最大区别是在发动机直接驱动车辆的同时还能为发电机充电。

（4）充电模式。如图 5-50 所示，发动机不驱动车辆行驶，只是带动发电机发电，发电机为蓄电池充电，车辆仅依靠电动机驱动来行驶，这种模式相当于串联式混合动力模式。

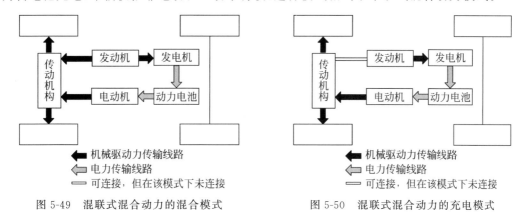

图 5-49　混联式混合动力的混合模式　　　　图 5-50　混联式混合动力的充电模式

3. 混合动力 RTG 方案

除了以上电动车辆上应用的混合动力驱动形式外，还有在传统柴油机驱动形式上发展起来的混合动力驱动形式，主要应用于 RTG。

1）全功率柴油发电机组节能技术

（1）单速柴油机组。单速柴油机组（图 5-51）是最成熟的供电方式，控制方便，原理简单，但油耗较大，初次投入及后续使用成本都较大。RTG 在"油改电"之前的供电方式为这种形式。

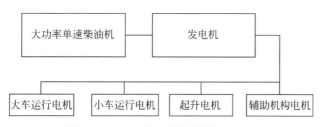

图 5-51　RTG 单速柴油机组驱动形式

（2）双速柴油机组。双速柴油机组（图 5-52）在 RTG 待命时采用怠速发电，可减少油耗，控制稍复杂，但初次投入及后续使用成本都较大。

（3）变速柴油机组。变速柴油机组（图 5-53）采用调压模块与控制器（如 PLC）信号结合控制的方式，按功率需求实时调节柴油机转速，控制较复杂，节能效果较好，但初次投入及后续使用成本都较大。

2）混合动力方案

（1）大功率柴油机组＋小功率锂电池组。在传统 RTG 的大功率柴油机和发动机的基础上加装小功率锂电池组（图 5-54），发电机可以为小功率电池组充电，也可以直接为各个机构的电机充电。

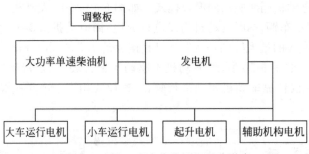

图 5-52 RTG 双速柴油机组驱动形式

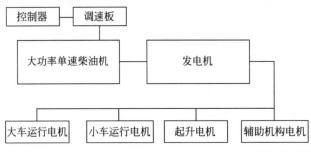

图 5-53 RTG 变速柴油机组驱动形式

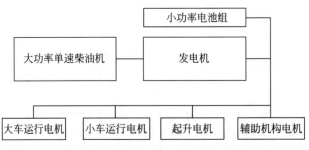

图 5-54 RTG 大功率柴油机组和小功率电池组的驱动形式

（2）小功率柴油机组＋小功率锂电池组。如图 5-55 所示，针对非满载起重量选取柴油机组，满载功率缺口由小功率电池组补充，但控制较复杂，电池充放电转换频率高，易对电池寿命造成影响。在最大工作载荷需求时，由发电机和小功率电池组共同为电机供电；在用电需求较小时，可由发电机为电池组进行充电。

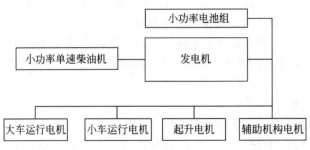

图 5-55 RTG 小功率柴油机组和小功率电池组的驱动形式

（3）小功率柴油机组＋大功率锂电池组。如图 5-56 所示，柴油机组仅对电池组进行充电，外部取电仅通过电池组进行，机组的选取按实际使用循环时间和所需充电量来计算，功率很小，可回收反馈能量，但电池的一次性投入大，电池寿命有限。

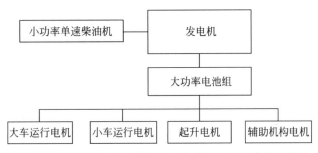

图 5-56　RTG 小功率柴油机组和大功率电池组的驱动形式

4．氢燃料电池＋锂电池混合动力方案

典型的锂电池＋氢燃料电池混合动力驱动方案见图 5-57。

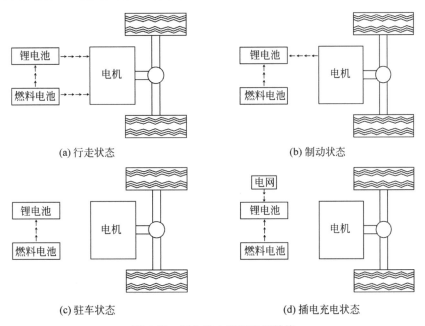

(a) 行走状态　　　　　　　　　　　(b) 制动状态

(c) 驻车状态　　　　　　　　　　　(d) 插电充电状态

图 5-57　混合动力车辆能量转换

在混合动力车辆正常行走状态时（图 5-57(a)），燃料电池可以同时为电动机和储能装置（如锂电池）供电，此时根据驱动功率的需要，储能装置（锂电池）也可同时向电动机供电；在怠速状态时，可以关闭燃料电池，这时只有储能装置为电动机供电，这样可以降低怠速时燃料电池的过量能源消耗。

在制动状态时（图 5-57(b)），燃料电池可继续为储能装置充电，电动机反转产生的能量反向回馈到储能装置，实现能量回收。

在驻车状态时（图 5-57(c)），电动机停止运转，燃料电池可以继续为储能装置充电。如果是插电式串联混合动力（如图 5-57(d)所示），在驻车时可以插接外部电力对储能装置进行充电。

5. 纯电动驱动形式

纯电动完全由电池供电，插电式形式充电，由电池为电动机供电，电动机驱动车轮运转。

纯电动车辆采用电池驱动的机械传动的行走机构组成，见图 5-58，电机（件 2）通过联轴节（件 3）、驱动桥（件 4）等机械元件驱使车轮运转，这种驱动方式在工程机械上广泛使用且非常成熟。目前，也有采用永磁电机直接与驱动桥连接的驱动形式。

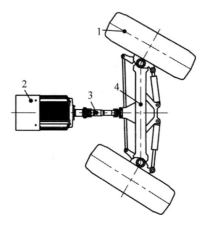

1—轮胎；2—电机；3—联轴节；4—驱动桥。

图 5-58　电力驱动传动系统

6. 液压混合动力方案

除了以上介绍的比较常用的电动混合动力外，还有一种液压混合动力方案。港口流动机械的混合动力系统主要有电动混合动力（燃油与电动混合动力）和液压混合动力（燃油与液压混合动力），这两种混合动力系统在集装箱牵引车上都有应用。目前，由于汽车的电动混合动力应用较多，因此，说到混合动力系统，一般指的是电动混合动力系统。

液压混合动力系统与电动混合动力系统相似，是使用液压泵发动机蓄能器产生扭矩并存储能量，而不是使用电动发动机、电线和电池。

电动混合动力的能量储存在蓄电池中，能量密度高，功率密度低。蓄电池虽然可以吸收大量的能量，但充电时间相对较长，因此不能完全获取制动能量。

液压混合动力的功率密度高，能量密度低，系统可储存的总能量有限，能在瞬时收集并储存能量，一旦需要就能立即投入使用，存储能力强并在短时间内完成能量释放。所有的制动能量在液压蓄能器内储存。液压混合动力能够有效利用制动动能，并能马上在车辆起动阶段得到重新利用。对于起动及停车周期频繁而短暂的车辆而言，液压混合动力是理想之选。集装箱牵引车整机重量大，制动时可在短时间内蓄积大量的制动能量。

美国的 Eaton Corp 和 Parker Hannifin 两家公司都进行了液压混合动力系统的开发，明显优势是燃油经济性和减少排放。Kalmar 的集团公司芬兰 Cargotec 公司与新加坡科技动力有限公司（ST Kvnetics）合作，共同完成新加坡国家港务集团（PSA）液压混合动力技术的开发，将 Hypower 混合动力液压驱动装置整合到 Kalmar 的集装箱牵引车上，首台混合动力车已在 2009 年 11 月投入使用，大约能够实现节能减排 15%。

5.3　港口岸电绿色发展技术

5.3.1　船舶使用岸电和低硫油效益比较分析

1. 使用岸电的条件分析

船舶靠港使用岸电和低硫油是两种防治船舶靠港大气污染物排放的重要措施。《中华人民共和国大气污染防治法》规定，"船舶靠港后应当优先使用岸电"。目前，交通运输部在污染防治攻坚战的背景下，要求在排放控制区使用低硫油的同时大力推进船舶靠港使用岸电。船舶靠港使用岸电虽然不计入港口能耗，但属于港口区域重要的电能替代措施。

在国家碳达峰、碳中和背景下，各个港口企业都在寻求碳达峰、碳中和的最佳路径。而靠港船舶作为港口区域碳排放量最大的移动源，是港口区域碳达峰最大的"障碍"。

船舶使用岸电涉及的相关方较多，包括船方（航运企业）、港方（港口企业）、电方（电力企业）。船舶上一般不具备连接岸电的设施，如要连接岸电，则需要配备插座、电缆、控制屏等设施。港口为船舶供应岸电还需要配备港口岸电设施。岸电的投资成本主要是改造施工费用和设备购置费用。港口岸电设施投资与设备容量、生产厂商等多种因素有关。岸电设施容量与泊位类型、泊位吨级等因素有关。港口岸电设施和船舶受电设施的投资均较大。电方对港口岸电设施的建设、增容、电价的高低等影响较大，是决定岸电是否顺利使用的重要一方。

港口岸电的建设成本根据容量大小不同差别较大，国产设备为 500 万～1000 万元，进口设备为国产设备的 1.5～2.0 倍。由于交通运输部和地方政府岸电资金奖励政策的激励和相关政策的促进，虽然港口岸电设施投资较高，但目前港口企业建设岸电设施的积极性较高，因此，港口岸电设施的建设比例逐步提高。但仍存在后期港口岸电设施运营维护费用较高，港口企业收取岸电费用较低，无法获得收益的问题，因此，港口企业应用岸电设施的积极性较低。

对于航运企业来说，船舶受电设施改造投资较高，一般国产设备需要 200 万～300 万元，进口设备为国产设备的 1.5～2.0 倍，有的船舶改造需要进入修船厂，可能耽误船期，也会影响船东收益。虽然国家对船舶给予补贴，但由于船舶的流动性作业等原因，船舶公司申请不到地方政府针对岸电设施的专项补贴，例如深圳市政府只对深圳籍的船舶给予补助，因此，这些原因造成船舶受电设施的建设比例低。目前，企业效益普遍较差，进行船舶受电设施改造的积极性较低。

目前，岸电的使用率较低，其中一个重要原因是船舶配备受电设施的比例低，无相关强制使用岸电的规定，这造成港口虽然配备了岸电设施，但船舶无法使用及不愿意使用的情况。

2. 使用低硫油的条件分析

全球各个排放控制区的硫排放和氮氧化物排放时间汇总见表5-17。目前，国际海事组织在硫排放控制区、欧盟的港口、美国的燃油监管区主要使用的是 0.1%m/m 的低硫油，而2020 年开始在全球海域使用的是 0.5%m/m 的低硫油。

表 5-17　各个排放控制区的硫排放和氮氧化物排放控制指标和时间

时间节点	硫排放的控制/(%m/m)				氮氧化物排放控制/(g/kW·h)（指定年份建造的船舶）	
	国际海事组织		欧盟	美国	国际海事组织	
	全球海域	硫排放控制区	欧盟港口（停泊大于2h）	加利福尼亚燃油监管区	全球海域	氮氧化物排放控制区
		波罗的海、北海、北美、美国加勒比海①				北美、美国加勒比海②
2009	4.5%	1.5%	—	—	—	—
2009.7			—			
2010				MGO1.5%；MDO0.5%③	发动机执行Ⅰ级标准，随转速不同：(9.8~17.0)	发动机执行Ⅰ级标准，随转速不同：(9.8~17.0)
2010.7.1			0.1%			
2011						
2012	3.5%	1.0%		MGO1.0%；MDO0.5%	发动机执行Ⅱ级标准，随转速不同：(7.7~14.4)	发动机执行Ⅱ级标准，随转速不同：(7.7~14.4)
2012.8.1						
2014						
2015		1.0%		MGO0.1%；MDO 0.1%		发动机执行Ⅲ级标准，随转速不同：(2.0~3.4)
2016						
2020	0.5%					

① 其中北美排放控制限制 1.0%m/m 的时间是 2012 年 8 月 1 日；美国加勒比海限制 1.0%m/m 的时间是 2014 年 1 月 1 日。

② 2016 年 11 月又增加了北海和波罗的海两个氮氧化物排放控制区。

③ MGO 为船用轻柴油(marine gas oil)，MDO 为船用柴油(marine diesel oil)。

　　根据表 5-17，排放控制区要求的低硫油主要指含硫量低于 1.5% 的燃料油。炼油厂为了生产低硫油，往往需要采用特殊工艺及程序对燃油进行脱硫处理，这导致低硫油的很多特性都发生了显著变化。目前，市场上含硫量低于 1.5% 的燃油主要从低硫原油中提炼得到，也可以安装脱硫设备提炼低硫燃油，但需要安装昂贵的设备。随着低硫油市场需求的增大，脱硫燃油也将会被广泛使用。但不管是蒸馏提炼的低硫油还是脱硫冶炼的低硫油，低硫油的储存保管、理化特性以及燃油的燃烧特性与传统的重油相比，都有很大的变化。

　　船舶使用低硫油涉及的相关方较少，主要包括船方和供油方。船东按照政策法规的要求设置低硫油油舱，使用低硫油，且市场上能够买到价格合理、满足硫含量要求的低硫油即可。

　　使用低硫油虽然不需要进行大范围的改造，但需要进行不同类油品油舱的布置。低硫油应设立单独油舱，因为普通燃油舱在一般情况下需要加热保温，而低硫油黏度较低，需要冷却，因此，油舱布置还需要避免普通燃油和低硫油舱热表面相邻。低硫油在使用过程中转换较麻烦。

　　船舶的燃油系统、机器设备一般都是基于重油/船用柴油设计的，低硫燃油的使用经验不多。当转换使用低硫燃油时，可能会导致燃油系统及设备故障，甚至发生船舶失去动力的危险。由于低硫油具有挥发性，若使用重油的管路系统，可能会发生轻油从管道法兰等处渗漏的现象，因此需要特别注意垫片的密封性能。信德海事网曾发文《2020 限硫规定恐将致大规模机损事故出现,轮机员惨了》介绍到,多家航运、海上保险机构、协会纷纷呼吁警告,2020 全球限硫规定即将到来,而为了合规,船东们所采取的一系列措施可能会带来一系列的"潜在的严重安全问题"。

针对船舶用低硫油,各船级社对船舶燃油设备(柴油机及锅炉)、船舶燃油供给系统做出相应要求。

(1)需送船级社送审,并取得船级社认可的文件。

柴油机:包括柴油机对低硫油的特性要求,柴油机的燃滑油系统原理,柴油机燃用低硫油时的操作手册及柴油机使用低硫油的试验报告等。

锅炉:包括锅炉对低硫油的特性要求,锅炉的燃滑油系统原理,锅炉燃用低硫油时的操作手册及锅炉使用低硫油的试验报告等。

船舶燃油供给系统:包括燃油管系原理图及操作原理。

(2)需提交船级社作参考的文件:燃油切换程序,锅炉危险性分析及船上试验报告等。

为了满足排放控制区低硫油的要求,在排放控制区外使用高硫燃油,在进入排放控制区后使用低硫油,对船舶燃油系统的设计提出了更高的要求。

3. 经济效益比较

1)船舶使用燃料油发电成本分析

(1)船舶燃料油的类型。根据国家标准 GB 17411—2015《船用燃料油》,沿海和远洋船舶使用的燃料油主要包括以下两类。

馏分型:馏分型燃料油适用于中、高速发动机船舶,包括适用于高速发动机的船用轻柴油(MGO)和适用于中速发动机的船用柴油(MDO)等。

残渣型:残渣型燃料油适用于中、低速大马力船舶,主要是 180CST、380CST 等。在排放控制区外航行时使用常规的普通燃料油主要为残渣型。

国际海事组织的硫排放控制区、欧盟的港口、美国的燃油监管区主要使用的是 0.1%m/m 的低硫油,中国在排放控制区内要求使用 0.5%m/m 的低硫油。根据表 5-18,馏分型和残渣型燃料油均包括不同硫含量的低硫油。

表 5-18　典型燃油的理化性能

种　　类	单　　位	极　　限	馏分型(DMA/DMX)	残渣型(RMA/RMB)
硫含量	%m/m	Ⅰ	1.0	3.5
		Ⅱ	0.5	0.5
		Ⅲ	0.1	0.1
黏度(40℃)	mm²/s	max	6.0	10~30
		min	1.5	
密度(15℃)	kg/m³	max	890	960
闪点	℃	min	43	60

(2)船舶燃料油的价格。船舶燃料油价格变化较快。普通燃料油(180CST)的价格为 4637 元/t,0.5%m/m 内贸船舶燃料油为 4800 元/t,保税 0.1%m/m 燃料油为 3800 元/t。燃油价格随国际原油价格波动较大,以常用的 180CST 油为例,2018 年,不同月份的价格情况见图 5-59,价格范围为 3721~5796 元/t。

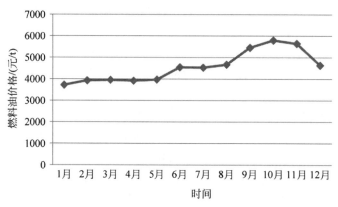

图 5-59　2018 年 180CST 燃料油的价格变化

（3）船舶使用燃料油的发电成本。船舶发电机组的发电成本包含：燃料油费、发电机组折旧费、发电机组维护费、操作人员费等。

中国在船舶排放控制区要求使用 0.5％m/m 的低硫油，而目前中国市场上供应的内贸船舶低硫油均为调和油，且调和油的价格仅比普通内贸船舶燃料油贵 100～200 元/t，价格约为 4800 元/t，按此价格，船舶的发电燃料油费为 1.13 元/（kW·h）左右。考虑船舶发电机组等设备的折旧费、维护费、人员费等，以 1 万 TEU 船为例，每台柴油发电机组的费用约为 1000 万元，发电折旧费约增加 0.06 元/（kW·h），维护费和人员费约增加 0.05 元/（kW·h），船舶总发电成本的计算见表 5-19。最后使用 0.5％内贸船舶燃油自发电的成本为 1.24～1.84 元/（kW·h）。

表 5-19　船舶燃油价格和发电成本

油品类别	保税 0.1％燃油	0.5％内贸船舶燃油	普通燃油 180CST	内河船车用柴油
燃油价格/（元/t）	3800	4800	4637	7000
燃油费/（元/kW·h，$e=235$g/kW·h）	0.89	1.13	1.09	1.65
燃油费/（元/kW·h，$e=360$g/kW·h）	1.37	1.69	1.67	2.52
发电机组折旧费/（元/kW·h）	0.06	0.06	0.06	0.06
维护费和人员费/（元/kW·h）	0.05	0.05	0.05	0.05
船舶总发电成本/（元/kW·h）	1～1.48	1.24～1.84	1.2～1.78	1.76～2.63

① 远洋船保税价格为新加坡普氏船用油价格，2018 年 12 月的燃油价格（559USD/t），USD（美元）兑人民币汇率取 6.8。2019 年 11 月该价格变为 590 USD/t，约为 2018 年 12 月价格的 1.06 倍。

② 船舶燃油发电燃油费 C 的计算公式如下。

$$C = e \cdot P / 10^6$$

式中：

C——船舶发电燃油费，元/（kW·h）；

e——船舶发电机组的单位发电燃油消耗，g/（kW·h），取两个典型值；

P——船舶燃油的价格，元/t。

内河船舶使用符合 GB 19147—2016《车用柴油》标准的柴油,计算得出的船舶总发电成本为 1.76～2.63 元/(kW·h)。

2) 火电的发电成本分析

(1) 火电的比例和成本分析。2020 年,我国各类能源发电比例为:石油 0.1%,天然气 3.2%,煤炭 63.2%,核能 4.7%,水力 17.0%,其他可再生能源 11.1%,其他 0.7%。

中国的火电主要以煤电为主,电厂发电机组的功率一般为 50MW～1000MW,机组的功率越大,发电效率越高,发电成本越低。

电厂发电总成本包括变动费用和固定费用两部分:其中变动费用包括燃煤费、点火用的燃油费、水费等,仅燃煤费就占发电总成本的 50%～75%;固定费用包括折旧费、维护费、人员费等费用。

大型高效火电的发电机组的煤耗率为 290～340g/(kW·h),2016 年公布的火电发电的煤耗率为 312 g/(kW·h)。根据煤耗率和燃煤费占比(按 50%)估算电厂的发电成本,煤炭价格 300 元/t 时为 0.19 元/(kW·h),500 元/t 时为 0.31 元/(kW·h),700 元/t 时为 0.44 元/(kW·h)。

到用户终端市场的电价为购煤、发电、输配、销售环节费用之和(费用比例约为 38.9%:20.7%:25.6%:14.8%)。以上的购煤和发电费用为发电成本,约为终端市场电价的 60%。如 2018 年 12 月煤炭价格为 570 元/t,实际电厂的发电成本为 0.38 元/(kW·h),相应的终端电价约为 0.63 元/(kW·h),由此可以看出,在输配和销售环节费用较高,占终端电价的 40%,所以造成总的终端电价较高。

根据相关研究,水电成本为 0.25 元/(kW·h),核电为 0.35 元/(kW·h)。火电占总发电量的 66.5%,未来的火电比例逐步降低,成本更低的核电和水电占比增大,电力的经济性会更好。

由以上分析可知,当煤炭价格为 570 元/t 时,中国煤电厂的发电成本为 0.38 元/(kW·h),加上输配和销售环节费用,用户终端电价约为 0.63 元/(kW·h)。

(2) 中国电价政策和价格分析。供电部门收取的到达港口的用户终端电价是决定岸电服务费的重要因素之一,其价格的高低影响船舶使用岸电的经济性,从而影响船舶连接岸电的积极性。

中国港口的电价主要有一般工商业、大工业电价。按计算电费方式不同,电价又分为单一制电价、两部制电价和功率因数调整电费。一般工商业电价为单一制电价,单一制电价仅包括电度电价,是以客户的实际用电量为计费依据的。大工业电价为两部制电价,两部制电价将电价分为两部分:一部分以客户的实际用电量来计算电费的电度电价,与单一制电价的电度电价相同;另一部分以客户接入系统的用电容量或最大容量来计算基本电价。目前,部分港口执行大工业两部制电价,除了电度电费外,还需要按变压器容量或最大需用量固定缴纳基本电费。中国各个港口的电价差别较大(图 5-60),最低约为 0.66～0.8 元/(kW·h),个别港口的电价高于 0.8 元/(kW·h)。

根据国家发展改革委 2018 年 7 月发布的《国家发展改革委关于创新和完善促进绿色发展价格机制的意见》(发改价格规〔2018〕943 号),对港口岸电运营商用电免收需量(容量)电费。如果岸电全部免收需量电费(即基本电费),则图 5-60 中的典型港口的电费会有所降低。一般沿海港口的电费可按 0.7 元/(kW·h)计算。根据国家电网公司的资料,中国内河地区的电费为 0.6418 元/(kW·h)。

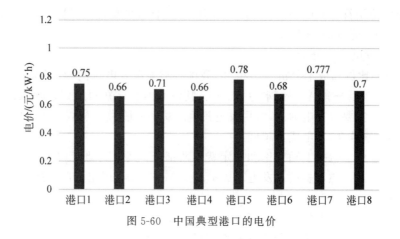

图 5-60 中国典型港口的电价

港口对船舶收取的费用包括岸电服务费和供电部门收取的电价,关系如下。

向船舶收取的费用＝岸电服务费＋供电部门收取的电价。

港口岸电维护费为 0.45～1.3 元/(kW·h),供电部门收取的电价为 0.66～1.5 元/(kW·h),中国沿海港口对船舶收取的费用为 1.2～2 元/(kW·h)。

3) 经济效益比较分析

(1) 本研究成果分析。以 1 万 TEU 船舶停靠 20h 为例,比较分析船舶使用低硫油和使用岸电的效益。

仅考虑发电本身的成本,船舶发电成本与电厂发电成本比较如下:在当前的煤炭和燃料油价格下,煤炭和燃料油折合成当量标煤价,燃料油价是煤炭价的 3 倍多;由于船舶发电机组的规模小,1 万 TEU 船舶的辅机功率约为 3000kW,因此,与规模大的火电厂的上百兆瓦的发电机组相比(图 5-61 和图 5-62),效率低,发电成本高;电力价格不受国际市场影响;未来火电的比例降低,增大成本更低的核电和水电占比,岸电的经济性会更好;根据前面对火电发电成本的分析,在不考虑输送和销售环节费用的条件下,电厂发电成本仅为 0.38 元/(kW·h)(煤炭价格为 570 元/t),而船舶发电机组的发电成本为 1.24 元/(kW·h)(油价为 4800 元/t)。

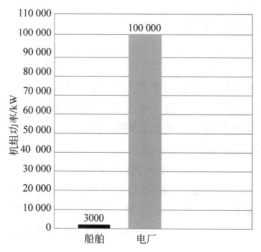

图 5-61 电厂发电机组和船舶发电机组的功率比较

(a)电厂发电机组　　　　　　　(b)船舶发电机组

图 5-62　电厂发电机组和船舶发电机组的外形比较

　　由此可以看出,电厂的规模经济效应使火电的发电成本远低于船舶使用燃料油时的自发电成本。

　　考虑输配电和销售、港口的岸电服务等费用,船舶发电成本和终端岸电服务费的比较如下。

　　船舶自发电直接供船舶设备使用,无输送、销售环节和连接服务费用,船舶发电成本即为终端船舶发电费用。火电的发电成本虽低,但在加上输配电和销售环节费用,以及在港口终端电价的基础上加上岸电服务费和部分设备折旧费时,在正常使用情况下,最终船舶使用岸电的总费用为 1.2~1.4 元/(kW·h),与船舶使用燃料油自发电的发电成本 1.24~1.84 元/(kW·h)相比,基本相当。

　　不同船舶燃油价格下的船舶发电费用和岸电服务费比较见图 5-63。图中列出的典型港口收取的岸电服务费主要是收费较低的连云港港,以及进行岸电服务费补贴的上海港和深圳港。由图可以看出,如果按照连云港港公布的岸电服务费(约 1.2 元/(kW·h)),当船舶的燃油价格达到约 4638 元/t(682USD/t)时,船舶发电成本和岸电的费用相当。深圳岸电服务费按照船舶发电成本的 30%~50%,这使得船舶连接岸电总是有盈余,在这种情况下,船方才会愿意从经济角度考虑主动使用港口岸电。

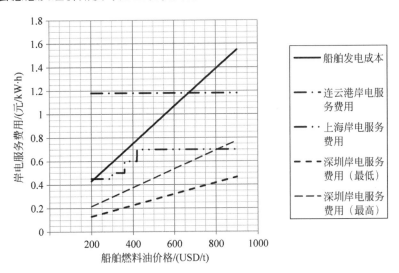

图 5-63　不同船舶燃料油价格下的船舶发电成本和岸电服务费用比较

　　考虑岸电建设投资、运维成本和使用率,船舶发电成本和船舶使用岸电总成本的比较如下。

岸电的建设投资大,满足 1 万 TEU 船舶供电的港口岸电建设费用为 600 万～1000 万元,船舶受电设施建设费用为 300 万～600 万元,特别是在当前岸电使用率不高的前提下,船舶使用岸电的总成本大于船舶使用低硫油自发电的成本,每千瓦时多出约 1 元成本,见图 5-64。

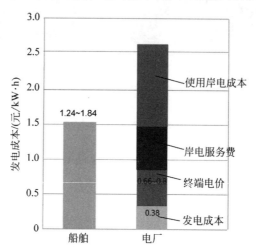

图 5-64　船舶发电和使用岸电的成本比较

船舶发电成本和船舶使用岸电的时间成本比较如下。船舶靠港使用低硫油发电时,直接使用进入排放控制区时已经转换的低硫油即可,几乎不增加额外的时间,但使用岸电需要在靠泊后 0.5h 和离泊前 0.5h 内连接和拆除岸电,使用岸电增加 0.5～1h 的切换时间,可能会减少船舶的实际航运时间,影响船东的船舶运营收益。

(2) 美国研究成果分析。

2006 年,美国加州空气资源委员会发布的《远洋船舶挂靠加州港口使用岸电的评估报告》中分析,在 2005 年,燃料油价格 485 美元/t 的情况下,岸电价格为 11 美分/(kW·h)时,使用燃油发电和使用岸电的成本相当。

2017 年,《美国港口岸电技术评估报告》中分析了岸电的电价和服务价格。美国各个港口的岸电服务价格各不相同,各个地区给予的电价也不相同。洛杉矶港的岸电服务费包括每次 150 美元的固定服务费,1.33 美元/kW 的设备费,0.0591 美元/(kW·h)的能源费(电价)。根据能源不同可能会增加额外费用。洛杉矶港的能源费(电价)低于船舶的自发电成本。根据以上收费标准计算,如果 1 万 TEU 船,辅机负荷取 2000kW,停靠时间为 10～50h 的岸电服务费成本为 0.59～1.36 元/(kW·h),该费用与远洋船舶自发电费用 1.0～1.48 元/(kW·h)相比,使用岸电和使用低硫油的费用总体基本相当,如停靠时间长,则使用岸电成本相对较低。

综上,在经济效益方面的结果分析如下。

(1) 火电的发电成本远远低于船舶使用燃料油的自发电成本。

当前火电的发电成本低于船舶发电成本。随着国家碳达峰、碳中和实施的展开,未来火电的比例降低,增大成本更低的核电和水电占比,岸电的经济性会更好。

(2) 船舶使用岸电的经济性与船舶使用燃料油自发电的成本基本相当。

火电的发电成本低,即使加上输配电和销售环节,以及港口的岸电维护费等,船舶使用岸电的服务费为 1.2～2 元/(kW·h),与船舶使用燃料油自发电的发电成本 1.24～1.84 元/(kW·h)相比,基本相当。

(3)考虑岸电建设投资和运维成本。船舶使用岸电的总成本大于船舶使用低硫油的自发电成本。

4. 社会效益比较

1)船舶使用燃料油的排放情况

船用燃料油的含硫量是燃油品质的主要指标。美国加州岸电靠港规则公布的辅机各种大气污染物的排放因子见表 5-20,从表中可以看出,船舶使用低硫油大幅减少了硫氧化物、可吸入颗粒物和细颗粒物的排放,但几乎不减少氮氧化物、一氧化碳、二氧化碳的排放,因此,使用低硫油并不是一个彻底解决船舶大气污染物和温室气体排放的有效措施。

表 5-20 不同硫含量燃油发电的大气污染物排放因子 g/(kW·h)

燃油类型	NO_x	SO_x	CO_2	CO	PM_{10}	$PM_{2.5}$
MDO (0.1% S)	13.9	0.4	690	1.1	0.25	0.23
MDO (0.5% S)	13.9	2.1	690	1.1	0.38	0.35
普通燃料油	14.7	11.1	722	1.1	1.5	1.46

2)社会效益比较分析

(1)本研究成果分析。根据表 5-20 的排放数据和相关电力数据,计算船舶靠港使用岸电取代辅机发电的社会效益,比较结果见表 5-21。

表 5-21 船舶自发电和使用岸电的社会效益比较

比 较 内 容		能源消耗	碳排放	大气污染物排放			噪声/ dB(A)
		标准煤/(g/ kW·h)	二氧化碳/(g/ kW·h)	硫氧化物/(g/ kW·h)	氮氧化物/(g/ kW·h)	细颗粒物/(g/ kW·h)	
普通燃油自发电数据	辅机发电(235)	335.6	722	11.1	14.7	1.46	90
	辅机发电(360)	514.2	1106	17.0	22.5	2.2	90
低硫油自发电数据	辅机发电(235)	335.6	690	2.1	13.9	0.35	90
	辅机发电(360)	514.2	1057	3.2	21.3	0.5	90
岸电数据	岸电	312	487.5	0.39	0.36	0.08	0
低硫油与普通燃油比较	效果比较	—	−49～−32	−14～−9	−1.0～ −0.8	−2.0～ −1.11	—
	降低率	—	4.4%	81.1%	5.4%	76.0%	—
岸电与低硫油比较	效果比较	−202～ −23.6	−570～ −202.5	−2.8～ −1.7	−20.9～ −13.5	−0.46～ −0.27	−90
	降低率	7%～ 39.3%	29.3%～ 53.9%	81.4%～ 87.9%	97.4%～ 98.3%	77.1%～ 85.1%	100%

注:辅机发电后面括号内的数字为辅机发电的燃油消耗率,单位为 g/(kW·h)。选取的两个典型数值(235g/(kW·h) 和 360g/(kW·h))。

从表 5-21 看出如下内容。

与普通燃料油相比,使用低硫油在降低硫氧化物和细颗粒物等部分大气污染物方面具有较好的效果,硫氧化物降低率为 81.1%,细颗粒物降低率为 76.0%。

由于电厂的规模环保效应以及电厂采取的高标准集中脱硝、脱硫等环保设施,船舶靠港使用岸电的大气污染物排放远低于船舶使用普通燃料油或低硫油自发电的排放。船舶靠港使用岸电与低硫油相比,硫氧化物降低率为 81.4%～87.9%,氮氧化物降低率为 97.4%～98.3%,细颗粒物降低率为 77.1%～85.1%。

随着清洁能源发电量的比例逐步提高,与燃料油相比,船舶靠港使用岸电降低碳排放的效果越来越明显,降低率为 29.3%～53.9%。

由于火电发电机组的装机功率和效率高,因此,不论从岸电的电力规模化生产转换效率高的角度分析,还是燃油消耗率和燃煤率的对比分析,船舶靠港使用岸电比使用燃料油都更加节能,节能率为 7%～39.3%。

船舶发动机使用普通燃料油或低硫油易造成噪声污染。在机舱主机操纵处,噪声等级在 90dB(A)左右,影响船舶相关人员的工作和休息。连接岸电后,可消除靠港船舶发电机组的噪声污染,噪声降低率为 100%。

据估算,如果中国的所有码头停靠的船舶都使用岸电,每年可实现降低二氧化碳排放 650 万 t。

(2) 美国研究成果分析。2007 年,美国港务局协会(American Association of Port Authorities)发布的《远洋船舶使用岸电》白皮书中,对低硫油和岸电的效益进行了比较(见表 5-22)。通过使用低硫油,可以降低 10% 的 NO_x,18%～65% 的 PM_{10},45%～96% 的 SO_2。使用岸电在港口几乎没有排放。假设只有 95% 的靠泊时间使用岸电,大气污染物的降低率为 95%。这里的岸电没有考虑火电厂的排放。使用低硫油可以大幅降低 SO_2 和 PM_{10},但是 NO_x 降低的很少,而使用岸电,SO_2、PM_{10} 和 NO_x 均大幅度降低。

表 5-22　使用岸电和不同硫含量的燃料油的降低率

污染物类别	各种油及岸电	两种方式比较降低率	
		2.7%燃料油	0.6%MDO
NO_x	2.7%燃料油	—	—
	1.5%燃料油	0	—
	0.6%MDO	10%	—
	0.1%MGO	10%	0
	岸电	95%	95%
PM_{10}	2.7%燃料油	—	—
	1.5%燃料油	18%	—
	0.6%MDO	58%	—
	0.1%MGO	65%	17%
	岸电	95%	95%

续表

污染物类别	各种油及岸电	两种方式比较降低率	
		2.7%燃料油	**0.6%MDO**
SO$_2$	2.7%燃料油	—	—
	1.5%燃料油	45%	—
	0.6%MDO	78%	—
	0.1%MGO	96%	83%
	岸电	95%	95%

综上,在社会效益方面,由于电厂的规模环保效应以及电厂采取的高标准集中脱硝、脱硫等环保设施,使得电厂发电的单位能耗以及污染物排放远低于船舶自发电,靠港船舶使用岸电节能减排的效果明显。

5. 其他方面的比较

1)适用范围的比较

岸电仅适用于船舶停靠港口期间,而低硫油还适用于船舶航行期间。虽然低硫油或岸电是适用于大部分船舶停靠港口期间的减排手段,但按目前法规,具有受电设施的船舶在具有岸电设施的港口停靠沿海超过 3h、内河超过 2h 时,应当使用岸电。

2)技术和使用方面的比较

从技术改造方面来比较,岸电技术、低硫油的改造难度均不高,技术上也比较成熟,岸电改造相对复杂一些。

从使用和操作便捷性的角度来看,使用低硫油更为方便,而使用岸电需要在船舶和港口岸电之间进行切换、拆装电缆等,过程较为复杂。

3)使用意愿方面的比较

目前,大部分船舶没有安装受电设施,也没有预留放置受电设施的空间。对于现有船舶来说,改造存在一定的困难。改造过程中不仅要调整船舶的原有空间布局和增加改造成本,而且影响航运企业的正常航运业务,需要航运企业大力支持。

另外,即使船港岸电设施配套,但由于船舶公司担心岸电系统和辅机发电系统在切换过程中受到有害冲击,威胁船舶系统的安全性和稳定性,并影响船期,所以,在没有强制要求的情况下,即使有利润甚至港口方免费供电,航运企业也不愿意接用岸电。目前,交通运输部发布的《港口和船舶岸电管理办法》中要求高压岸电必须检测,以此来保证岸电设施的安全。

大型集装箱船舶挂靠港口较多,每个港口靠泊时间较短(如广东某集装箱码头的最短停靠时间仅有 5h),能够接用岸电时间较短(如扣除约 2h 的靠离泊、连接岸电的辅助时间,连接岸电时间仅有 3h),岸电拆装频繁耗时多,岸电效益难以体现;由于部分船舶的岸电接入工作烦琐,增加了船员的工作量和维护成本,改变了船舶的传统使用习惯,因此,船员不愿意使用岸电;岸电接入和拆除都需要一定的时间,这是与原来使用船舶自身的柴油发电机组操作额外增加的时间,相当于船舶在港口的停留时间增加了,相对来说,船舶产生效益的航行时间减少了,影响了船方的利益。

在当前燃料油价格走低的情况下,使用船舶燃料油发电的成本略低于使用岸电的成本,这导致航运企业没有使用岸电的意愿和动力。如果国家能出台更为严格的大气污染控制法规,实行更严格的大气污染排放限值,严格控制靠港船舶大气污染物排放,明确规定靠港船舶不得使用污染重的燃料油发电,只可使用更清洁的燃油或使用岸电才能满足大气污染物排放要求,此时,使用岸电的成本低于使用船用清洁燃料发电的成本,船舶公司才会考虑对船舶受电设施进行改造。此外,如果国际燃油价格不断上涨,而电价保持不变,则使用岸电的成本低于使用燃油发电的成本。另外,如果降低电价,使岸电服务费降低,则使用岸电的成本低于用燃油发电的成本,航运企业在有经济效益的情况下可能会考虑使用岸电代替燃油发电。

目前,船舶靠港使用低硫油是大部分国家和地区采取的限制政策,也就是说,当船舶停靠不同国家的港口时,首先必须满足使用低硫油的条件。但是靠港使用岸电是部分国家和地区更严格的要求,如果要求使用岸电,船舶还需要进行受电设施改造,相当于增加了额外的使用流程和改造费用,因此,就意愿方面来说,船方更愿意在靠港时使用低硫油。

6. 分析比较汇总

船舶自发电使用普通燃料油、低硫油和使用岸电的综合比较见表 5-23。

表 5-23　船舶自发电和靠港使用岸电的综合比较

序　号	比较内容		使用普通燃料油	使用低硫油	使用岸电	结　　论
1	经济效益分析	发电成本	1.09 元/(kW·h)	1.13 元/(kW·h)	0.38 元/(kW·h)	由于规模经济效应,火电的发电成本最低
2		港口终端费用	1.2~1.78 元/(kW·h)	1.24~1.84 元/(kW·h)	1.2~2 元/(kW·h)	使用低硫油和岸电的成本相当
3		船舶改造费用	无需改造	改造费用较低	改造费用较高,港方和船方压力均较大	低硫油改造费用低
4	社会效益比较	污染物排放	排放的硫氧化物、氮氧化物、颗粒物等浓度均较大	只是降低了硫氧化物和颗粒物,氮氧化物等污染较大,为 13.9g/(kW·h)	在港口区域零排放,即使考虑电厂的排放,岸电的各种大气污染物也比低硫油污染物少,如氮氧化物排放为 0.36g/(kW·h),降低率为 97.45%以上	使用低硫油污染也较大,其中氮氧化物排放是使用岸电排放的 39 倍
5						
6		碳排放	722~1106 g/(kW·h)	690~1057 g/(kW·h)	487.5 g/(kW·h)	使用岸电碳排放更低
7		节能情况	335.6~514.2 g/(kW·h)	335.6~514.2 g/(kW·h)	312 g/(kW·h)	使用岸电更加节能,比燃料油低 7%以上
		噪声等工作环境	噪声大,船员工作环境恶劣	噪声大,船员工作环境恶劣	基本无噪声,有利于船员的休息和身心健康	使用岸电无噪声,降低率为 100%

续表

序号	比较内容		使用普通燃料油	使用低硫油	使用岸电	结论
8	其他方面	适用范围	按规定的硫含量使用燃油	不仅适用于船舶靠港,在航行期间同样适用	仅适用于船舶靠港期间	岸电适用范围小
9		对船舶设备的影响	无影响	影响较大,发动机和锅炉产生故障	影响较小,可能会对船舶电控系统产生冲击	岸电对船舶设备影响小
10		供应情况	供应充足	低硫油供应不足,市场混乱,存在劣质产品	电力供应充足,越来越清洁	岸电供应充足
11		便捷性方面	便捷	直接转换油舱即可,较方便,基本不增加停靠港口的时间	船舶和港口岸电之间进行切换、拆装电缆等,过程较为复杂。需要额外增加2~3h的时间	低硫油相对更便捷
12		使用意愿方面	在没有特殊规定的情况下,使用普通燃油	船方不愿意使用低硫油,但是法规要求强制使用。相对于岸电,船方更愿意使用低硫油	岸电的改造成本和使用成本高,无相关强制要求,船方不愿意使用岸电	船方更愿意使用低硫油

根据美国相关研究成果,船舶自发电使用普通燃料油、低硫油和使用岸电的综合比较见表 5-24。

表 5-24　美国研究成果中的船舶自发电和靠港使用岸电的比较

序号	比较内容		使用普通燃料油	使用低硫油	使用岸电	结论
1	经济效益分析	发电成本	0.68元/(kW·h)	0.89元/(kW·h)	0.40元/(kW·h)	由于规模经济效应,火电的发电成本最低
2		港口终端费用	0.79~1.15元/(kW·h)	1.0~1.48元/(kW·h)	0.59~1.36元/(kW·h)(洛杉矶港)	使用低硫油和岸电的成本相当
3		船舶改造费用	无须改造	改造费用较低	改造费用较高,港方和船方压力均较大	低硫油改造费用低
4	社会效益比较	污染物排放	排放的硫氧化物、氮氧化物、颗粒物等浓度均较大	只是降低了硫氧化物和颗粒物,氮氧化物等污染仍较大	在港口区域零排放,降低率为95%以上	使用低硫油污染也较大,其中氮氧化物排放是使用岸电排放的40.4倍

注：经济效益的燃料油按照远洋船保税油价计算。

通过以上比较可以看出：电厂的规模经济效应使电厂发电成本远低于船舶自发电成本,但在加上电力输送等中间环节费用及港口收取的岸电服务费后,船舶使用岸电费用与船舶自发电成本基本相当；电厂规模环保效应及电厂采取严格的集中脱硝脱硫等措施，使电厂发电的单位能耗以及污染物排放远低于船舶自发电，船舶使用岸电节能减排的效果明显；使用低硫油和使用岸电均是降低硫氧化物排放的有效措施，但船舶靠港使用岸电在降低大气污染物排放、碳排放和节能方面更具优势，因此，应积极创造条件鼓励船舶靠港优先使用岸电。

5.3.2　靠港船舶使用岸电收费情况分析

1. 相关行业的服务费收取情况分析

1）国家发展改革委文件规定

《国家发展改革委关于电动汽车用电价格政策有关问题的通知》（发改价格〔2014〕1668号）规定，充换电设施经营企业可向电动汽车用户收取电费及充换电服务费。其中，电费执行国家规定的电价政策，充换电服务费用于弥补充换电设施的运营成本。2020年前，对电动汽车充换电服务费实行政府指导价管理。充换电服务费标准上限由省级人民政府价格主管部门或其授权的单位制定并调整。制定充换电服务费标准应遵循"有倾斜、有优惠"的原则。确保电动汽车使用成本显著低于燃油（或低于燃气）汽车使用成本，增强电动汽车在终端市场的竞争力。当电动车发展达到一定规模并在交通运输市场具有一定竞争力后，结合充换电设施服务市场的发展情况，逐步放开充换电服务费，通过市场竞争形成。

2）地方发展改革委相关规定

在国家发展改革委的上述文件指导下，各地分别制定了电动汽车服务费的收取办法，典型地方发展改革委的规定见表5-25。

表5-25　各地方发展改革委电动汽车充电服务费标准

序　号	城　市	充电服务费标准/（元/kW·h）		具　体　政　策
		乘用车（7座以下）	公交车（12m）	
1	上海	1.6	1.6	2020年前，服务费执行政府指导价
2	北京	按当日本市92号汽油每升最高零售价的15%		各经营单位可按照不超过上限标准，制定具体收费标准。运城、沧州也采用此类办法
3	江苏	—	—	纯电动汽车充电服务价格（元/（kW·h））＝同车型燃油汽车每公里平均油耗（L/km）×上一季度燃油平均单价（元/L）/纯电动汽车每公里耗电量（kW·h/km）×折扣率
4	西安	0.4	0.35	可在最高服务费的标准内下浮，下浮幅度不限
5	山东	包括电费不高于汽车燃油成本的50%	—	将电费和服务费一起计算，规定最高限额
6	重庆	执行电价的50%		
7	江西	2.36（含电费）	1.36（含电费）	除了江西外，南昌、南京、济南等地均将电费和服务费合在一起计算

3）电动汽车的服务费收取分析

通过以上的分析可知,各地发展改革委关于电动汽车的服务费在确保电动汽车使用成本(包括电费和服务费)显著低于燃油(或低于燃气)汽车使用成本的原则下,采用不同的方法进行收取,价格的差别也较大,其中仅电动汽车的服务费一项,价格范围为 $0.5 \sim 1.6$ 元$/(kW \cdot h)$。电动汽车的服务费收取规则可为港口岸电服务费的收取规则制定提供参考。

2. 岸电服务费的定义和属性

岸电服务费是港口收取的岸电运营和维护费等费用,单位为元$/(kW \cdot h)$,是港口对船方收取的船舶使用岸电费用的一部分,主要包括港口的岸电设备购置费、岸电运营和人工费、运营收益等。除了岸电服务费外,港口还向船方收取供电部门的电费。船舶使用岸电费用包括岸电服务费和电费(图 5-65)。

图 5-65　岸电费用构成

岸电服务成本包括港口的岸电设备购置费、岸电运营和人工费等,仅考虑成本部分,岸电服务费是岸电服务成本与港口和第三方运营的运营收益之和。本文在分析中没有考虑运营收益部分。

港口岸电设施一般建设在码头前沿,由港口企业或港口企业授权的第三方投资建设,每个泊位一般只配套建设一套岸电设备。在该泊位停靠的船舶如需使用岸电,则必须使用该岸电设备,没有其他岸电设备可以选择。因此,港口岸电设备的使用限定在特定的区域,岸电服务费不经过市场竞争形成,与电动汽车充电桩的性质不同,港口岸电服务费应按政府指导价管理。

港口收取船舶的岸电费用包括两部分:一部分是供电部门的电价,一部分是岸电服务费。港口的电价在 $0.66 \sim 0.8$ 元$/(kW \cdot h)$,个别港口的电价超过了 1 元$/(kW \cdot h)$。

如果港口的岸电电价采用大工业用电,即两部制电价,则包括基本电费和电度电费。2018 年 7 月,国家发展改革委发布促进绿色发展价格机制,2025 年前,将对岸电免收需量电费,即基本电价,这样港口的电价会有所降低,向船舶收取的岸电服务费也相应降低。

3. 岸电服务费和电费的收取现状

1）中国岸电服务费和电费现状

《柴油货车污染治理攻坚战行动计划》(环大气〔2018〕179 号)允许码头等岸电设施经营企业按现行电价政策向船舶收取电费。《中共中央国务院关于进一步深化电力体制改革的若干意见》(中发〔2015〕9 号)中鼓励社会资本投资成立售电公司,允许其从发电企业购买电量向用户销售。港口企业可以注册为售电主体,参与市场化购电售电,降低企业用电成本,厦门、辽宁等地方一些企业注册了售电主体。

目前,岸电服务费和电费收取分三种情况。

(1)地方政府发布船舶使用岸电费用的指导价,对差额进行补贴。该类情况是地方政府规定了港口企业向船舶收取的船舶使用岸电费用指导价,该价格明显低于船舶自发电成本,也低于供电部门收取的电费。政府对船舶使用岸电费用和供电部门收取的电费之间的差额给予补贴,且政府对港口岸电服务费有单独的补贴。政府补贴的形式保障了港口企业和航运企业的利益。

深圳市船舶使用岸电费用。深圳市对船舶收取的船舶使用岸电费用由政府发布指导价格,指导价格与船舶自发电的成本挂钩,按办法实施年度不同收取不高于船舶自发电成本的30%～50%。政府对港口企业用电合同电价与政府指导价格之间的差价予以全额补贴。政府指导普通价格按上一个月的新加坡低硫油(MDO)平均价格计算(燃油消耗率为310g/(kW·h))。另外,政府根据使用率对岸电服务费和船舶连接费均有补贴,其中,岸电服务费的补贴标准为0.13～0.25元/(kW·h),给予航运企业的岸电使用补贴标准为0.05～0.25元/(kW·h)。该补贴办法自2017年9月开始实施,有效期3年。

上海市船舶使用岸电费用。上海国际集装箱码头、邮轮码头的船舶使用岸电费用采用与新加坡普氏(PLATTS)公开市场的MDO船用燃料油价格相挂钩的方式确定,岸电服务费为0.15～0.4元/(kW·h),政府补贴供电企业电费和船舶使用岸电费用的差额部分。另外,政府根据使用情况对岸电服务费(港口维护费等)给予单独补贴。岸电的电价在2025年前暂免基本电费,并执大工业电价。该补贴办法自2019年6月开始实施,有效期至2020年12月31日。

厦门市船舶使用岸电费用。厦门港对船舶收取的船舶使用岸电费用约为0.5元/(kW·h),该费用由港口企业与航运企业协商确定。政府对船舶使用岸电给予港口企业奖励,港口供电服务的奖励标准采用与新加坡普氏(PLATTS)公开市场的380-CST船用燃料油价格相挂钩的方式确定。政府对岸电供电服务费的奖励为0.80～1.05元/(kW·h)。该补贴办法自2017年10月开始实施。

广州市船舶使用岸电费用。广州市船舶靠港期间使用岸电设施,均按照0.1元/(kW·h)的优惠电价结算电费,结算电费与港口企业的岸电电费成本差价由政府补足。也就是说,船舶使用岸电费用按0.1元/(kW·h)收取。2019年额外给予积极为靠泊船舶提供岸电服务的港口企业0.2元/(kW·h)的补贴奖励(该补贴为港口维护费补贴)。该办法自2019年7月4日起施行,有效期至2020年12月31日。

(2) 政府发布船舶使用岸电费用收取规则。江苏省发布岸电政策文件,规定岸电按大工业用电电度电价执行(电价约为0.66元/(kW·h)),免收基本电费,由各地市物价管理部门发布船舶使用岸电费用的收取规则,按上述电费再加上岸电服务费(港口维护费)。江苏省各地市的船舶使用岸电费用一般为1.0～1.26元/(kW·h),其中岸电服务费为0.32～0.60元/(kW·h)。沿海港口的岸电服务费为0.32～0.48元/(kW·h),内河港口的岸电服务费不大于0.60元/(kW·h)。根据江苏省最新文件规定,2021年年底免收岸电服务费。

(3) 由企业自主确定船舶使用岸电费用标准。湖北省、青岛市等地政府发文,根据《港口收费计费办法》,岸电服务费属于船舶供应服务费的一类,实行市场调节价,由企业按市场规律自主确定。如宁波市的船舶使用岸电费用为1.2～1.4元/(kW·h)。长江干线三峡地区内河船舶使用岸电费用约为1.6元/(kW·h)(其中电费约为0.64元/(kW·h))。

另外,由于是岸电使用的起步阶段,因此,很多港口还未开始对船舶收取船舶使用岸电费用。

2）长江干线港口岸电费用情况

通过统计长江经济带沿线 65 家单位的收费情况,电费和岸电服务费的合计费用高于 1.4 元/(kW·h)的有 22 家企业,占所有统计企业的比例为 37%。电费和岸电服务费的合计费用在 1.0～1.2 元/(kW·h)的有 15 家企业,占所有统计企业的比例为 24%。

大工业电价 28 家,最低在 0.6 元/(kW·h),大部分免收容量费。一般工商业电价 37 家,最低在 0.6 元/(kW·h),总体偏高。大工业电价(免容量费)不一定比一般工商业电价便宜。

3）使用岸电可开具船供应服务费发票

根据交通运输部和国家发展改革委关于印发《港口收费计费办法》的通知(交水规〔2019〕2 号)第三条,规定实行市场调节价的港口收费包括港口作业包干费、库场使用费、船舶供应服务费、船舶污染物接收处理服务费、理货服务费。第四十一条规定为船舶提供水(物料)、供油(气)、供岸电等供应服务,由提供服务的单位向船方或其代理人收取船舶供应服务费。

根据港口提供资料,目前,港口提供岸电服务可开具发票,货物名称为×供电×船舶供应服务费,税率为 13%。

4. 美国洛杉矶港的岸电服务费现状

美国洛杉矶港的岸电服务费的收取规则如下。

洛杉矶港的船舶使用岸电费用包括每次 150 美元的固定服务费,1.33 美元/kW 的设备费,0.0591 美元/(kW·h)的能源费(电费),其中前两项是岸电服务费。

根据以上收费标准计算,如果 1 万 TEU 船,辅机负荷取 2000kW,停靠时间为 10～50h 的船舶使用岸电费用为 0.59～1.36 元/(kW·h)。

5. 岸电服务各项费用综合分析

根据课题对岸电各费用的研究,沿海港口岸电在通过分析码头一套岸电和三套岸电的情景下,考虑设备投资、土建投资、维护费用、各类税金等费用,并考虑不同比例的政府补贴,在不同使用率下,计算相应的岸电服务费。内河岸电选取客运码头、散货码头等典型码头按沿海港口的相同思路进行分析。通过计算分析,得出相关结论如下。

1）沿海岸电

沿海典型港口岸电服务成本和电费与船舶自发电成本比较见图 5-66,图中堆积柱形图的下半部为岸电服务成本,上半部为电费,两者加起来为船舶使用岸电的总费用。如果考虑 60% 的港口岸电设备投资,在岸电使用率为 30% 的情况下,岸电服务成本为 0.79～1.13 元/(kW·h),再加上供电部门的电费,那么船舶使用岸电费用高于船舶自发电成本;在岸电使用率 100% 码头一套岸电的情况下,岸电服务成本降为 0.24～0.34 元/(kW·h),再加上供电部门的电费,船舶使用岸电费用与船舶自发电成本基本相当;在岸电使用率 100% 码头三套岸电时,船舶使用岸电费用低于船舶自发电成本。

如不考虑设备投资(交通运输部资金奖励政策加上地方政府的补贴),港口岸电使用率 30% 的情况下,岸电服务成本为 0.28～0.62 元/(kW·h),如岸电使用率提高到 100%,则岸电服务成本为 0.08～0.19 元/(kW·h),加上供电部门的电费,除了沿海一套岸电、使用率 30%、不考虑设备投资的情景,船舶使用岸电费用高于船舶自发电成本外,其余情景下,

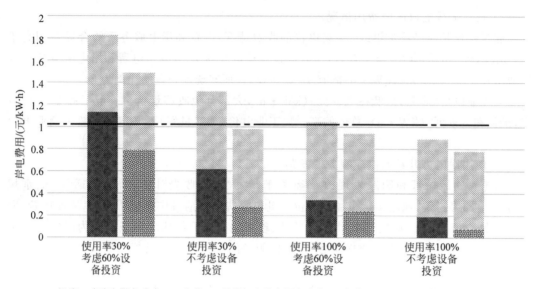

图 5-66　沿海典型港口岸电服务成本与船舶自发电成本比较

船舶使用岸电费用均低于船舶自发电成本。

目前,在各地方制定的岸电服务费政策中,连云港沿海港口的岸电服务成本是 0.32～0.48 元/(kW·h),加上供电部门的电费,船舶使用岸电费用与船舶自发电的成本基本相当,与本节研究的多个情景吻合。

由以上分析可知,政府的资金奖励、岸电设备设施的规模和价格、岸电使用率等都对岸电服务成本产生较大的影响。在当前岸电使用率较低和船舶积极性较差的情况下,岸电服务费无法收取太高,因此,岸电服务费收取必须兼顾社会和环境效益,即港口企业在保障一定设备投资回收的情况下,应承担更多的社会责任。

2) 内河岸电

内河典型港口岸电服务成本和费用与船舶自发电成本比较见图 5-67。如果考虑 60% 设备投资,则岸电使用率为 30% 的情况下,长江支线码头的岸电服务成本为 0.80 元/(kW·h),长江干线码头的岸电服务成本为 1.58 元/(kW·h),再加上供电部门的电费 0.65 元/(kW·h),长江干线码头的船舶使用岸电费用高于内河船舶自发电的成本(1.76～2.63 元/(kW·h)),长江支线码头的船舶使用岸电费用低于内河船舶自发电成本;在岸电使用率 100% 的情况下,长江支线码头的岸电服务成本降为 0.21 元/(kW·h),长江干线码头的岸电服务成本降为 0.37 元/(kW·h),加上供电部门的电费,长江支线码头和长江干线码头的船舶使用岸电费用均低于船舶自发电成本。

如果不考虑设备投资,则港口岸电使用率为 30% 的情况下,长江支线码头的岸电服务成本约为 0.69 元/(kW·h),长江干线码头的岸电服务成本为 1.22 元/(kW·h),在这种情况下,再加上供电部门的电费,长江干线码头的岸电使用费用略高于船舶自发电成本。如岸电使用率提高到 100%,则长江支线码头的岸电服务成本为 0.21 元/(kW·h),长江干线码头的岸电服务成本为 0.37 元/(kW·h),再加上供电部门的电费,长江支线码头和长江干线码头的船舶使用岸电费用均低于船舶自发电成本。

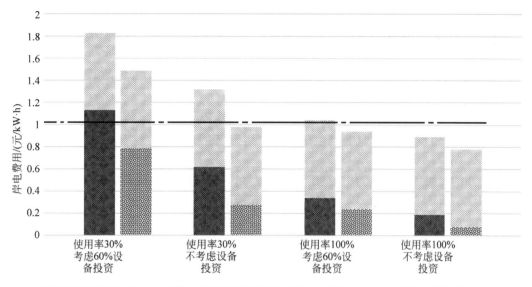

图 5-67　内河典型港口岸电服务成本与船舶自发电成本比较

6. 岸电服务费的收取规则建议

制定岸电服务费标准应以有利于促进船舶靠港优先使用岸电，保证岸电使用价格水平（岸电服务费＋供电部门电费）低于船舶使用燃油发电成本为原则，建议按以下方式发布政府指导价。

1）长江干线岸电服务费和电费合计限定在 1.4 元/(kW·h)内，并鼓励有条件的地区进一步降低价格上限

由于内河船舶使用的是符合 GB 19147—2016《车用柴油》标准的柴油，标准一致，价格相对统一，因此，可直接由国家相关部门确定内河岸电服务费的价格标准，这将具有更好的指导性和操作性。

内河燃油船自发电成本按照车用柴油价格和燃油消耗率(235g/(kW·h))计算，计算船舶自发电成本为 1.76 元/(kW·h)，上述收费标准低于船舶使用车用柴油的自发电成本，有利于提高船舶使用岸电的积极性。如果供电部门的电价为 0.65 元/(kW·h)，那么长江干线码头的岸电服务费为 0.75 元/(kW·h)。在该收费价格下，根据情景分析，如岸电使用率达到最好的情况，则内河港口可以收回投资，并且有运营收益。

目前建议的收费标准与本研究测算、内河码头的实际收费标准基本一致，如长江干线宜昌港口对岸电实际收取的船舶使用岸电费用为 1.6 元/(kW·h)，与建议的收费标准 1.4 元/(kW·h)相差不多，该建议收费标准也在本研究测算的长江干线岸电使用费用 1.02～2.23 元/(kW·h)（服务成本 0.37～1.58＋内河电费 0.65）的范围内。江苏等地的长江支线港口实际收取的船舶使用岸电费用为 1.0～1.2 元/(kW·h)，在本建议指导价以内。

2）海港的岸电服务费采用与新加坡普式(PLATTS)公开市场的 MDO 船用燃料油价格相挂钩的方式确定。服务费和岸基供电直接运营成本的差额由各级地方人民政府财政

补助

按照保证船舶岸电使用费用水平(岸电服务费＋供电部门电费)低于船舶使用燃油自发电成本的原则,即:岸电服务费＋供电部门电费≤船舶使用燃油自发电成本,岸电服务费≤船舶使用燃油自发电成本—供电部门电费,则岸电服务费的政府指导价的最大值为燃油船舶自发电成本与供电部门电费的差额。

由于沿海船舶使用的燃料油价格变化较大,无法像内河明确统一的服务费标准一样,因此,沿海港口岸电服务费应明确沿海港口岸电服务费的确定原则,以指导各地制定价格政策。

沿海燃油船舶自发电的使用成本按照新加坡普氏(PLATTS)公开市场的 MDO 船用燃料油价格和燃油消耗率(235g/(kW·h))计算。按照船舶自发电成本 1 元/(kW·h),如供电部门的电费为 0.7 元/(kW·h),那么岸电服务费的政府指导价的最大值为 0.3 元/(kW·h)。这样能保证船舶企业使用岸电低于船舶自发电成本。该岸电服务费与本文码头三套岸电、使用率为 30％和不考虑设备投资的情景,以及码头一套岸电、使用率为 100％和不考虑设备投资情景下的岸电服务成本基本相当。在使用较好的情况下,港口企业还略有运营收益。

2022 年 3 月,国家发展改革委等十部门联合发布《关于进一步推进电能替代的指导意见》(发改能源〔2022〕353 号),提出以长江流域、珠三角流域为重点,加快提升内河港口、船舶的岸电覆盖率和使用率,稳步协同推进沿海港口、船舶岸电使用。岸电服务可实行地方政府指导价收费,鼓励港口岸电建设运营主体积极实施岸电使用服务费优惠,实现船舶使用岸电综合成本(电费和服务费)原则上不高于燃油发电成本。这一文件提出了岸电收费的总体指导方法,与本节上述测算的结果基本一致,只有当船舶使用岸电收费低于燃油发电成本时,才能提高船舶使用岸电的积极性。

5.3.3　提高岸电使用率措施分析

1. 国外岸电的建设和使用情况分析

1) 美国加州岸电建设和使用情况

2010 年生效的美国加州靠港规则(见表 5-26)要求,从 2014 年起,挂靠加州港口的集装箱船(船公司船队的船舶年挂靠港口 25 次以上)、邮轮(船公司船队的船舶年挂靠港口 5 次以上)和冷藏货物运输船靠港期间必须不断加大使用岸电的力度,规定 2014 年之前,具有受电设施的船舶在具有港口岸电设施的码头停靠必须使用岸电,2014—2016 年,船公司挂靠每一个加州港口的船舶年岸电使用率达到 50％;2017—2019 年,使用率达到 70％;2020 年之后使用率达到 80％。

表 5-26　美国加州靠港规则的要求

日　期	减少船上辅机发电量的选择	替代的减少排放措施的选择
2010 年 1 月 1 日	如果港口具有可用的岸电,那么配备受电设施的船舶必须使用岸电	各自然年船队辅机的 NO_x 与 PM 排量与船队基准排量相比应降低 10％

续表

日　　期	减少船上辅机发电量的选择	替代的减少排放措施的选择
2012 年 1 月 1 日	如果港口具有可用的岸电,那么配备受电设施的船舶必须使用岸电	各自然年船队辅机的 NO_x 与 PM 排量与船队基准排量相比应降低 25%
2014 年 1 月 1 日	在船队靠泊港口的次数中,至少有 50% 的次数应满足所规定的船上辅机工作时间限制[1]。停泊在位期间,船队的船上辅机发电量与船队的基准发电量相比应至少降低 50%[2]	各自然季度船队辅机的 NO_x 与 PM 排量与船队基准排量相比应降低 50%
2017 年 1 月 1 日	70%	70%
2020 年 1 月 1 日	80%	80%

注:① 辅助工作时间限制是指符合 3h 或 5h 的规定。

　　② 如果港口具有可用的岸电,那么配备受电设施的船舶必须使用岸电。

美国加州的 6 个港口为了保障船舶停靠正常连接岸电,均建设了岸电设施。如洛杉矶港为了为船舶受电设施使用岸电提供保障,建设了 75 套港口岸电设施。

从 2020 开始,美国加州靠港规则要求岸电使用率的比例达到 80%,同时要求降低发电量也要在 80% 以上。美国加州强制性政策的实施大大提升了岸电使用率。2017—2020 年,美国加州洛杉矶港的集装箱码头岸电使用率分别为 83%、78%、83%。所有集装箱船舶均满足了规定比例(2017—2019 年为 70%,2020 年为 80%)的要求,其中中国的航运公司停靠在洛杉矶港的船舶也按规定使用了岸电(图 5-68),各国航运公司已经按照美国加州靠港规则的要求改造和新建了船舶受电设施。从国内航线船舶受电设施情况来看,港口岸电设施建设完成后,进行调试时,一般都是请按照美国加州停靠规则改造岸电的集装箱船舶配合进行连船调试。

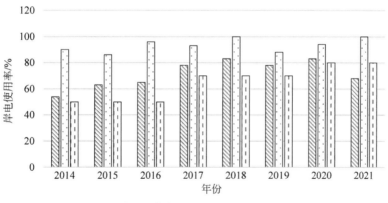

图 5-68　洛杉矶港的船舶靠港使用岸电情况

美国加州岸电使用率高的案例说明,强制性的船舶靠港使用岸电的法律法规促进了港口和船舶按规定建设和使用岸电。

2）欧盟岸电建设和使用情况

2014 年,欧盟颁发了 2014/94/EU《替代燃油的基础设施部署》法令。该法令主要涉及电力、氢燃料、液化天然气和压缩天然气等替代燃油的基础设施部署。该法令强制要求 2025 年 12 月 31 日之前,成员国港口完成岸电设施建设,保证向远洋和内河靠港船舶供应岸电。从 2017 年 11 月 18 日起,岸电设施应遵守规定的技术规格,即远洋船用岸电技术要求,包括设计、安装及测试等,应符合 IEC/ISO/IEEE 80005-1 标准的规定。

2018 年,荷兰鹿特丹港发布了《2010 鹿特丹港口管理细则》(2018 版),该细则规定,禁止在指定区域的泊位靠港内河船舶上使用主发动机或辅助发动机。指定区域包括位于北岛的所有泊位以及规定的指定区域。

德国汉堡港按照要求建设了岸电设施,如德国阿尔托那邮轮码头建设了岸电设施,岸电的输入为 10kV 的中高压主干电网提供的电力,经过变频变压转换后输出 12MV・A/ 6.6kV/60Hz 或 12MV・A/ 11kV/60Hz 的电源。德国汉堡港要求邮轮码头停靠的邮轮全部使用岸电,另外,在集装箱码头也逐步推进岸电的使用。

2. 国内岸电的建设和使用情况

1）岸电建设和使用的问题分析

一直以来,岸电推进过程中存在"没的用、不能用、没船用、不会用、不敢用、不想用"的问题,见图 5-69。

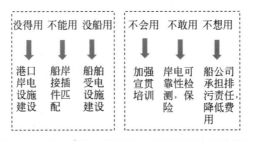

图 5-69　岸电建设和使用存在问题及解决思路分析

"没得用"主要指港口岸电设施建设的少。随着交通运输部《港口岸电布局方案》的实施,最近两年,岸电建设的数量多,港口岸电布局方案的泊位覆盖率大大提高,部分省、市的岸电泊位覆盖率已经达到 100%。因此,可以说,在全国大部分码头,"没得用"的问题得到基本解决。

"不能用"指港口和船舶岸电的接插件匹配、通讯匹配等问题导致部分岸电设施不能使用。目前,随着相关标准的宣贯和执行,船岸匹配问题将会逐步得到解决。"不能用"还存在一种情况是码头配备了高压岸电,但码头停靠的大部分船舶只接受低压岸电,如果没有法规要求这些船舶进行船舶受电设施改造,加装变压器等船上设备,则岸电不能使用。按照 JTS 155—2019《码头岸电设施建设技术规范》,岸电容量在 630kV・A 以下的港口岸电应采用低压供电,630~1600kV・A 的宜采用高压供电,1600kV・A 以上的应采用高压供电。若按照这个标准来配置码头岸电,并根据统计的停靠的最大船舶的辅机功率来选择岸电容量,则容易出现好多小容量低压船舶不改造不能使用岸电的问题。因此,港口在建设岸电时、应该摸清到港船舶的辅机功率、电压和频率情况,以此来决定港口岸电的高低压供应情况。如果容量在 630kV·A 以下的船舶数量较多,则建议以建设低压岸电为主,最好在建设岸电时考虑低压和高压的双路输出,这样,一些小吨位船舶仅进行简单改造(电缆插头匹配等)就可以使用岸电,满足各类船舶受电设施的需求。

"没船用"主要指船舶不愿意建设船舶受电设施和使用港口岸电,主要是船舶建设和使用岸电的意愿低,船舶受电设施建设数量较少,没有政策法规强制要求船舶加装受电设施。目前,在长江经济带已经开展了大规模的船舶受电设施改造,交通运输部联合国家发展改革委给予改造费用 60% 的补贴,预计到"十四五"末,长江经济带具有受电设施的船舶数量将大大增加。

"不会用"主要指港口或船舶的相关操作人员对岸电的使用不熟悉,应加强培训、宣传。

"不敢用"主要指船方担心船舶的设备损坏,在一些情况下不敢使用岸电。可通过岸电可靠性检测,以及购买保险来分摊风险,另外促进港口和船方签订岸电使用协议。

"不想用"主要指船方使用岸电的意愿较低,船员因增加额外的工作量不愿意使用岸电,通过加强监管来促使船舶使用岸电。船舶在港口停靠期间排放大气污染物按"谁污染谁治理"的原则,理应由船方承担排污处理责任。

岸电建设和使用的相关方应从岸电建设到使用发挥主体和监管责任(图 5-70),促进岸电的高效使用。现在的关键在于船舶受电设施的建设。船舶能够接受岸电的多了,根据《港口和船舶岸电管理办法》,相关部门加强监管,使用率自然就会高起来。

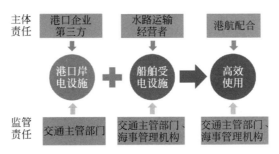

图 5-70　岸电推进各方职责

2) 岸电建设和使用取得显著成效

据统计,截至 2020 年 6 月底,全国已建成港口岸电设施 5800 多套,覆盖泊位 7200 余个。《港口岸电布局方案》内港口具备岸电供应能力的五类专业化泊位占五类专业化泊位总数量的 75%。与港口岸电设施建设相比,船舶受电设施的改造数量相对较少,且进展缓慢,沿海具备船舶受电设施的船舶占比不到 1%。长江经济带的船舶改造情况较好,沿江省、市具备受电设施的船舶数量为 1.43 万艘,大部分为内河船舶。长江大型游轮船舶和客运码头基本实现了岸电全覆盖全使用,为全面大范围的使用奠定了重要基础。

船舶靠港使用岸电的使用率虽较低,但总体趋势向好。2020 年上半年,具备岸电供应能力的 7200 余个泊位中,有 3421 个泊位使用了岸电,占比约为 48%,主要受疫情防控减少人员接触等影响,沿海大型码头岸电使用次数下降幅度较大。截至 2020 年 6 月,全国港口共使用岸电约 16.6 万次,接电时间约 156 万 h,总用电量 3190 万 kW·h(其中修造船厂船舶用岸电约 1060 万 kW·h)。

根据交通运输部统计,2019 年共使用岸电约 6 万次,总接电时间约 74 万 h,总用电量约

4500万kW·h。深圳港用电量最大,年用电量超过1800万kW·h,约占沿海港口的55%,其次为宁波舟山港和海口港。岸电使用情况较好的深圳,使用率约为10%,其中盐田港最高时段的使用率为22%。

目前,在国内,岸电使用比较好的两种情况如下。

(1) 固定航线船舶停靠固定码头岸电使用率高。如深圳妈湾电厂、镇江谏壁电厂等,固定航线的船舶几乎100%使用。

(2) 内贸船低压岸电使用多。由于内贸船舶不需要投入较大改动就可以使用岸电,有的船舶直接使用在造船时配置的进坞维修岸电柜就可以使用港口岸电,因此,内贸船低压岸电使用较多,如青岛港、南京港、葫芦岛港等。

3. 提高岸电使用率措施分析

1) 岸电使用率的定义

岸电使用率是表示船舶靠港使用岸电比例的重要指标,目前常见的岸电使用率的计算方法有以下几种,分别分析如下。

(1) 基于港口全部停靠船舶数量的计算方法。第一种算法见式(5-2),分母为港口停靠的船舶总艘次,按这个公式计算,现在全国使用率较好的港口盐田港约为22%。

$$U_1 = \frac{Q_{sp}}{Q_{all}} \times 100\% \tag{5-2}$$

式中:

U_1——岸电使用率(第一种计算方法);

Q_{sp}——使用岸电的船舶艘次;

Q_{all}——港口停靠的船舶总艘次。

(2) 基于具备船舶受电设施的船舶数量计算方法。式(5-3)的分母是具有船舶受电设施的船舶停靠总艘次。式(5-3)为《绿色港口等级评价指南》中对岸电使用率的定义和要求。

$$U_2 = \frac{Q_{sp}}{Q_{all\text{-}ship}} \times 100\% \tag{5-3}$$

式中:

U_2——岸电使用率(第二种计算方法);

$Q_{all\text{-}ship}$——具有船舶受电设施的靠港船舶总艘次。

(3) 基于岸电设施泊位停靠船舶数量的计算方法。第三种计算方法见式(5-4),分母为基于具有岸电设施泊位停靠船舶数量。式(5-4)和式(5-3)与式(5-2)一样,只是分母的范围都小些,得出的使用率高些。

$$U_3 = \frac{Q_{sp}}{Q_{all\text{-}port}} \times 100\% \tag{5-4}$$

式中:

U_3——岸电使用率(第三种计算方法);

$Q_{all\text{-}port}$——具有岸电设施的泊位停靠船舶总艘次。

(4) 美国加州靠港规则的岸电使用率计算方法。在美国加州岸电规则中,岸电使用比例的计算方法见式(5-5)。

$$U_4 = \frac{Q_{\text{sp-f}}}{Q_{\text{all-f}}} \times 100\%　\tag{5-5}$$

式中：

U_4——岸电使用率（第四种计算方法）；

$Q_{\text{sp-f}}$——船队使用岸电的船舶艘次；

$Q_{\text{all-f}}$——船队停靠港口的总艘次。

另外，要求降低发电量的比例也要满足相关要求，计算方法见式(5-6)。

$$U_5 = \frac{P_{\text{base}} - P_{\text{engine}}}{P_{\text{base}}} \times 100\%　\tag{5-6}$$

式中：

U_5——降低发电量的比例；

P_{base}——船队基准发电量；

P_{engine}——船队停辅机所供发电量。

目前，船舶靠港使用岸电较好的某港口的数据见表 5-27。这是一个月各个航运企业停靠某港的总艘次和使用岸电情况，按照式(5-2)计算的岸电使用率 1 最高为 50%。按照式(5-3)计算的岸电使用率 2 为 53%～100%，主要是因为新冠疫情、设备故障等原因造成具有受电设施的船舶在具有港口岸电设施的泊位停靠时没有使用岸电。

表 5-27　中国某港口的岸电使用情况

航运企业	总 艘 次	有受电船艘次	使用岸电艘次	岸电使用率 1/%	岸电使用率 2/%
A	46	24	17	36.96	70.83
B	52	13	7	13.46	53.85
C	71	12	8	11.27	66.67
D	69	3	0	0	0
E	70	2	2	2.86	100.00
F	9	4	4	44.44	100.00
G	2	1	1	50.00	100.00
H	29	11	9	31.03	81.82
I	37	3	0	0	0
J	31	0	0	0	0
K	17	0	0	0	0
L	15	4	3	20.00	75.00
M	58	3	3	5.17	100.00

表 5-27 的数据表明，中国港口距离美国加州的 80% 岸电使用率还有较大差距。如果中国的某一地区按美国加州靠港规则的要求立法，即要求航运企业满足 80% 的岸电使用率要求，则航运企业一方面要加大船舶受电设施的改造力度，保证有足够的船舶受电设施可供使用，另一方面，也促使航运企业更加积极地使用岸电，达到相应比例要求。

因此，未来重点区域、重点船型进行强制使用比例的要求是提高船舶受电设施建设和使用率的一个重要措施。

2）提高岸电使用措施

（1）加大船舶受电设施的改造力度。目前，按照《中华人民共和国长江保护法》，地方政府应制订计划推进港口和船舶岸电的建设。交通运输部正在长江经济带沿线推进船舶岸电设施改造。国家对船舶岸电改造给予一定补贴,同时考虑港口岸电设施的改造,同步推进长江经济带的岸电建设和使用。

交通运输部在《绿色交通"十四五"发展规划》中提出促进岸电设施常态化使用。加快现有营运船舶受电设施改造,提高受电设施安装比例。有序推进现有码头岸电设施改造,主要港口的五类专业化泊位,以及长江干线、西江航运干线2000吨级以上码头(油气化工码头除外)岸电覆盖率进一步提高。长江经济带港口和水上服务区当年使用岸电电量较2020年的增长率为100%。交通运输部在争取国家的支持政策,同时鼓励地方政府出台激励岸电使用政策。国家的资金补贴中将提高船舶受电设施的资金奖励比例。

在推动船舶受电设施改造的同时,引导航运企业站在国家碳达峰、碳中和战略高度,深入开展污染防治攻坚战,承担企业社会责任,按照国家法律法规要求,积极在具备岸电设施的泊位使用岸电。

加大改造力度,抓重点区域、重点航线、重点船舶如集装箱船进行改造。

(2)减轻港口企业负担和忧虑。目前,中国港口企业积极配合交通主管部门推进岸电建设,港口岸电建设已初具规模,港口企业已经投入了较多的资金进行岸电建设。在岸电使用过程中,还需要投入人员进行维护,港口企业负担较重。

建议地方交通主管部门协调相关部门出台岸电服务费收取规则,保证岸电收费在合理区间,平衡航运企业和港口企业之间的利益冲突,促进岸电的常态化使用。

推进港口和船舶的岸电匹配和协同,主要是内河地区的船岸接插件匹配、改造,船岸之间通讯的协同。岸电使用起来后,港口和船舶分清责任,引进保险制度等。

(3)加强法律监管作用,促进岸电使用。根据美国加州推进岸电的经验,从法律角度强制船舶靠港使用岸电是提高岸电使用率的重要途径。

2016年1月实施的《中华人民共和国大气污染物防治法》首次以法律形式对船舶靠港后应优先使用岸电进行了规定。2020年,交通运输部发布的《港口和船舶岸电管理办法》,从部门规章的角度提出了船舶靠港使用岸电的规定,因为上位法罚则的缺失,在该办法中,对不按规定使用岸电的航运企业仅仅是"限期整改"。

2021年2月实施的《中华人民共和国长江保护法》对具备岸电使用条件的船舶未按照国家有关规定使用岸电的情况给出了罚则:由有关主管部门按照职责分工,责令停止违法行为,给予警告,并处一万元以上十万元以下罚款;情节严重的,处十万元以上五十万元以下罚款。该法律将大大推进长江经济带的岸电建设和使用。交通运输部修订的《港口和船舶岸电管理办法》已经加入长江经济带不按规定使用岸电的罚则的详细条款。

船舶靠港使用岸电将降低地方港口属地大气污染物的排放。从属地化的管理原则,地方政府应当承担相应的责任。在港口和船舶岸电推进过程中,发挥地方政府对岸电建设和使用的监督管理、执法作用。

根据美国加州靠港使用岸电的经验,对重点区域、重点船型进行强制使用比例的要求是提高船舶受电设施建设和使用率的一个重要措施,建议在经济发达、大气污染物治理要求高的地区,制定强制使用岸电的地方法规,促进岸电的使用。

目前,部分省市出台了《港口和船舶岸电管理办法》的实施细则。

上海市根据《上海市环境保护条例》制定罚则。海事管理部门根据《上海市环境保护条例》,责令改正,处一万元以上十万元以下的罚款。

天津市落实交通运输部强制措施,必须使用岸电;鼓励措施包括减免岸电服务费、优惠装卸费用等。天津港说的是必须使用岸电,没有例外和特殊,必须一律执行。

(4)推进重点航线重点码头的岸电使用。通过推进重点航线、重点码头的岸电建设和使用示范,推动全国岸电建设和使用。另外,各省市结合交通强国建设试点,推进岸电建设和使用。

目前,交通运输部正在推进岸电相关的交通强国建设试点。一个是长江经济带推进港口和船舶岸电建设和使用,一个是中远海运集团等企业推进船舶和港口建设和使用,打造样板工程和绿色航线。

大型矿石码头、客滚码头等重点航线开展岸电示范。由于矿石码头的船型大,停靠时间长,使用岸电的效益好,因此,针对矿石码头重点航线开展岸电示范。据统计,中国 40 万 t矿石码头基本具备了港口岸电设施。交通运输主管部门也在大力推进客滚码头重点航线的岸电使用示范。

低压岸电的常态化使用示范。内贸船的低压岸电具有船舶受电设施改造费用低,使用岸电方便快捷等优点。各地政府和交通运输主管部门应优先推进低压岸电的使用。目前,青岛港、南京港等港口的低压岸电使用情况较好,可选择这些低压岸电使用好的码头在全国开展示范。

(5)加大地方政府和国家的支持政策力度。根据《中华人民共和国长江保护法》,地方政府应对港口和船舶岸电给予资金等政策支持,并制定岸电服务费优惠政策。目前,深圳、广州、上海、厦门、辽宁、天津、浙江等地出台了地方补贴政策。交通运输部正在推进岸电国家财政资金奖励。

5.4　氢能和燃料电池技术

氢能指以氢及其同位素为主体的反应中,氢的状态变化过程中所释放的能量。虽然氢是宇宙中最丰富的化学元素,但氢元素仅存在于化合物中,因此必须从水或碳氢化合物等主要来源中提取氢气。氢气作为燃料不仅比能量高,而且不排放任何碳质污染物。氢气不含有碳元素,燃烧后不产生二氧化碳。当氢气作为内燃机燃料时,极易实现稀薄燃烧,排放污染物少,热效率高。氢气不是一次能源,可以通过太阳能、风能等可再生能源获得,被认为是理想的能源载体,是燃料电池的最佳燃料,有专家认为,氢能是人类能够使用的终极清洁能源。

"十三五"以来,中国相继发布《"十三五"国家战略性新兴产业发展规划》《国家创新驱动发展战略纲要》《能源技术革命创新行动计划(2016—2030 年)》《中国制造 2025》等顶级规划,鼓励并引导氢能及燃料电池技术研发。2019 年,"推动加氢设施发展"写入政府工作报告。国家发展改革委、科技部、工业和信息化部、财政部以及国家能源局先后在"十四五"规划、国家科技重大专项以及新能源汽车长期规划编制中多次组织氢能及燃料电池专题研究。2020 年 4 月,国家能源局发布《中华人民共和国能源法(征求意见稿)》,这是首部国家级法律将氢能确定为能源。2022 年 3 月,国家发展改革委、国家能源局联合印发《氢能产业发展中长期规划(2021—2035 年)》,提出有序推进交通领域示范应用。立足本地氢能供应能力、产业环境和市场空间等基础条件,结合道路运输行业发展特点,重点推进氢燃料电池中的重型车辆应用,有序拓展氢燃料电池等新能源客、货汽车市场应用空间,逐步建立燃料电池电动汽车与锂电池纯电动汽车的互补发展模式。积极探索燃料电池在船舶、航空器等领域的应用,推动大型氢能航空器研发,不断提升交通领域氢能应用市场规模。预计到 2025 年,燃料电池车辆保有量约 5 万辆,并将部署建设一批加氢站。可再生能源制氢量达到 10 万～20 万 t/a,成为新增氢能消费的重要组成部分,实现二氧化碳减排 100 万～200 万 t/a。氢燃料将率先在重型卡车领域实现应用,重卡有望成为氢燃料电池汽车最容易开启的商业化落脚点。以柴油为动力的重卡在港口、码头、工业园区密集行驶,很容易造成严重的污染排放。而沿海港口往往交通便利,适合规划建设氢能输送管网,或是便于通过大型钢企及联产焦化企业来生产氢气。

全球各国汽车制造商推出了燃料电池乘用车。截至 2020 年年底,全球共有 3 万辆以上燃料电池车辆,加氢站约 584 座,其中近一半以上具备 70MPa 的加氢能力。截至 2020 年年底,中国燃料电池汽车累计产量达 7100 辆,累计建成 118 座加氢站,加氢压力以 35MPa 为主,最大压力 70MPa。中国燃料电池乘用车和商用车主要采用燃料电池-动力蓄电池混合技术解决方案。由于中国加氢基础设施建设不足,因此,中国燃料电池乘用车处于小批量生产阶段,燃料电池商用车性发展较快。未来,氢能可以用于目前使用锂电池的任何场合,如我们的手机可以用方便快捷的氢气盒充电。但氢气易燃易爆,如果泄漏可能会带来危险,氢气使用中应避免泄漏。

燃料电池汽车需要突破系统耐久性和系统成本限制,提高市场竞争力。虽然燃料电池汽车系统成本仍然较高,但随着市场供需扩大,规模效应将会大大加快成本降低的步伐。根据落基山研究所研究,按照预测,电堆的单位成本可以从目前的 6500 元/kW,到 2025 年下降 50%,到 2050 年达到仅 400～600 元/kW。目前,氢燃料电池车辆的购置成本仍为燃油车辆的 2～3 倍。

目前,中国各地对氢能进行补贴,控制氢能价格。佛山市南海区、上海嘉定区等地发布氢能产业计划,提出车用氢气终端售价原则上不高于 35 元/kg。广州对氢能源的补贴力度很大,最高补贴 20 元/kg,氢气价格降到 35 元/kg。在潍坊市加氢站的加氢补贴标准中,2022 年度的补贴标准为 15 元/kg,补贴后的销售价格不得高于 38 元/kg;2023 年度的补贴标准为 10 元/kg,补贴后的销售价格不得高于 35 元/kg。宁波市对销售价格不高于 35 元/kg 的加氢站在 2021 年和 2022 年均予以最高 14 元/kg 的补贴,2023 年、2024 年和 2025 年分别予以 12 元/kg、8 元/kg、6 元/kg 的补贴。各地根据加氢能力不同对加氢站建设给予补贴,补贴金额达到数百万元,如宁波市加氢站建设补贴标准分为三档,日加氢能力小于500kg、500～1000kg、大于等于 1000kg 的,分别予以最高 100 万元、300 万元和 500 万元的补贴。

目前,不同地区的加氢价格有不同的标准,如山东境内大部分在 50～60 元/kg。根据测算,氢燃料电池汽车的百公里能耗稳定在 1kg 左右,按照标定的氢气价格来看,其百公里出行的基本费用在 50～60 元。考虑目前的氢能源有一定补贴,补贴之后的氢气价格在40 元/kg 左右,下调 1/3,这也意味着氢燃料电池车辆在使用成本上将会更低,这对于综合油耗为 5L 的汽车来说,百公里成本也能控制在 40 元左右,因此,当前氢燃料电池车辆运营成本与燃油汽车成本相差不大。但氢燃料电池车辆的购置成本高,根据国内外主要燃料电池厂商的产品测试数据,预计今后10年内,燃料电池成本将大幅下降、性能稳定提升。

氢能的能量转换过程及港口应用如图5-71所示。根据制氢的不同途径,制造出的氢气分为灰氢、蓝氢和绿氢,氢气制好后液化储存,通过管道或车船运送到用氢地点进行集中储存,然后配送到加氢站,供氢气内燃机或燃料电池使用,为电动车辆提供动力。港口潜在的氢燃料电池驱动车辆有港口牵引车、正面吊、空箱堆高机、叉车、装载机、挖掘机、推耙机等。

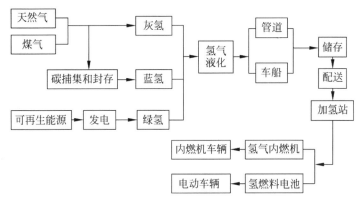

图5-71　氢能的能量转换过程及港口应用情况

目前,青岛港完成了氢燃料电池动力RMG和集卡车的改造,在全国同行业中率先实现了港口作业机械能源电力转型的新方式。

2019年10月,青岛港前湾集装箱码头公司参与研发、测试的3台氢能源集卡车正式投入实景测试运营,实现了国内首次新能源(氢燃料+纯电动)重卡车队的落地应用,成为国内港口行业首次批量使用的新能源集装箱卡车。该氢燃料集卡采用氢燃料反应堆(输出功率:60kW)配合锂电池(容量:133kW·h)驱动,车辆综合续航能力为210km,最高车速35km/h,每百公里耗电1.08kW·h。该集卡以氢气和氧气为原料,反应后产生水和能量,解决了传统车辆的环境污染问题,是一款高效、清洁、零污染、零排放的新能源车辆。

2019年11月,青岛港完成氢动力自动化RMG试点测试并投入运行。该项目采用了山东港口集团自主研发、集成创新的氢动力自动化RMG、5G+自动化技术等6项科技成果。通过在RMG上加装氢燃料电池组、大功率锂电池组以及自动充电系统,给自动化RMG提供动力,代替传统的高压卷盘电缆、卷盘装置、变压器、高压柜、整流器等组成的市电供电模式。采用氢能源改造的RMG实现了零排放,环境无污染。青岛港全自动化码头(二期)计划完成5台自动化RMG氢能源改造。

2018年11月,美国加利福尼亚州能源委员会拨款800万美元,用于开发高容量氢燃料站,该站将从100%可再生沼气中采集氢气,以服务和促进长滩港口零排放燃料电池电动卡车的推广建设。为纪念加州清洁空气日,长滩港宣布在两个航运码头展示氢动力和电力动力货物装卸设备,以实现成为世界上第一个零排放海港的目标。

2019年10月,美国加利福尼亚州空气资源委员会(California Air Resources Board)使用530万美元的拨款购买氢燃料和电动新设备,以加速长滩港成为世界上第一个零排放海港的目标。作为该C-PORT的一部分,共有5辆码头车辆:两辆电池电动空箱堆高机将在SSA Marine位于J码头的太平洋集装箱码头进行使用;一辆燃料电池码头牵引车、一辆电池空箱堆高机和一辆电池电动码头牵引车在Pier E的长滩集装箱码头使用。

2019 年 1 月,西班牙巴伦西亚港(Valencia Port)将启动一项耗资 460 万美元的欧洲氢能试点项目,该港口将成为欧洲第一个在货运业务中使用氢气作为主要供能来源的港口,每年运输 500 多万个集装箱。该项目名为 H2Ports,主要采用氢气作为港口供能来源,以减少化石燃料对港口环境的影响。巴伦西亚港用于集装箱运输的自动堆垛起重机和码头牵引车都将由氢电池供电。与此同时,巴伦西亚港还将安装一个新的移动站来提供氢气。

欧美港口不断尝试氢能的应用。美国长滩港和洛杉矶港参与燃料电池拖车和物流车试验,并布局加氢站和氢燃料重卡。荷兰格罗宁根海港、阿姆斯特丹港和登海尔德港三港合力,欲打造欧洲氢能港口枢纽。燃料电池可用于在当地污染物零排放标准的情况下为港口设备高效供电。目前,燃料电池驱动的叉车已在北美市场上销售,并在物流处理行业取得了成功,在 20 个州和加拿大的 60 个仓库和配送中心共运行了 7500 台叉车。燃料电池叉车特别适用于高吞吐量的仓库和配送中心,这些仓库和配送中心的需求与港口设备类似。燃料电池驱动的叉车以及其他港口设备,如空箱堆高机和 RTG,可以在单个氢罐上完成 6~8h 的轮班,同时提供无电压骤降的恒定功率,从而提高港口的运行效率。燃料电池港口设备与电池供电港口设备相比的另外一个好处是,操作人员可以轻松快速地加注燃料,无须专职人员进行电池更换和充电。此外,避免电池相关活动,可以节省码头空间,并避免处理和处置有毒铅酸或锂电池。用燃料电池驱动港口设备替代长滩港现有的港口设备技术将显著减少温室气体和污染物的排放。

2021 年 5 月,日本《读卖新闻》报道,日本与美国地球暖化问题上达成的合作包括港口脱碳化技术合作。2020 年 12 月,日本"绿色增长战略"中也就此制定目标:要在 2050 年将港口的温室气体排放量减少到零。港湾减碳的具体策略是开发氢能源,推动港湾使用氢动力起重机,并启用重型电池卡车来运载货物。另外,当局也将通过实现人工智能港口,提高码头的装箱效率,来减少卡车在码头的滞留时间。要让日本 125 个港口扩大使用氢能源,以便 2030 年在全国范围实现减碳排放目标。

2021 年 6 月,日本汽车厂商本田宣布,自 2021 年 8 月开始,终止以氢气为燃料的氢燃料电池汽车(FCV)生产。早在 2021 年年初,日系中的日产也宣布暂停与戴姆勒及福特合作开发燃料电池车的计划,将力量集中于发展电动汽车。这说明成本(车辆购置成本、加氢燃料成本)、加氢基础设施不完善、大规模运输和储存的难度较大和安全等问题仍是氢燃料汽车大范围应用的主要障碍,车企考虑盈利问题,暂时搁置氢燃料电池汽车的生产。本田公司也表示,虽然停产氢燃料电池汽车,但是不会停止氢燃料汽车的研发。从长期来看,随着相关技术的不断突破和配套设施的不断完善,各种成本不断降低,氢燃料电池车辆将会有更大的市场。

5.5　无接触式供电技术

对于流动车辆而言,除了普通的燃油驱动外,还可以采用移动供电技术为流动车辆提供动力。移动供电技术可分为接触式供电技术和无接触式供电技术。

目前,在中国港口,接触式移动供电技术的主要使用的是电动 RTG 滑触线供电形式,已经大规模的在港口 RTG"油改电"中使用,而在集卡等流动机械上暂无应用。在国外,西门子公司研发了用于高速公路、矿区、港区等穿梭运行道路的接触式移动供电系统,并已在公路路段成功试运行。

对于集装箱码头而言,接触式移动供电系统也适用于栈桥区域、主干路区域等穿梭运行路段,无接触式移动供电系统适用于定点及固定运行区域内的供电,因此,移动供电技术在港口具有一定的应用前景。本节主要介绍无接触式供电技术。

5.5.1　无接触式供电技术现状

20世纪90年代,新西兰奥克兰大学电子与电气工程系功率电子学研究中心的J. T. Boys教授领导的团队率先系统地开展了无接触供电技术的研究,先后发表了上百篇相关论文,详细阐述了无接触供电技术的基本原理、设计思路,在耦合磁场结构设计、逆变控制方法、频率稳定策略、电路分析方法、能量与通信信号同步传输、功率控制策略以及系统稳定性等方面提出了解决方法。奥克兰大学申请了与无接触供电技术相关的数十项专利,并广泛进行了该技术的工业化应用,并先后与德国Vahle公司、德国Wampfler公司和日本Daifuku公司等合作推出应用于工厂物流自动化的无接触供电设备和产品。目前,产品已经成熟应用于电动火车、起重机、电动自行小车系统、无尘自动车间、各种工业生产输送系统的移动供电系统中,系统功率一般在1～50kW。

自步入21世纪以来,无接触供电技术日益成熟,并依靠安全、可靠、绿色环保等特点吸引了国外众多科研机构和公司加入到该项技术的基础性研究和应用推广中。在将无接触供电与工程应用相结合的过程中,德国、日本和美国等国家走在全球前列。以日本的东京大学(Tokyo University)、崇城大学(Sojo University)、东北大学(Tohoku University)、美国麻省理工学院(MIT)为代表的多所大学的研究,不仅在应用领域方面得到了拓展,在无接触供电的距离和效率方面也得到了进一步提升。无接触供电技术不仅在大功率的自动化输送和轨道交通领域继续取得新的应用成果,而且在消费电动汽车充电应用领域产生新的应用需求,出现了爆发式的增长。

无接触供电技术首先应用于自动化输送和轨道交通领域。

2000年,日本三井公司完成一台采用无接触供电技术的电动机车样车。通过路面上埋有的供电导轨线圈,对车载能量接收器发射电能,完成电动机车的蓄电池充电,实现了行驶过程中的在线充电。

美国通用汽车子公司Delco Electronics研制的Magne-charge TM是最先商业化的电动汽车无接触供电系统之一,专用于通用的EV1型电动汽车充电,获得了很好的应用前景。

2009年,日本Showa Aircraft公司开发了电动汽车无接触充电系统,实现了14cm的30kW大功率传输,总体效率达92%,并在日本奈良、长野建立了公共汽车充电系统。

2013年,韩国推出了一种新型电动公交车,可以在改造后的设有供电线圈的道路上一边行驶一边充电。目前,已经在韩国南部的龟尾市投入使用,成为全球第一条可连续充电的、长达12km的公交车道。

此外,德国Wampfler公司在其总部建了感应电能传输系统,总容量为150kW,轨道长度400m,小车上安装有6个能量接收线圈,每个接收线圈输出电能25kW。德国Vahle公司开发的无接触供电系统主要应用于轨道移动设备的供电。如起重机系统、升降机、单轨道系统、载人器械、水下游乐设备等。在汽车行业也形成了大量的成功应用案例,在Volkswagen、BMW、Ford及Skoda等公司的自动生产线上得到产业化应用。

庞巴迪公司(Bombardier)于2008年研发的PRIMOVE供电技术是一种基于感应式电

力传输原理的无接触地面供电技术。目前,PRIMOVE 供电系统应用较多的场景为城市公交和有轨电车。使用 PRIMOVE 无线供电系统的巴士已在德国柏林、曼海姆等地累计运行超过 25.5 万 km。2016 年,青岛西海岸新区中德生态园与庞巴迪公司签署合作框架协议,共建国内首条使用 PRIMOVE 无线供电系统的巴士公交系统。这也是目前亚洲功率最高的 200kW 无线快充巴士公交系统。

在中国,该领域的研究应用起步较晚。在经历了概念初步提出、理论架构建立后,正在向系统整体设计、关键环节创新等研究迈进。以改善系统传输性能,提高功率和效率为目标,逐步向大容量、高效率、低成本、小体积、大气隙等方面发展。

西安交通大学电气学院电力设备电气绝缘国家重点实验室,在无接触可分离变压器的电磁场仿真与电压控制等领域做了深入研究。中国科学院院士严陆光和西安交通大学王兆安等人对该新型电能传输技术进行了研究,并在国内杂志上发表了若干论文。南京航空航天大学航空电源工程研究中心对无接触供电技术的可分离变压器模型进行了大量的理论研究和试验,并取得一定的研究成果。南京航空航天大学楼佩煌教授带领的研究团队以物料自动化输送装备为应用对象,对无接触供电技术及应用展开了大量的研究,成功申请了四项发明专利,目前,该研发团队自主研制的无接触供电系统已经在电动自行小车(EMS)系统上完成试运行,取得了良好的效果。

2011 年 10 月,在国内无线电能传输技术研究不断升温的背景下,天津举办了国内首次"无线电能传输技术"专题研讨会,会上,专家讨论了无线电能传输技术的最新进展及存在问题,并达成"天津共识"。这次会议对无线电能技术在国内的研究和推广应用具有重要意义。

2015 年,中兴通讯与东风汽车在无线充电领域开展深入合作,在襄阳启动中国第一条商用无线充电公交示范线,并逐步推广到其他城市。

5.5.2　典型无接触移动供电技术方案

1. 车辆无线供电方案

庞巴迪公司(Bombardier)研发的一种无接触地面供电技术——PRIMOVE 供电技术基于感应式电力传输原理,既可以让电动车辆在静止时充电,也可以在行驶中动态充电,不会影响驾驶员的驾驶习惯或车辆的行驶时间。

以使用 PRIMOVE 供电系统的电动巴士为例,该系统包括铺设于充电站点路面下的车辆识别系统和无线充电基础设施,以及位于巴士顶部的能量接收器、储能电池和电力驱动系统等。由于充电站点的所有电力电子设施均铺设在地面下,避免了传统电车滑触线的空间占用,因此使得城市道路上方的空间整洁美观。

1) PRIMOVE 供电系统的组成及供电原理

PRIMOVE 技术主要包括无线充电模块(charging)、电池模块(battery)、驱动控制(propulsion and controls),有 3.6/7.2kW、22kW、200kW 等不同功率等级的无线充电方式。

PRIMOVE 充电技术是基于大功率电磁感应的能量传输技术。从硬件组成上来看,PRIMOVE 主要包括能量输出组件(主线圈在埋藏铺设于地下)、能量接收部件(副线圈安装于车辆底部)、路边通信部件。埋藏于地下的主线圈在通电后,与车辆底部的副线圈之间通过电磁感应原理向车辆端传输电能。当车辆进入充电范围后,安装于路边的装置会自动检测到车辆并与车辆通信,系统自动开始对车辆无线充电。

根据电磁感应原理,主线圈通入交流电后产生磁场,进而引发副线圈产生电流。即使铁芯在主副线圈之间断开并留有空隙,能量依然可以进行传输,因此可以实现能量的无接触传输。更进一步,当主线圈延伸成一个带状线圈时,副线圈在其上方的任何区域均可接收能量的传输,这样就扩展了能量传输的范围,并且实现了副线圈在移动过程中的持续供电。

2) PRIMOVE 供电系统的技术特点

由于 PRIMOVE 供电技术充电站点的所有电力电子设施均铺设在地面下,因此避免了传统电车滑触线的空间占用。巴士利用乘客上下车约 30s 的时间,以将近 90% 的效率进行快速充电。同时,巴士配备 60kW 的快充电池,能减轻车辆自重 2t 以上,节省能耗 15%。此外,PRIMOVE 系统的线圈设计可以做到电磁场的定向传输,巴士车内几乎检测不到电磁场,对乘客的健康安全没有不良影响,车外电磁场强度也只有国际标准的 1/4,保证了车辆绿色安全地运行。

PRIMOVE 大功率无线充电系统的充电速度远超目前国内电动巴士广泛使用的 80kW 有线充电系统,这使得 PRIMOVE 供电系统不仅可以应用于小型轿车、城市微循环线路,还适用于公交巴士、有轨电车以及重型卡车。相关应用场景分别见图 5-72~图 5-74。

图 5-72　PRIMOVE 供电系统在公交车上的应用

图 5-73　PRIMOVE 供电系统在有轨电车上的应用

图 5-74　PRIMOVE 供电系统在重型卡车上的应用

2. AGV 无接触供电方案

2008 年，NUMEXIA 与 TTS 集团合作开发了零排放的 AGV(Cassette AGV, C-AGV) 系统，见图 5-75 和图 5-76。由于其集装箱装在一个拖放架上，类似于 Gottwald 公司的存放架，但区别是它与存放的集装箱一起随 AGV 运输，因此称为 C-AGV。最大运载能力 61t。它能够运输两个堆放起来的 40 英尺集装箱和两个同一单层的 20 英尺集装箱。能够进行 360°转向，可以像蟹一样斜着爬行，也可以完成横向移动。这使得 C-AGV 能够沿纵向和横向方向进入拖放架，提高了机动性和灵活性。

图 5-75　C-AGV 外观图

图 5-76　C-AGV 工作运行图

C-AGV 的车轮轮毂里设有电力驱动装置，前后轮子都可以作为驱动轮和转向轮，电力由车底蓄电池提供。蓄电池由无接触式供电系统进行充电。

电动 AGV 的无接触式供电系统主要由基于地面和基于车辆的单元构成。基于地面单元的两个关键部件是电力电气单元和线圈组，它们能够使 C-AGV 在岸边起重机和堆场起重机的下面接收能量，见图 5-77。基于车辆单元用同样的技术和超级电容来储存能量，以供特殊设计的电动马达使用。这种电动 AGV 采用无接触式能量转换技术，实现了零排放的要求，是港口实现碳达峰、碳中和的重要抓手。

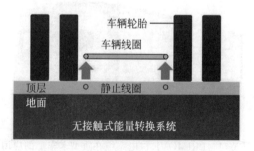

图 5-77　无接触式能量转换系统

第6章

>>>>>>>>>>>>>

港口装卸工艺优化技术

港口装卸工艺指港口生产经营中改变货物空间位置的方法,即选取一定的设备,按照特定的顺序,将货物从一个位置换到另一个位置的手段。装卸工艺在码头运营中,对生产效率的影响尤为突出。港口货物在运输时会由一个运输工具转移到另一个运输工具。在转移和装卸的过程中,不会有材料的消耗,但是会出现工具的磨损以及燃料的减少。装卸成本包括机械的老旧耗损、工作人员的薪酬、燃料消耗费用等。装卸工艺的现代化能大大减少装卸成本。装卸工艺在港口的日常经营中占据着极为重要的地位,是港口生产的基础,是港口新技术应用的重要阵地,是港口先进性的重要标志。

合理的装卸工艺能使货物更为经济、安全、高效地完成装卸。在保障安全的前提下,既能提高码头的装卸效率,又能降低工人的劳动强度。装卸工艺的选择,取决于预计年装卸量、所需地面面积、船舶的载重量,以及到港规律、投资多少、物流设备作业效率、货物内陆的集疏运、集装箱损坏率、机械的维护与修理、码头作业的机动性、实行自动化作业的需求等。

在作业流程布置时,应尽量减少装卸作业数。货物的移动路线设计应尽量保持直线,并缩短货物位置移动的时间和距离。装卸作业线配置的机械尽可能系统化,工作效率尽可能协调,否则,生产率最低的一个环节将制约整个装卸路线的工作效率,影响港口的通过能力。

本章以集装箱码头为例,在对现有集装箱码头作业流程进行比较分析的基础上,以提高装卸效率和增加节能减排效果为目标,找出制约作业流程流畅性的关键节点,研究码头前沿装卸点和堆场装卸点的无缝装卸作业流程,实现作业流程的柔性优化。

6.1 集装箱码头总平面布置

自动化集装箱码头一般采用顺岸满堂式,码头平面一般包括码头前沿作业区、水平运输区、堆场作业区、水平运输车辆与堆场设备交换区、外集卡与堆场设备交换区、水平运输车辆维修区、水平运输车辆缓冲区等,如图6-1所示。

目前,国内外全自动化集装箱码头平面布置主要有两种方案:一种为堆场垂直于码头前沿岸线布置,典型码头有荷兰鹿特丹港 Europe Combined Terminals(ECT)、荷兰 Euromax 码头、德国汉堡 CTA 码头、澳大利亚布鲁斯班码头、英国伦敦 Gateway 码头等;一种是堆场平行于码头前沿岸线布置,典型码头有新加坡巴西班让码头、日本名古屋 Tobishima 码头、中国厦门远海码头、广州南沙四期码头等。

图 6-1　自动化集装箱码头的总平面布置示意图

由于亚洲的集装箱码头堆场一般采用堆场平行于码头前沿岸线布置,因此,如果对现有的集装箱码头进行自动化改造,为充分利用现有的道路堆场,降低堆场的改造工程量和成本,缩短施工周期,选用堆场平行于码头前沿岸线的布置方案更有优势,如厦门港远海自动化集装箱码头就是采用这种布置形式。

6.1.1　码头前沿区域的布置

集装箱码头前沿区域的装卸设备一般是岸桥,岸桥主要有两种形式,即双小车岸桥和单小车岸桥。水平运输车辆与岸桥的装卸点有在岸桥跨距下、岸桥后伸距下两种方式。

岸桥下的装卸区采用一台岸桥对应多条装卸车道的方式,保证车道数有冗余,这样可以通过水平运输车辆的少量等候达到对岸桥的及时响应,提高系统的装卸效率。随着集装箱船舶的大型化,每艘船舶的装卸岸桥数量均增加,相应要求岸桥下装卸区的车道数量增加,车道数由 4 条增加到 7 条,其中 4 条为装卸车道,3 条为穿越车道,装卸车道成对布置,并与穿越车道相间隔,这样可有效减少多台岸桥同时作业时水平运输车辆的相互干涉。

6.1.2　水平运输区域的布置

水平运输区域的布置要充分考虑车辆运行两端的作业交接,以及中间运行的便捷、流畅性。为避免水平运输车辆与前沿设备岸桥的相互干涉,使水平运输车辆有足够的转弯半径,自动化集装箱码头的水平运输区域宜设置在岸桥陆侧轨后面,舱盖板可以堆放在岸桥跨距内,水平运输区域的布置应以减少车辆的交叉、缩短运输距离、提高装卸运输效率为目标。

水平运输车辆的区域可分为装卸区、行驶区和等待区。

装卸区包括码头岸桥下的装卸区和堆场端部的装卸区。码头岸桥下的装卸区车道采用单向布置,具体方向按照船舶头部的方向确定。堆场端部的装卸区为水平运输车辆行驶进入,然后倒车退出(堆场垂直码头岸线布置的情况下)。

行驶区的车道一般为双向布置,是水平运输车辆的主要行驶区域。行驶区的车道数根据码头的场地和建设规模确定。车道宽度应留够车辆的错车距离。在水平运输区和堆场之间还须设水平车辆转弯安全区,以保证车辆的转弯安全。

等待区一般设在码头前沿装卸区与行驶区之间，是水平运输车辆的等待区域。为了有利于水平运输车辆的组织调度，堆场垂直岸线布置的等待区一般为双向布置，如采用AGV方案，在紧邻岸桥后方装卸区域设置AGV排队等待区。当AGV收到卸船作业指令时，首先行驶至该区域，等到控制系统确定可以进入岸桥后方装卸区后，方可行驶至岸桥后方等待卸船。AGV取到集装箱后，按照规划路径行驶到堆场的目标箱区的装卸区等待场桥取箱，完成任务后根据规划路径行驶至等待区，等待下一个指令。装船作业与此相反。当采用跨运车作为水平运输设备时，通常岸桥为单小车岸桥，既可以在岸桥后伸距下装卸，也可以在岸桥跨距下装卸。由于跨运车具有自装卸功能，可不设等待区，因此，岸桥下方可临时放集装箱，以在岸桥和跨运车间形成缓冲。由于跨运车的工艺可以根据实际交通状况选择行驶路径和装卸点，因此，在不设置专门等待区的情况下，可以缩短等待时间，提高装卸效率。

6.1.3　堆场区域的布置

堆场是存放集装箱的重要区域，采用垂直或平行于码头前沿线的布置方式。根据堆场布置方向的不同，主要有水平运输车辆在堆场端部装卸，水运运输车辆在堆场内部的堆场设备悬臂下装卸等形式。

1. 堆场端部装卸形式

堆场海侧端通过AGV或跨运车等水平运输车辆实现码头与堆场间的自动化作业交接，港外集卡则在堆场陆侧端的外侧与RMG进行自动化及人工确认的作业交接。该布置方式的优点是使码头与堆场间的前方车流和陆路提送箱的后方集卡流自然分离，便于自动化堆场的封闭管理和港区交通组织；使集装箱装卸过程中的搬运方向与集疏运方向一致，水平运输距离短、效率高；最大限度地减少港区水平运输车辆道路，堆场堆箱密度高，堆存容量大。海侧交接区在每个箱区一般设有5个AGV停车位。

码头作业的集装箱类型主要有普通重箱、空箱、冷藏箱、危险品箱和特种箱等。由于危险品箱采用自动化装卸系统无法满足现行的安全管理规程，且部分特种箱的作业须通过专用工属具，并辅以人工方式完成，且堆放限高一层，因此须设置专用堆场堆存危险品箱、特种箱，并采用非自动化作业方式。其余箱型都可放到自动化堆场进行装卸。

端部装卸的堆场箱区通常在同一轨道同一个箱区布置两台堆场起重机，以保证每个箱区同时进行海、陆侧作业。在设备布局上有以下两种方式。

(1) 跨越式布置。堆场作业采用不同轨距，但可相互穿越作业的两台RMG，小轨距的RMG可在大轨距的RMG下面穿越运行。两台设备无明显的海陆作业分工。这种布置方式的优点是海侧和陆侧的作业都可由2台设备同时应对，作业效率较高，但由于是穿越作业，共设有4条轨道，堆场面积利用率稍低，堆高也有一定限制，穿越的控制也很复杂。德国HHLA的CTA码头采用的就是这种双跨RMG穿越式布置。

(2) 同轨距布置。堆场的每个箱区布置有两台相同轨距、相同规格的RMG，海侧RMG主要负责与装卸船流程相关的作业，陆侧RMG主要负责与陆侧港外集卡的作业，两台又可以相互配合，以接力的形式完成集装箱搬运装卸作业。这种方式相对穿越式布置形式，具有堆场面积利用率高、控制系统相对简单的优点。缺点是如果一台RMG故障，将影响整个箱区作业线的装卸作业。目前,自动化集装箱码头以这种同轨距布置为主。由于这种同轨距的 RMG 一般是无悬臂的,且 RMG 需要带重载集装箱高速行走,因此,箱区的长度不宜过长,如果过长,则能耗太高。一般认为箱区的合理长度宜为 350m 左右,这也是垂直岸线布置较平行岸线布置的缺点之一。

堆场陆侧交接区是自动化装卸系统中需要人辅助操作的装卸交接面,应重点考虑装卸作业的安全性,处理好人工操作与自动化操作的合理配合。陆侧交接区的纵深一般需要考虑同时停靠两套 RMG,以方便陆侧 RMG 故障时,可由海侧 RMG 进行装卸箱作业。外集卡车道数量与 RMG 形式、轨距、水水中转箱量等有关,上海港洋山四期和青岛港前湾自动化集装箱码头陆侧交接区均设有 5 条外集卡作业车道。

由于冷藏箱需要人工进行电源插拔的辅助作业,且一些监控不到的冷藏箱还需要人工定期巡查,因此,综合考虑装卸船的距离,宜把冷藏箱布置在箱区中间,并且应在堆场内集中布置,便于统一管理。

2. 堆场内部的堆场设备悬臂下装卸

若一般堆场平行于码头岸线布置,则水平运输设备要进入堆场内部的堆场设备悬臂下进行集装箱的装卸。

在采用悬臂 RMG 作业的箱区,水平运输设备与 RMG 的装卸交接区设在箱区侧面的 RMG 悬臂下,作业时由水平运输设备将集装箱运输到指定的排位,然后由就近的 RMG 将集装箱从水平运输车辆上卸下。这种布置方式减少了 RMG 带箱行走的工况,堆场的 RMG 能耗较低。这种形式的堆场在布置上采用相邻 RMG 单侧悬臂端相对的方式,两悬臂下各布置一条装卸通道,中间布置两条行驶轨道,分别为进场和出场车道。

6.2 集装箱码头装卸作业流程

6.2.1 典型装卸作业流程分析

以自动化集装箱码头装卸作业流程为例,分析集装箱码头的装卸作业流程。

自动化集装箱码头装卸作业流程是三个作业区域码头前沿设备、水平运输设备和堆场装卸设备等的组合,如图 6-2 所示。

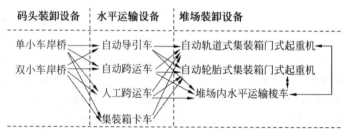

图 6-2 不同区域的设备类型组合

目前,典型的装卸作业流程系统有以下 7 种。

1. 单小车岸桥 ⟷ AGV ⟷ RMG

荷兰鹿特丹港 ECT 的 Delta Sealand、DDE 及 DDW 自动化集装箱码头采用这种装卸工艺。这是第一代自动化集装箱码头的典型装卸工艺,如图 6-3 所示。

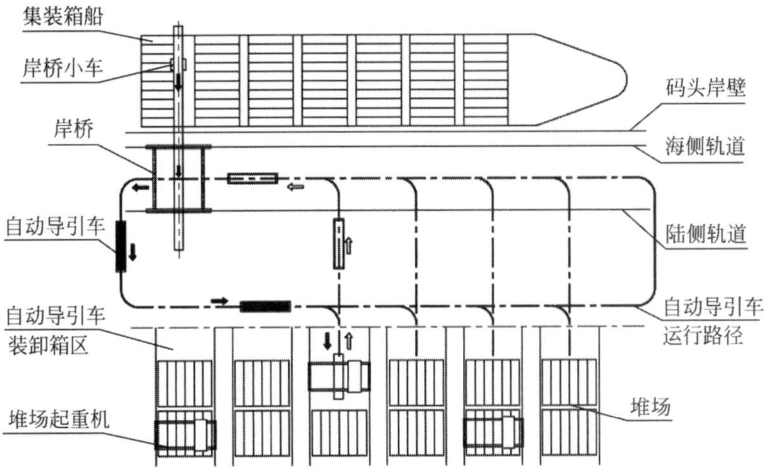

图 6-3 岸桥与 AGV、RMG 装卸工艺

岸桥的小车将集装箱从集装箱船上取下后,运到岸桥跨距内 AGV 的停放位置,将集装箱放到相应的 AGV 上面,然后 AGV 按照过程控制系统给定的路线将集装箱水平运输到堆场靠近岸边一侧的装卸箱区,等待全自动堆场起重机来卸集装箱。集装箱被卸下后,AGV再进行下一个集装箱的水平运输。

岸桥装卸点在跨距下,AGV 的行驶轨迹变大,行驶的距离变长;在跨距内装卸集装箱容易造成 AGV 在码头前沿区域发生堵塞。

堆场沿码头岸线垂直方向布置。在堆场靠近码头岸边一侧,全自动堆场起重机接运由 AGV 运来的集装箱,然后堆放在堆场的指定箱位,或把堆场上要装船的集装箱装到 AGV 上。ECT 的 Delta Sealand 码头面积为 $265hm^2$,岸线长度为 3600m,配置 AGV 的数量为 265 台。该码头的堆场每个箱区仅配置一台 RMG,既要完成岸边来的集装箱的装卸任务,又要完成堆场内倒箱装卸作业及陆侧的提取箱作业,效率受到影响。

而在堆场的另一侧,即靠近陆侧,堆场起重机全自动或通过中控室遥控完成装卸集卡作业。外集卡在每个箱区的陆侧,倒车进入箱区的陆侧装卸区,然后由 RMG 完成收提箱作业。外集卡不仅在堆场箱区内取箱,这种装卸工艺能保证集装箱垂直进出箱区,简化堆场的装卸作业。

2. 双小车岸桥 ⟷ AGV ⟷ 穿越式 RMG

单小车岸桥装卸工艺存在以下问题:AGV 需要运行到码头前沿跨距下,运行距离大,在跨距下容易造成堵车,调度困难;在岸桥装卸集装箱时,需要在岸桥跨距下进行集装箱拆装锁作业。因此,在后续的自动化集装箱码头建设中,将单小车岸桥工艺改为双小车岸桥工艺。

德国汉堡港 Container Terminal of Altenwerder(CTA)自动化集装箱码头采用这种双小车岸桥装卸工艺,如图 6-4、图 6-5 所示。这种工艺系统的岸桥为双小车形式,由前小车和后小车构成,这种形式的岸桥将集装箱的作业分成几个环节,可同时进行,有效地降低了集装箱交接过程的对位时间,并可以在两个小车之间的中转平台上完成集装箱拆装锁作业。

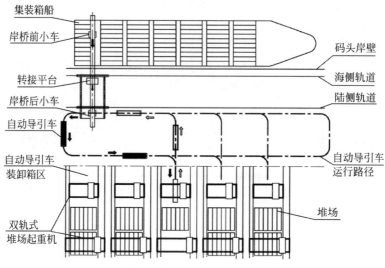

图 6-4　双小车岸桥与 AGV、穿越式 RMG 装卸

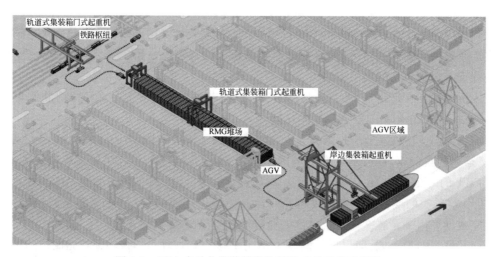

图 6-5　CTA 自动化集装箱码头装卸工艺系统示意图

　　岸桥的前小车负责集装箱船和岸桥大梁后伸距下转接平台之间的集装箱装卸作业。集装箱在转接平台上进行扭锁的固定或脱开操作。前小车不用等待 AGV 来取集装箱,而是直接进行下一个集装箱的装卸。后小车在起重机后伸距范围内工作,负责预先定位的 AGV 与转接平台之间的集装箱装卸,然后由 AGV 再将集装箱自动运送到堆场靠近岸边一侧。CTA 码头岸桥后伸距范围内布置了 4 条平行的 AGV 车道。

　　堆场沿码头岸线垂直方向布置,在堆场靠近码头岸边一侧,全自动堆场起重机接运由 AGV 运来的集装箱,并堆放在堆场的指定箱位,或把堆场上要装船的集装箱装到 AGV 上。堆场内的每个箱垛布置一高一低两台全自动 RMG,随轨距不同而运行在不同轨道上,可以相互穿越运行(图 6-6)。每台全自动 RMG 都可以独立完成箱垛任何一部分的装卸作业,极大地提高了装卸效率和灵活性。AGV 不是沿着固定的圆圈形跑道运转,而是在长 1400m、宽 100m 的范围内智能地按照规划路线进行自动运转。由于小跨距的 RMG 穿越运行对大跨距的 RMG 影响较大,存在较大的安全隐患,因此,该工艺在后续的自动化码头建设中未得到推广。

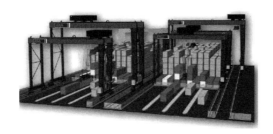

图 6-6 相互穿越运行的 RMG

而在堆场的另一侧(陆侧),提箱和送箱的外集卡可以通过一条 4 车道、75m 长的道路直接进入相应的堆垛处进行装卸箱作业。CTA 码头堆场陆侧后方设置火车作业区,有 6 条平行的火车装卸作业车道,长 700m,配置 4 台跨 6 条车道的 RMG 进行火车装卸作业。

3. 双小车岸桥 ←→ AGV ←→ RMG

荷兰鹿特丹港 ECT 的 Euromax 自动化集装箱码头采用这种装卸工艺。堆场垂直于码头岸线布置,如图 6-7 所示。这种工艺系统结合了前两种工艺系统的特点,码头前沿采用了双小车岸桥,提高了作业效率;后方堆场采用了 ECT 已经熟悉了的 RMG 系统。

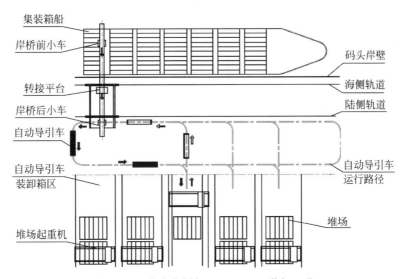

图 6-7 双小车岸桥与 AGV、RMG 装卸工艺

厦门远海集装箱智能化码头项目位于厦门海沧保税港区 14♯泊位及部分 15♯泊位。码头前沿对船作业采用双小车集装箱岸桥,后方堆场平行于岸线布置,作业采用自动化集装箱 RMG,中间水平运输为锂电池驱动的 AGV。在 AGV 和 RMG 环节之间设置有自动升降功能的 AGV 伴侣。

4. 改进型单小车岸桥 ←→ AGV ←→ RTG

该工艺采用单小车岸桥,但 AGV 与岸桥可以在岸桥跨距内,也可以在岸桥后伸距下完成集装箱的装卸,堆场采用自动 RTG。日本 Tobishima 自动化集装箱码头采用这种装卸工艺,如图 6-8 所示。

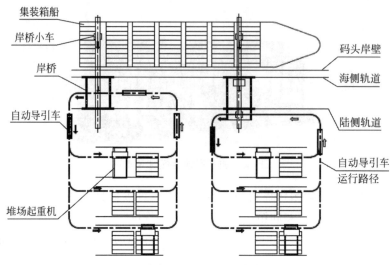

图 6-8　岸桥与 AGV、RTG 装卸工艺

岸桥将集装箱从集装箱船上取下后,先运送到岸桥跨距内或后大梁下 AGV 的停放位置,再将集装箱放到相应的 AGV 上面,然后 AGV 按照控制系统给定的指令直接将集装箱水平运输到指定堆场位置。AGV 像集装箱码头的集卡一样,在作业时可以进入堆场内部,等待全自动 RTG 来卸载集装箱。集装箱被卸下后,AGV 再进行下一个集装箱的水平运输。

该码头前方设 6 台岸桥,岸桥轨距为 30.5m,起重量均为 65.0t,外伸距为 59.0m,可以操作 22 排箱。水平运输采用丰田公司研制的 AGV,共有 33 台。AGV 长 14.3m,宽 2.8m、高 1.8m,自重 23.5t,载重 30.5t,重载速度为 20.0km/h。

该码头的箱区平行于码头岸线,装卸车作业通道位于自动化 RTG 跨下。RTG 为堆 4 过 5 型,下跨 6 排箱,箱区长度为 38 个箱位,每个箱区有 1 台 RTG,2 个泊位共有 23 台 RTG。堆场地面箱位数为 4422 个,容量为 17 688TEU。冷藏箱集中放置在独立的箱区内,设有 485 个箱位。进出场区的闸口分别设置,均为 6 条车道。接送箱集卡通过智能大门后按指令可直接进入集装箱堆场内。该码头设计通过能力为 30 万 TEU/年,2011 年和 2012 年分别完成了 44.6 万 TEU 和 49.2 万 TEU。

由于 AGV 和外集卡均可进行堆场内装卸作业,因此可以避免堆场起重机带重箱行走,降低能耗,同时减少了倒箱率。但由于 AGV 需进入堆场内作业,行驶距离长,因此,AGV 的能耗较高。

5. 岸桥←→拖挂车←→自动化高架栈桥式起重机工艺系统

新加坡港巴西班让(Pasir Panjang)自动化集装箱码头采用这种装卸工艺,如图 6-9 所示。堆场沿码头岸线平行方向布置。岸桥将集装箱从集装箱船上取下后,转卸到岸桥跨距内的集装箱拖挂车上,集装箱拖挂车需要人工驾驶,它按照控制系统给定的指令行驶到指定堆场位置,等待全自动桥式起重机来卸载集装箱。集装箱被卸下后,集装箱拖挂车再进行下一个集装箱的水平运输。

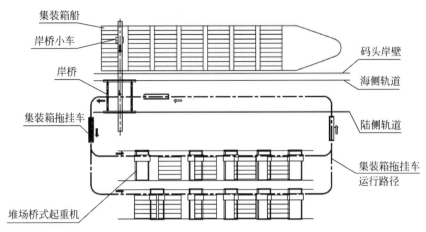

图 6-9　岸桥与集装箱拖挂车、高架栈桥装卸工艺

6. 单小车岸桥＋跨运车＋RMG 系统

跨运车在欧美半自动化码头的应用非常广泛,用于承担码头和堆场间的水平运输和堆场箱区作业两个环节,如 APM 公司美国的弗吉尼亚码头、韩国的釜山新港集装箱码头、英国的伦敦 Thamesport、西班牙的韩进 TTI 等。通常为单小岸桥负责船舶装卸,跨运车负责岸边水平运输,自动化 RMG 负责堆场集疏运装卸。相对而言,该类工艺定位较为全面,在适用于半自动化码头的同时,也为将来的全自动化码头改造预留了空间,所以被广泛采用。

目前,随着自动化管控技术的不断发展和跨运车技术性能的不断进步,跨运车也开始应用于自动化集装箱码头,包括德国汉堡港 HHLA 的 CTB 码头、英国 London Gateway DP World 码头、西班牙巴塞罗那 BEST 码头等。

自动跨运车与常规跨运车的区别在于不承担堆场箱区的装卸任务,仅负责码头和堆场间的水平运输,这使得整机高度大幅降低;大车行走一般采用 3 排轮子且轴距小,降低了整机的转弯半径;不配置司机室,运行路线完全由中控调度完成。

德国汉堡港 CTB 码头原采用跨运车作业,进行自动化改造后,前方水平运输仍沿用跨运车,而一部分堆场改造为 RMG 工艺。码头前方总计 30 台岸桥,共有 120 台跨运车,到 2015 年形成了 29 个 RMG 自动化作业箱区,每个箱区的长度为 330m,布置 44 个箱位,RMG 下跨 10 排箱,堆高 5 层,年通过能力为 520 万 TEU。

伦敦 Gateway DP World 集装箱码头采用跨运车和 RMG 工艺,码头设 8 台岸桥,水平运输由 28 台跨运车实现。跨运车在岸桥的后伸距范围内作业,设有 6 个跨运车作业通道,作业通道外侧为 2 个行驶通道。堆场垂直于码头布置,包括 20 个箱区,每个箱区布置 2 台 RMG。

西班牙巴塞罗那港 BEST 集装箱码头的岸线长度为 1500m,采用跨运车和 RMG 工艺。一期工程配置岸桥 18 台,跨运车 42 台,RMG80 台,正面吊 8 台,设计年通过能力 315 万 TEU。该码头跨运车在岸桥的跨下进行交接箱作业,然后将集装箱运送到自动化堆场的端部移交给 RMG。每个箱区的长度为 50 个箱位,由 2 台 RMG 负责作业。RMG 下跨 9 排箱,堆高 5 层。每个箱区的陆侧端设有 5 个集卡车位。

澳大利亚布里斯班港 Patrick 集装箱码头是澳大利亚首个自动化集装箱码头,码头岸线长 930m,水深 14m,设计年通过能力 120 万 TEU。该码头的特点是场内全部采用自动跨运车进行作业,共配置27台,每台跨运车可堆高2层。码头前沿设置4台岸桥,起升重量分别为40.0t、61.0t、75.0t(2台)。跨运车在岸桥的后伸距范围内作业。堆场共有5766个地面箱位。冷藏箱区单独布置在场区的两侧,集卡在封闭区内进行装卸车作业。自动跨运车不仅在Patrick集装箱码头应用,还在2014年建成的Port Botany应用。

7. 单小车岸桥 ←→ 集卡 ←→ 带外伸臂的RMG

如中国香港国际货柜码头、韩国的PNC和韩进码头、中国台湾的TPCT和KMCT等均采用此种工艺,由集卡负责岸边运输。

6.2.2 码头前沿设备选型

岸桥根据小车数量和吊具能力分为4种常用类型:单小车双20英尺箱岸桥,单小车双40英尺箱岸桥,双小车双20英尺箱岸桥和双小车双40英尺箱岸桥。

自动化集装箱码头中的岸桥选型主要与装卸作业流程中所采用的水平运输方式和系统有关。

1. AGV系统的岸桥选型

由于AGV和岸桥间存在作业耦合问题,因此,采用AGV作为水平运输车辆的自动化集装箱码头适合采用双小车岸桥。通过岸桥海侧或陆侧门框上设置一个可放2个40英尺或4个20英尺箱台座的中转平台,来形成海侧主小车和陆侧副小车的交接缓冲区。在该区域不仅可以进行两个小车的交接,也可以进行卸船时集装箱扭锁的人工解除工作,还可以进行扫描箱作业。这解决了装卸过程中拆装集装箱扭锁所需的作业空间,提高了作业人员的安全性。这样的布局使得双小车岸桥相比单小车岸桥在作业效率和自动化操作方面具有较大优势;双小车岸桥用两台高度不同的小车巧妙地处理高(装卸船需高达45m左右)与矮(装卸AGV需14m左右)两种需要;双小车接力使作业循环时间缩短,岸桥的整机效率得到提升;陆侧副小车仅负责中转平台和AGV间的装卸,其作业的两端是位置和状态均可自动确定的AGV和机上中转平台,这使主小车采用自动化和人工确定的远程操控、副小车采用全自动化的作业模式成为可能。

集装箱船舶的大型化趋势对码头装卸能力提出了更高的要求。综合考虑与后续水平运输系统的衔接难度、岸桥小车运行机构和起升机构速度的合理区间,以及岸桥整机效率的提升空间,AGV系统的码头采用小车配置双40英尺吊具的双小车岸桥是今后的发展方向。

2. 跨运车系统的岸桥选型

跨运车能实现水平运输与码头装卸环节的解耦作业,能充分发挥岸桥的装卸效率,且对人工驾驶的跨运车来说,若采用双小车岸桥,那么,全自动化的陆侧副小车与岸桥后伸距下方的跨运车同时作业存在安全风险,因此,此类码头宜采用单小车岸桥。从节省工程投资,同时又为未来码头效率的提升留有空间的角度来看,配置双40英尺吊具的单小车岸桥是一个较好的选择。为解决集装箱扭锁的拆除问题,可在单小车岸桥的海侧或陆侧门框上预留一个扭锁作业平台。

6.2.3 水平运输车辆选型

水平运输车辆主要有AGV和跨运车两种设备。早期的自动化集装箱码头均采用AGV进行水平运输作业。澳大利亚的Patrick自动化集装箱码头和西班牙韩进TTI

Algeciras 自动化集装箱码头采用的跨运车工艺,其主要特点是跨运车能够实现自装卸,在岸边和堆场箱区均不需要其他任何辅助设备即可独立完成集装箱装卸,可提高装卸效率。

两种水平设备的对比如下。①跨运车可实现解耦作业,而 AGV 只能在堆场侧实现解耦。②因 GPS 动态定位精度等原因,跨运车在现有技术条件下采用人工驾驶模式,以保证码头装卸效率,将来随着导航及定位技术的进步即进一步提高自动化水平。而 AGV 在自动化集装箱码头的应用已有 20 年,其自动化技术相对成熟可靠。③AGV 可采用电池作为设备动力,具有自重轻、能耗低、噪声小、零排放、对环境影响小的优点,而跨运车采用柴油发电机组或混合动力驱动,能耗较高,环保条件相对较差。④AGV 构造相对简单,设备的维护费用相对较低,但对于电池动力的 AGV 来说,需考虑电池的使用寿命和更换费用。

水平运输车辆决定了码头的装卸系统形式,其选择可根据设备特点,综合考虑码头所要实现的自动化目标、营运成本、设备采购及日常维护的便利性等因素。

根据以上分析,水平运输车辆主要有普通式 AGV＋伴侣、提升式 AGV＋固定机架和跨运车三种形式,三种水平运输作业方式的技术性能比较见表 6-1。

表 6-1 三种水平运输作业方式的技术性能比较

序 号	项 目	普通式 AGV＋伴侣	提升式 AGV＋固定机架	跨 运 车
1	机构组成	AGV 伴侣由钢结构机架、液压平台升降机构、液压变位机构、液压泵站及电控装置等组成,具备自动"装卸"集装箱功能	提升式 AGV 在原普通式 AGV 上加设升降功能,具备主动"装卸"集装箱功能	通过钢丝绳卷扬起升机构,并配置集装箱吊具,主动"装卸"集装箱
2	布置条件	AGV 伴侣设置在堆场箱区端部交接区内	固定机架设置在堆场箱区端部交接区内	堆场箱区端部交接区内无须布置任何设施
3	耦合问题	解决了 RMG 和 AGV 间的耦合问题;岸桥侧无法设置	解决了 RMG 和 AGV 间的耦合问题;岸桥侧无法设置	不仅解决了 RMG 和 AGV 间的耦合问题,还解决了岸桥和水平运输车辆间的耦合问题
4	维护保养及对运转效率的影响	需定期在现场对液压系统进行维护保养,保养期间,该箱区不能开展作业;另外,当 AGV 伴侣出现故障时,需切换至别的停放点,对作业将产生一定的影响	运行中若 AGV 出现故障,可及时采用其他 AGV 进行运输;另外,AGV 维护保养可至特定场地进行,因此,AGV 出现临时故障及后期的维护保养不会对箱区作业产生任何影响	运行中,若跨运车出现故障可采用其他跨运车进行运输;另外,维护保养可至特定场地进行,因此,跨运车出现临时故障及后期的维护保养不会对箱区作业产生任何影响
5	总体评价	AGV 伴侣将动力装置布置在堆场箱区端部交接区内,不但配置数量多,而且也将造成后期维护保养不便,对运营产生影响,因此,在应用中需提高 AGV 伴侣的可靠性和做好定期维护保养工作	AGV 具有装卸功能,仅固定机架布置在堆场箱区端部交接区内,维护保养方便,不影响运营;岸桥和 AGV 间需进行相互对位,因此对两者间配合要求高;AGV 单机购置费用比跨运车低,但其总体配置数量比跨运车多	跨运车具有装卸功能,在堆场箱区端部交接区内无须布置任何设施,维护保养方便,不影响运营;岸桥与跨运车无须进行对位配合,因此,可提高岸桥作业效率;跨运车单机购置费用比 AGV 高,总体配置数量少

续表

序　号	项　　目	普通式 AGV＋伴侣	提升式 AGV＋固定机架	跨　运　车
6	应用工程	厦门远海自动化集装箱码头	APM 公司荷兰鹿特丹码头、上海港洋山四期	德国汉堡 HHLA-CTB 码头、英国 London Gateway DP World 码头、西班牙巴塞罗那 BEST 码头、阿联酋阿布扎比 ADPC 码头、澳大利亚布里斯班 Patrick 码头等

为了减少堆场起重机长距离运输集装箱效率低、能耗高的缺陷,部分堆场装卸方案中采用了梭车完成堆场内集装箱的水平运输方案。堆场内的 RMG 只需进行集装箱的装卸作业。这种方案适用于堆场纵深较大的场合,由梭车将集装箱一次运到指定位置,减少堆场的集装箱倒箱率。这种装卸方案降低了对 RMG 带箱运行的要求,降低了带箱运行的能耗,同时可以降低堆场设备的造价。由于梭车占用堆场起重机跨距内的一条车道,因此,堆场利用率会降低。目前,该方案应用案例较少。

6.2.4　堆场设备选型

自动化集装箱码头的堆场设备主要以自动 RMG 为主,只有少数码头采用自动 RTG,本节主要进行自动 RMG 选型研究,自动 RTG 的选型类似。

1. RMG 形式

自动 RMG 的选型主要根据码头的集疏运方式和不同形式 RMG 的作业特点确定,以使堆场海、陆侧 RMG 的作业量达到均衡,保证海侧装卸系统的装卸效率,提高对海侧作业强度的适应性。不同的集疏运方式对堆场设备的作业频率要求不同:水-陆转运集装箱需经过陆侧装卸和海侧装卸环节完成港口的集疏运,而水-水中转箱则只经过海侧装卸环节,且水-水中转箱的集疏运末端均为装卸船作业,对作业强度的要求较高。

堆场 RMG 主要有无悬臂、单悬臂、双悬臂等 3 种形式。目前,已建的自动化集装箱码头堆场主要为无悬臂的 RMG。在采用无悬臂的 RMG 作业的箱区,其交接区布置在箱区的两个端部,分别为海侧交接区和陆侧交接区。如采用 AGV 作为水平运输车辆,则海侧交接区一般设有带起升装置的 AGV 或 AGV 托架(带起升功能),以减少作业过程中 AGV 的等待。

以水-陆联运为主的码头,一般采用整机重量较轻、堆场面积利用率更高的无悬臂 RMG,而对于水-水中转比例高的码头来说,一般考虑配备悬臂 RMG。上海洋山四期工程中针对集装箱吞吐量水-水中转比例达 50% 的特点,采用了无悬臂 RMG、单悬臂 RMG、双悬臂 RMG 等 3 种形式组合的布置。无悬臂箱区和带悬臂箱区间隔混合布置。无悬臂 RMG 可在箱区两端与水平运输车辆交互,而悬臂式 RMG 不但具备无悬臂 RMG 的所有功能,还可以直接与位于自身悬臂下的水平运输车辆交互。在无悬臂 RMG 的基础上加入单侧悬臂 RMG,用于水-水中转箱作业,通过外伸悬臂,使同一箱区的两台 RMG 可同时对 AGV 作业,并直接为海侧装卸系统服务,且平面布局上采用悬臂箱区和无悬臂箱区间隔布置的方式。这种悬臂 RMG 和无悬臂 RMG 的组合方案,既满足了堆场容量的需求,又增加了为岸桥服务的 RMG 数量,使海侧装卸系统中的轨道与岸桥的配置数量比达到 3:1,满足船舶大型化对装卸效率和作业持续强度的要求,也为未来系统效率的提升留有空间。

2. RMG 技术参数

对于垂直岸线布置的在堆场端部装卸的形式来说,堆场设备需频繁地吊箱高速行驶,会引起设备能耗的大幅增加。因此,自动化 RMG 或 RTG 轨距的选择应综合考虑堆场容量、堆场面积利用率、装卸效率,同时考虑不同轨距、不同堆高时堆场容量与码头通过能力的匹配,以及堆场 RMG 或 RTG 和岸桥装卸效率的匹配度。RMG 轨距的数据规格多(跨下 6~10 排集装箱,跨距为 19~31m),不像 RTG 一般是 23.47m 一个轨距尺寸。RMG 或 RTG 大车、小车和起升机构的速度及加速度是自动化堆场设备的关键参数,决定了堆场的装卸效率和能耗指标,结合设定的装卸效率目标、箱区长度、轨距等通过仿真模拟优化确定。

3. RMG 应用案例

日照港石臼集装箱码头完成了堆场的半自动化改造,采用了双悬臂 RMG。码头分为 4 个堆区,堆区平行于岸线布置,每个堆区长度约为 500m。除靠海侧堆区受固有基建限制设计为 9 排箱外,其他 3 个堆场均按照 12 排箱设计,每个堆区配置 2 台双悬臂自动 RMG。RMG 跨内区域全部用于堆场,并实现全自动化操作。相邻 2 机之间共设置 4 个集卡车道,其中 2 个作业车道,2 个行车道,该方案在新加坡、韩国、阿联酋等国家成功运行多年,国内没有相关案例。8 台自动 RMG 采用自动化控制系统,可实现在中控室内的远程控制。一个操作员可以控制 3 台 RMG,单机同贝最高作业效率达到 33 自然箱/h,单机混合作业净效率达到 26.1 自然箱/h。按照日照港总体发展规划,公司加快二期 8 万 m² 堆场、6 台自动化 RMG 系统的规划实施,同时将开展岸桥半自动化操作、自动化 RTG 远程控制改造,开展无人集卡测试、人机混驾项目、5G 通信技术研究,探索推进实用、经济、便捷的全自动化码头方案。

6.2.5 新型集装箱码头装卸作业流程案例

国内外研究人员不断探索新型的集装箱装卸工艺,已提出但未大范围推广的技术主要包括同贝位装卸工艺系统、马托松高架装卸工艺系统、移动台工艺系统、环形电动车工艺系统等新型自动化工艺系统,简单介绍如下。

1. 同贝位装卸工艺系统

集装箱的装船和卸船作业可采用同贝位同步装卸技术。岸桥从船上卸下一个集装箱后,随即又为船上装上一个集装箱,装船和卸船同时进行,边装边卸,明显缩短了累计作业时间。采用动态分配法的同贝位装卸新工艺,配合集装箱卡车全场自动调度系统,在计算机智能化管理系统的控制下进行,以实时信息处理技术动态地实现码头集装箱边装边卸,提高了集装箱的装卸效率。

2. 马托松高架装卸工艺系统

该系统的一条作业线一般由 1 台岸桥、2 台大跨距 RMG、2~4 台 RTG 以及 1 台集装箱传输机组成,2 台大跨距 RMG 分别布置在前方堆场和后方堆场。该系统的特点是在岸桥的陆侧与前方堆场的大跨距 RMG 之间设有一部集装箱传输机(又称鼠笼),传输机与岸桥可直接连在一起移动,也可脱离岸桥单独运行。传输机上面有工作平台,可以同时存放 5 个集装箱。其工艺程序是:如果一个工作台处于卸载状态,那么传输机上的集装箱将被传送到卸载工作台,工作台间存储位置的集装箱形成传送工作列。RTG 布置在大跨距 RMG 的跨距下方或悬臂下方,主要进行装卸集卡作业。该系统的特点是装卸全部在空中进行,不影响地面车辆运输作业,作业安全可靠,堆垛密度大,通过能力大。

3. 移动台工艺系统(渡桥方式)

该系统由岸桥、移动平台、RMG 组成,岸桥与 RMG 之间的集装箱交接通过平台上的电动平车来完成。堆场后方的 RMG 之间也可设置移动平台,用于传送集装箱。该系统的特点是装卸作业不会干扰地面作业车辆,岸桥循环线路短,有利于提高作业效率,电动平车为电力驱动,环保性好,易于实现无人驾驶。

4. 环形电动车工艺系统

该系统由岸桥、环形轨道运行的电动台车、垂直码头线布置的 RMG 和环形轨道组成,电动台车可以是无人驾驶的集装箱搬运小车,它的轨道线通过岸桥和 RMG 的支腿之间,电动台车轨道呈环形状敷设。作业时,电动台车通过远程控制自动运行到岸桥或 RMG 下自动定位,然后由岸桥或 RMG 按规定顺序作业。该系统的特点是水平运输由电动台车完成,环保性好,但电动台车作环状运行,路线长,空驶工况多,浪费能源。

5. 集装箱卡车全场自动调度系统

全场计算机智能自动调度系统运用智能化模糊控制理论,使用集装箱卡车全场智能调控软件,根据不同作业线的忙闲程度、搬运路程的远近、集装箱卡车已等候时间等诸多因素来动态配置水平搬运机械,使场地上所有的水平搬运机械同时为所有的作业线服务,具有经济高效的特点。

6. 全场智能堆放系统

全场智能堆放系统运用智能模糊控制理论,综合了操作和管理人员的经验和智慧,根据 RMG 或 RTG 的位置、堆场上集装箱卡车等候的状态、出口箱"重压轻"的原则等,作出拟人化的判断,向 RMG 或 RTG 发出动态指令,进行集装箱的堆放作业,从而提高集装箱的堆场效率。

7. 智能化的预翻箱技术

中央控制室根据配载图和堆场上的集装箱堆存情况制定发箱指令。集装箱卡车司机根据中央控制室指令将空车开到堆场进行装箱操作。RMG 或 RTG 司机接到中央控制室发出的发箱指令后,指导司机对不可装车的集装箱进行智能顶翻箱操作,从而加快集装箱卡车到达后的装箱速度。

6.3　集装箱码头装卸工艺比较

6.3.1　国内外自动化集装箱码头建设情况

自动化集装箱码头指应用自动化作业设备以及配套的管理和控制软件,形成一个完整的集装箱装卸作业工艺系统,该系统可以全部或部分替代通常需要由人工控制的复杂的集装箱搬运和装卸作业,使得需要配备的码头现场生产人员大量减少。

目前,自动化集装箱码头一般可以达到集装箱堆场作业和水平运输的全自动化,岸桥装卸船作业的半自动化。按照物流流程,仅在堆场的装卸实现自动化的集装箱码头称为半自动化集装箱码头,在码头前沿实现半自动化、堆场作业和水平运输实现全自动化的集装箱码头称为自动化集装箱码头,各个装卸节点的自动化程序见表 6-2。

表 6-2　各个装卸节点的自动化程度

工作类型	物流过程	自动化码头	半自动化码头
集装箱船的装卸	集装箱船 ↓ ↑ 岸桥(单小车、双小车) ↓ ↑ 岸边装卸点	半自动化 (由人工进行与集装箱船装卸时的对箱)	人工
水平运输	岸边装卸点 ↓ ↑ AGV 或集卡 ↓ ↑ 堆场装卸点	自动化	人工
堆场的装卸	堆场装卸点 ↓ ↑ 堆场起重机 ↓ ↑ 堆垛	自动化	自动化

各种自动化码头的应用情况见表 6-3。

表 6-3　各自动化码头的应用情况

所在地区	码头名称	所在国家/地区	建成年份	自动化程度
欧洲	ECT 码头 Delta	荷兰鹿特丹	1993	全自动化
	ECT 码头 DDE	荷兰鹿特丹	1997	全自动化
	ECT 码头 DDW	荷兰鹿特丹	2000	全自动化
	Tham esport 码头	英国伦敦	1996	半自动化
	CTA 码头	德国汉堡	2002	全自动化
	Euromax	荷兰鹿特丹	2010	全自动化
	CTB 码头	德国汉堡	2008	半自动化
	安特卫普门户码头	比利时安特卫普	2010	半自动化
	TTI 码头	西班牙阿尔赫西拉斯	2010	半自动化
	BEST 码头	西班牙巴塞罗那	2013	半自动化
	伦敦门户码头	英国伦敦	2013	半自动化
	Maasvlakte II 码头	荷兰鹿特丹	2014	全自动化
	RWG 码头	荷兰鹿特丹	2014	全自动化
	泰晤士港自动化码头	英国	1993	半自动化
	瓦多港自动化码头	意大利	2019	全自动化

所在地区	码头名称	所在国家/地区	建成年份	自动化程度
亚洲	川崎自动化码头	日本川崎	1996	半自动化
	香港国际货柜码头	中国香港	1999	半自动化
	TCB 码头	日本东京	2003	半自动化
	长荣码头	中国台湾高雄	2006	半自动化
	万海码头	日本名古屋	2008	全自动化
	韩进码头	韩国釜山	2008	半自动化
	现代码头	韩国釜山	2009	半自动化
	PNC 码头	韩国釜山	2009	半自动化
	巴西班让	新加坡	2018	全自动化
	台北港货柜码头	中国台湾台北	2009	半自动化
	高明码头	中国台湾高雄	2013	半自动化
	K halifa 码头	阿联酋阿布扎比	2012	半自动化
	釜山新集装箱码头	韩国釜山	2012	半自动化
	厦门港远海码头	中国厦门	2014	全自动化
	拉蒙湾码头	印度尼西亚泗水	2016	半自动化
	川崎港	日本	1996	半自动化
	外高桥集装箱堆场	中国上海	2005	半自动化
	振华长兴岛基地示范	中国上海	2007	全自动化
	上海港洋山四期	中国上海	2017	全自动化
	青岛港新前湾	中国青岛	2017	全自动化
	日照集装箱码头	中国日照	2019	半自动化
	泰国 Hutchison Ports Thailand's Terminal	泰国	在建	全自动化
	印度尼西亚 Pelindo Ⅱ	印度尼西亚	在建	半自动化
	DPW JebelAli Terminal 4	迪拜	在建	
	京唐港区集装箱码头	中国唐山	在建	半自动化
	广州港南沙四期集装箱码头	中国广州	2021	全自动化
	天津港北疆港区 C 段集装箱码头	中国天津	2021	全自动化
	苏州港太仓港区四期集装箱码头	中国苏州	在建	全自动化
	宁波舟山集装箱码头	中国宁波	在建	水平运输无人集卡
	深圳妈湾港集装箱码头	中国深圳	2021	水平运输无人集卡
	广西北部湾钦州港自动化码头	中国钦州	在建	全自动化

续表

所在地区	码头名称	所在国家/地区	建成年份	自动化程度
北美	弗吉尼亚码头	美国弗吉尼亚	2007	半自动化
	GCT 码头	美国纽约	2014	半自动化
	长滩中港码头	美国长滩	2016	全自动化
	Trapac 码头	美国洛杉矶	2016	全自动化
澳洲	布里斯班码头	澳大利亚布里斯班	2013	半自动化
	SICTL 码头	澳大利亚布里斯班	2014	全自动化
	Patrick 码头	澳大利亚布里斯班	2014	全自动化

最近几年,中国作为全球最大的集装箱进出口国,一些大型港口自动化集装箱码头的建设取得了较快的进展。2014 年,中国第一个自动化集装箱码头——厦门远海自动化集装箱码头正式投入运营;上海洋山四期建设自动化码头是全球单体最大的自动化集装箱码头;青岛港已经完成前湾自动化集装箱码头一期和二期的建设;天津港北疆港区 C 段自动化集装箱码头也已投入运营。建设自动化集装箱码头正成为中国沿海各集装箱枢纽进一步提升竞争力和影响力的重要手段。根据 2021 年 6 月 24 日交通运输部副部长赵冲久在国新办发布会上发布的中国水运发展情况,至 2020 年,我国累计建成自动化集装箱码头 9 个,在建 7 个。我国全自动集装箱码头引领世界智慧港口的新潮流,自动化码头设计建造技术、港口机械装备制造技术达到世界领先水平。

厦门远海集装箱智能化码头项目位于厦门海沧保税港区 14♯ 泊位及部分 15♯ 泊位,码头长约 538m,纵约 308m,设计吞吐量为 78 万～91 万 TEU/年,其吞吐能力相比传统码头增加 20%～40%。码头前沿对船作业采用双小车集装箱岸桥,后方堆场作业采用自动化集装箱 RMG,中间水平运输为锂电池驱动的智能导引车(AGV),整个作业流程实行智能化控制,现场作业无人参与。该码头的建成是国内首个无人智能环保型全智能集装箱码头,该码头具有以下四个特点。一是取消了传统码头水平运输大量应用的内燃机驱动集装箱搬运装置,改用电驱动的集装箱搬运装置。智能导引车首次采用锂电池动力,实施"机会充电",满足了 200A·h 级大载荷运输车辆采用电池驱动的要求。经测算,综合碳排量减少 14% 以上,整个码头系统比传统码头节能 25% 以上。二是码头集装箱现场作业过程实现全自动化。中央控制室能够智能地完成集装箱堆放计划、船舶配载计划、调度计划,对各设备进行高效智能的调度和管理,根据安全、效率和能耗等指标分析确立最佳作业路径,对堆场箱位实施智能动态管理,提高堆场场地的利用率,大幅提升码头的管理水平。三是创新设计的 AGV 解决了设备的作业耦合和拥堵问题。AGV 与双小车岸桥的门架小车一起,使 AGV 与自动化 RMG 以及岸桥主小车之间无须相互等待,提高了作业效率和设备利用率。四是打破了自动化码头堆场垂直布置的常规,首次应用了码头后方集装箱堆场与岸线平行布置的方式,开创了现有码头因地制宜地改造升级为自动化码头的新尝试。

2017 年 5 月 11 日,青岛港自动化集装箱码头正式进行商业运行。据统计,本次作业箱量共计 3858 自然箱,岸桥单机效率达到 26.1 自然箱/h,船时效率达到 161.2 自然箱/h,创出全球自动化集装箱码头商业运行首船作业最高效率。在作业中,码头 7 台岸桥、38 台 RMG、38 台 AGV 全部投入生产。该自动化集装箱码头依托青岛港集装箱作业、管理的先进经验,自主设计生产业务流程、规划码头总平面布局、建立指标体系和技术规格参数,低成本、短周期形成实施自动化码头系统的总集成,构建起全自动化码头智能生产控制系统;码头装卸运输设备全部采用电力驱动,实现零排放和无灯光作业;研发了重量轻、循环补电、巡航里程无限制的 AGV,并节省换电站建设费用过亿元,比同类设备重量减轻 10 余 t;研发了机器人自动拆装集装箱扭锁,实现生产全程自动化;采用 RMG“一键锚定”系统,解决了大型机械防瞬间大风的全球性行业难题。

2017 年 12,月上海洋山深水港四期自动化码头正式开港试运行。该自动化码头共建设 7 个集装箱泊位,集装箱码头岸线总长 2350m,设计年通过能力初期为 400 万 TEU,远期为 630 万 TEU。洋山四期使用的岸桥、RMG、AGV 均采用电力驱动。码头装卸生产设计的能源综合单耗仅为 1.58t/万 t 吞吐量。码头采用“远程操控双小车集装箱岸桥＋AGV＋自动操控 RMG”的工艺,到 2018 年 8 月,码头已形成 13 台岸桥、70 台 RMG、80 台 AGV 的生产规模。

2021 年 6 月,粤港澳大湾区首个全自动化码头——南沙港四期工程实船联合调试成功。该自动化码头工程包括 2 个 10 万吨级和 2 个 5 万吨级的集装箱泊位(水工结构按靠泊 10 万吨级集装箱船设计),12 个 2 千吨级集装箱驳船泊位,4 个工作船泊位,码头岸线总长 2644m。南沙港四期工程创新地融入了新一代物联网感知、大数据分析、云计算、人工智能、5G 通信等先进技术,成功打造出全球“北斗导航无人驾驶智能导引车＋堆场水平布置侧面装卸＋单小车自动化岸桥＋低速自动化 RMG＋港区全自动化”的新一代智慧码头,为自动化码头建设提供“广州方案”。该码头的亮点是,与其他使用磁钉进行水平运输的车辆导航不同,该码头无人驾驶智能导引车(IGV)利用北斗、激光和视觉导航定位技术进行无人化行驶。该码头的另一个特点的是,与大部分自动化集装箱码头堆场的垂直布置方式不同,该码头堆场为水平布置,可为堆场水平布置的传统集装箱码头自动化升级改造提供技术借鉴。

2021 年 10 月,天津港北疆港区 C 段智能化集装箱码头投产运营。新建集装箱码头的岸线长 1100m,有 3 个 20 万吨级集装箱泊位,可同时停靠两艘 20 万吨级集装箱船舶,或同时停靠一艘 7 万吨级和两艘 10 万吨级集装箱船舶,设计集装箱年通过能力 250 万 TEU。集成应用无人自动 RMG、智能水平运输系统、远程控制无人自动岸桥。采用“堆场水平布置边装卸＋单小车地面集中解锁”工艺。码头全场设备全部使用清洁能源,对绿化带、建筑屋面等空间重复利用,地源热泵、光伏、风机与码头有机融合。自码头投产之日起,年能耗量百分之百清洁能源,百分之百自给自足。

2022 年 6 月,广西北部湾港钦州自动化集装箱码头正式启用。该自动化集装箱码头创新应用 U 形工艺方案及技术方案,打造海铁联运自动化集装箱码头,为西部陆海新通道建设提供强力支撑。北部湾港钦州自动化集装箱码头项目按两期分步实施,此次启用的自动化集装箱泊位为一期工程,二期工程目前正在进行,将于2023年实现投产运营。一期工程7号、8号泊位全自动化码头项目,包括2个10万吨级自动化集装箱泊位,岸线总长518.5m,年通过能力102万标箱。码头包括5台自动化双小车岸桥、16台自动化双悬臂RMG以及30台无人驾驶智能导引车(IGV)。项目设计了新型车辆定位磁钉布局方案,在大幅降低磁钉密度,进一步减少投资的前提下,将定位精度控制在20mm内。

6.3.2　自动化集装箱码头装卸工艺比较

表6-4列出了典型自动化集装箱码头的工艺方案、应用场合和技术水平。从表中对比可以看出,各个自动化码头的装卸流程都有所区别。

表6-4　典型自动化码头比较

序　号	工艺系统方案	应　用　场　合	技术水平
1	单小车岸桥⟷AGV⟷RMG	荷兰鹿特丹 ECT/DDE/DDW	第一代
2	双小车岸桥⟷AGV⟷穿越式RMG	德国汉堡CTA	第二代
3	双小车岸桥⟷AGV⟷RMG; 双小车岸桥⟷锂电池AGV⟷RMG	荷兰鹿特丹Euromax 厦门远海码头	第三代 第四代
4	岸桥⟷AGV⟷RTG	日本Tobishima	第三代
5	岸桥⟷拖挂车⟷高架栈桥	新加坡港巴西班让(Pasir Panjang)	半自动化
6	岸桥⟷高架式轨道穿梭系统⟷RMG	试验研究	未得到推广
7	高低型RMG与固定台座式堆场工艺系统	上海港外高桥集装箱码头无人化空箱堆场	半自动化
8	岸桥⟷跨运车(人工)⟷梭车⟷RMG	—	未得到推广
9	单小车岸桥＋跨运车＋RMG系统	德国汉堡港CTB码头、伦敦Gateway DP World集装箱码头、西班牙巴塞罗那港BEST	欧洲应用较多

目前,已经建成使用或正在建设的自动化集装箱码头装卸工艺系统及装卸设备各具特点,对这些工艺系统的分析与比较见表6-5。

表 6-5 典型自动化集装箱码头装卸工艺系统比较

技术特点	ECTDelta、DDE、DDW	CTA	ECT Euromax	Tobishima	Pasir Panjang	青岛前湾一期	上海洋山四期
岸桥	单小车、半自动	双小车、半自动	双小车、半自动	单小车、半自动	单小车、半自动	双小车、半自动	双小车、半自动
水平运输车辆在岸桥边的作业区	岸桥跨距内	岸桥陆侧外伸距	岸桥陆侧外伸距	岸桥陆侧外伸距/岸桥跨距内	岸桥跨距内	岸桥陆侧外伸距	岸桥陆侧外伸距
水平运输车辆/驱动	AGV/内燃	AGV/内燃（已改为电动）	AGV/内燃	AGV/内燃	拖挂车/内燃	AGV/电动	AGV/电动
堆场布置方向	与码头岸线垂直	与码头岸线垂直	与码头岸线垂直	与码头岸线平行	与码头岸线平行	与码头岸线垂直	与码头岸线垂直
水平运输车辆在堆场的作业区	堆场靠近岸边一侧固定装卸点	堆场靠近岸边一侧固定装卸点	堆场靠近岸边一侧固定装卸点	进入堆场内部	进入堆场内部	堆场靠近岸边一侧固定装卸点，设有AGV伴侣，采用循环充电	堆场靠近岸边一侧固定装卸点，设有AGV伴侣
水平运输车辆的运行距离	短	短	短	长	长	长	短
堆场起重机/驱动	全自动机道式/电动，每个箱珠两台	全自动机道式（双机穿越）/电动，每个箱珠两台	全自动轨道式/电动，每个箱珠两台	全自动轮胎式/内燃	全自动高架桥式/全自动轨道式/电动	全自动无悬臂轨道式/电动，每个箱珠两台	全自动轨道式/电动，三种悬臂形式
堆场起重机的堆码高度和宽度	4层6排	5层10排，双轨	5层10排	5层6排、23.47m	8层OHBC；左右各5排；RMG：12排	5层、9排、28.5m	5层、10排、31m
堆场起重机的运行距离	长	更长	长	更长	短	长	长

续表

技术特点	ECTDelta、DDE、DDW	CTA	ECT Euromax	Tobishima	Pasir Panjang	青岛前湾一期	上海洋山四期
堆场起重机的二次装卸	从一辆集卡上接卸一只集装箱送到前沿，将其直接另外一端时，需向邻近前沿的堆场起重机进行二次装卸	不需要二次装卸，同一箱垛的堆场起重机轨距不同，可相互穿越运行	从一辆集卡上接卸一只集装箱，将其直接送到箱垛另外一端时，需向邻近前沿的堆场起重机进行二次装卸	存在二次装卸	存在二次装卸	从一辆集卡上接卸一只集装箱，将其直接送到箱垛另外一端时，需向邻近前沿的堆场起重机进行二次装卸	部分装卸线存在二次装卸
外集卡在堆场的作业区	堆场远离岸边一侧固定装卸点	堆场远离岸边一侧固定装卸点	堆场远离岸边一侧固定装卸点	进入堆场内部	进入堆场内部	堆场远离岸边一侧固定装卸点	堆场远离岸边一侧固定装卸点；部分可在悬臂下
岸桥、AGV和堆场起重机的配置比例	1：8.8：6	1：6：3	1：8：4.8	1：5.5：3.8	—	1：5.5：2.9	1：5.0：4.6
设备和基础初始投资	大	更大	大	大	大	大	大
故障对装卸作业的影响	一台发生故障，对同一箱垛的堆场起重机作业影响很大	影响很小，能有效避免相互之间的影响	一台发生故障，对同一箱垛的堆场起重机作业影响很大	设备发生故障后，此垛停止作业	一台设备发生故障后，可以将其从作业区区域误移开，而不耽误堆区内作业	一台发生故障，对同一箱垛的堆场起重机作业影响很大	三种悬臂形式组合，更灵活，单体规模最大
对堆场自动化装卸技术的要求	高	更高	高	高	高	高	高

6.3.3 自动化集装箱码头节能减排潜力分析

自动化集装箱码头虽然在一定程度上实现了装卸流程的自动化,减少了装卸工人的数量,实现了流程的可控性,提高了作业的安全性,但自动化码头的作业流程和设备配置中综合考虑节能减排技术不足,仍有很多的优化改善空间。主要有以下几方面。

1. 自动化集装箱码头的装卸作业流程存在优化改善空间

自动化集装箱码头的工艺流程还在不断发展中,岸桥是单小车还是双小车,堆场布置的方向是与码头岸线平行还是垂直,路径规划是按时间最短还是按行走路线最优,场桥是采用轨道式的 RMG 还是轮胎式的 RTG,哪种流程效率更高,节能减排效果更好?另外,为了减少等待时间,提高装卸效率,堆场装卸点的自动堆存架也存在设置问题。因此,装卸作业流程仍有很大的优化完善空间。

2. 大型智能化设备(岸桥和场桥)仍需提高节能减排水平

自动化集装箱码头的前沿岸桥,堆场的 RMG、RTG 均为大型起重设备,是港口的主要能耗设备。目前已经应用了一些节能减排技术,如岸桥的结构优化、能量回馈技术、照明节能技术、电气房空调节能技术;RTG 的"油改电"技术;RMG 的制动能量回馈技术等。这些技术在一定程度上实现了节能减排,但对于其本身的大量能耗和实际在自动化集装箱码头的应用工况来说,仍有很大的节能减排潜力。

3. 自动化集装箱码头的节能减排效果仍有待进一步提升

已经投入运营的厦门远海集装箱码头有限公司的自动化集装箱码头初步评估节能 25%,而一些港口筹建的自动化码头设定的建设原则是自动化集装箱码头的能耗不高于传统的人工操作码头。装卸流程不同,节能减排效果也不同。目前没有相关的节能效果比较方法。

现有自动化集装箱码头的装卸工艺情况为辅助时间较多,效率低。提高岸桥作业效率的一个较大的因素在于辅助作业时间,如卸船时的辅助作业时间包括:起升货物时,吊具与船上的集装箱进行对位的时间;卸载集装箱时,吊具与转运车辆的对位时间等。多种因素都会影响辅助作业时间,如钢丝绳的偏摆振动、司机的操作水平、岸边集装箱的吊具晃动等。

4. 堆场作业高能耗的解决方法仍在探索中

堆场箱区为整个自动化集装箱码头的"心脏",不但需承担前方码头和后方集卡间的集装箱提送任务,还需承担箱区内部的倒箱任务,其装卸作业方式的选择和确定对整个装卸系统的运转能效影响较大。目前,自动化集装箱码头堆场箱区的作业方式存在影响系统效能发挥的情况主要有以下几方面。

(1) HHLA-CTA 码头虽采用 2 台不同轨距、相互穿越的自动化 RMG 布置,使得前后2 台 RMG 可以相互协同高效作业,但由于 RMG 需长距离带箱高速行走,不但运行能耗高,运作成本大,而且 2 台 RMG 相互穿越时对安全性的控制要求极其严格,以免撞机,因此,该布置也有一定的局限性。目前,仅 HHLA-CTA、HHLA-CTB 码头采用此模式。

(2) 目前,其他大部分自动化集装箱码头堆场箱区的作业均采用每个箱区配置 2 台共轨布置的 RMG,该布置在系统运转中存在以下影响运转效能的情况:①当箱区两端同时进行装卸作业时,集装箱提送箱只能在该台 RMG 覆盖行走范围内进行,不能跨机提送箱,使得提送箱的范围受限;②当箱区近一端作业另一端不作业时,2 台 RMG 不能同时参与箱区一端的取送箱作业,使得起重机的利用率降低;③由于海侧 RMG 对应船舶作业,作业特点为短时间内作业量大,而陆侧 RMG 对应集卡作业,因此,2 台 RMG 作业的不平衡较大,无法平衡分担;④由于不能跨机提送箱,因此运营中箱区倒箱作业量高,且需利用 2 台 RMG 带箱高速行走后接力倒运,或利用 1 台 RMG 直接进行倒运,这不但使得倒箱效率低,能耗高,而且成本大,对 RMG 整机使用寿命也有影响,通过仿真模拟研究,若箱区纵深航渡超过 350m,影响将更为明显;⑤当海侧 RMG 出现故障时,陆侧 RMG 无法协助作业,使得该箱区的对应作业受影响。

根据以上影响效能发挥情况分析,为提升堆场箱区作业的运转效能,一种解决方案是堆场箱区内部采用水平运输进行两端集装箱驳运。目前,中国建设的一些码头采用了堆场平行于岸线的布置方式,水平运输车辆可以进入堆场内部,可降低堆场起重机的带载行走,降低能耗。

自动化集装箱码头装卸工艺的总体发展趋势如下。

1. 工艺流程多样化

在采用基本流程的条件下,工艺流程和技术更加多样化,目的是提高整个工艺系统的效率。

在码头前沿的岸边,装卸作业由单小车岸桥发展为双小车岸桥,以及可以在跨距和后伸距下作业的单小车岸桥。主要目的是减少水平运输设备的运行距离,双小车岸桥可以在中转平台上完成集装箱扭锁的拆卸工作。单小车岸桥通过中转平台直接将集装箱卸至码头或装载至船舶,此时,集装箱扭锁的拆卸或安装工作在码头的岸桥跨距内或附近完成。

在水平运输设备方面,在 AGV 的基础上出现了 LIFT AGV 及 AGV 伴侣作业工艺,电动 AGV 的机会充电提供了较好的充电解决方案;跨运车的使用逐渐增多,部分码头实现跨运车的自动化作业。

堆场的作业主要是两台自动 RMG 作业,主要应用的是同轨道的两台 RMG 作业工艺。另外,多发地震的日本采用了自动 RTG 的作业工艺。

在堆场陆侧的集疏运作业主要是外集卡在端部倒车进入,然后进行集装箱装卸。如日本的 Tobishima 码头,外集卡可以进入堆场内部。

2. 更注重节能环保

随着国家碳达峰、碳中和政策的深入,自动化集装箱码头在方案比较和研究中更加注重节能低碳、绿色环保等。

3. 更加智能化

随着智能制造和科技的不断进步,自动化集装箱码头的中央控制系统、车辆控制系统更加智能化。

6.4　自动化集装箱码头作业流程仿真

6.4.1　仿真系统描述

1. 仿真软件

本节介绍的自动化集装箱码头仿真是基于仿真软件 WITNESS 20 平台(图 6-10)进行的。WITNESS 是 Lanner Group 公司开发的功能强大的仿真软件系统,主要用于离散事件系统的仿真,数据统计功能很强。它采用面向对象建模(O—O)的编程方法,打破了以往仿真软件面向过程的方式,因而具有建模灵活、使用方便的特点。当前,WITNESS 代表了当今全球最新一代工业生产过程仿真软件的水平。与同类软件相比,它在欧洲及美国应用最广。WITNESS 经常被用于解决诸如投资规划、物料输送策略、交通运输、码头规划、自动化生产线、识别生产瓶颈、生产计划与调度、人力需求规划、成本估算等问题。

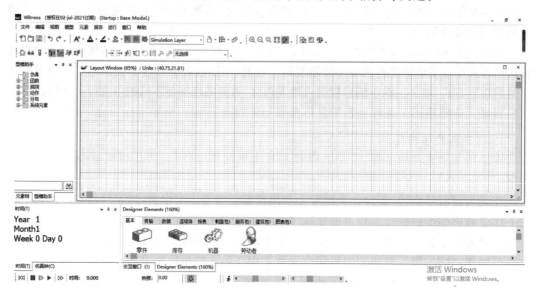

图 6-10　WITNESS 软件界面

WITNESS 的主要特点如下。

(1) 交互式面向对象的建模环境。将对象的图形与逻辑关系集成在一起。在模型建立的任何时刻,允许对某些单元进行修改和定义。修改完毕,模型将继续运行,不需要重新返回到仿真的初始时刻。

(2) 灵活的执行策略。允许通过交互界面定义各种系统执行的策略,如排队优先级、物料发送规则等,优先级层次不限。软件提供了 14 种基本的输入和输出规则,且允许规则间相互组合。

(3) 工程友好性强。WITNESS 所提供的物理单元充分考虑了可能遇到的各种工程实际需要。例如,对机器单元提供加工周期、维修时间、操作工数量、工班等;机器类型有单件加工型、装配型、批量加工型、分离加工型等。

(4) 实时的彩色动画显示。在系统逻辑单元建立的同时,可以建立相应的彩色图形模型,并显示在屏幕上。模型运行过程中可实时地动画显示出系统的运行过程,从而辅助建模和系统分析。

(5) 灵活的输入、输出方式。除了菜单引导下的输入方式和报表、曲线图、饼图和直方图 4 种方式实时输出外,还可以与写字板、Excel 等其他应用软件相互配合使用。例如,利用这些软件进行数据输入和实时输出,便于仿真分析。甚至可以利用 Visual Basic 来建立自己的用户界面。

(6) 丰富的模型单元。WITNESS 提供了丰富的模型单元(11 种物理单元,11 种逻辑单元)。可以组成各种复杂的系统模型,适应多种复杂系统仿真的需要。

(7) 柔性。现实的码头作业不只由集装箱、道路、车子、起重机、起动时间、循环时间和维修时间来决定。码头决策者常需要采用一些特殊的策略，如选择路径、批量分配、交通流平衡、劳力节省、采用新的作业模式和缩小集装箱堆存期等。WITNESS 强大的功能使它能贴切地模拟这些变化。

（8）OLE 自动服务（一种相关软件间数据共享的机制）。允许 WITNESS 充当 OLE 自动服务器，并被其他应用程序控制，如微软的 VB 和 Excel。

（9）子模型。整个 WITNESS 模型可以由许多不同人员开发的子模型组建而成，大大加快了复杂模型的构造速度。

WITNESS 提供了一系列用于构造系统仿真模型的基本单元。这些基本单元可分为两类：物理单元和逻辑单元。

物理单元用于描述实际存在的工具、设备等，主要有：

（1）PART（临时实体）：表示在系统中被其他单元载运、装卸、处理、储存的可移动实体，如集装箱、船舶、零件等。

（2）BUFFER（缓冲站）：存放临时实体的地方，如堆场、仓库、船舶锚地等。

（3）MACHINE（机器）：对临时实体进行处理，如装卸、靠泊、清理等。

（4）CONVEYOR（传送带）：用于两个固定点之间的临时实体传送。

（5）LABOUR（操作工）：操作机器者。

（6）VEHICLE（运输装置）：沿轨道行走，运输临时实体，如集装箱卡车。

（7）TRACK（轨道）：定义 VEHICLES 的运行路径，如集装箱卡车的车道。

（8）FLUIDS（流体）：表示流经处理器 PROCESSOR、储存槽 TANK 的液体，如码头的散货。

（9）PROCESSOR（处理器）：它和机器的作用类似，只是其加工、处理的对象是流体，而不是临时实体。

（10）TANK（液箱）：用于存储流体。

（11）PIPE（管道）：用于连接液箱和处理器。

逻辑单元用于表示模型中概念、逻辑方面的关系，主要有：

（1）ATTRIBUTE（属性）：可以为动态实体定义一些属性。系统提供整型、字符串等10 种标准属性，如集装箱的尺寸、类型，车辆行驶的目的地等。

（2）VARIABLE（变量）：可以被引用、赋值或计算。系统还提供了 TIME、M、N 等 5种系统变量。

（3）DISTRIBUTION（分布）：提供了 ERLAN、GAMMA 等 14 种典型的分布。如果用户需要某些特殊分布，则还可以利用 DISTRIBUTION 自行定义。

（4）FILE（文件）：用于输入或输出有关的数据。

（5）FUNCTION（函数）：可以定义类似于高级语言中的调用函数。系统提供了 92 个常用函数。用户还可根据需要自行定义。

（6）SHIFT（工班）：用于灵活地定义各种工作、休息时间的作息表。

（7）TIMESERIE（时间序列）：用曲线图形式表示输出值随时间的变化趋势。

（8）HISTOGRAM（直方图）：以直方图形式表示输出值。

（9）PIECHABT（饼图）：以饼图形式表示输出值。通常表示各类工况占有的时间百分比，如空闲时间、工作时间、故障时间等占整个时间长度的百分比。

（10）PARTFILE(工件文件)：以 ASCII 文件形式定义工件的类型、到达时间和批量等。

2. 仿真对象描述

本仿真对象为典型自动化集装箱码头，根据自动化装卸流程、堆场区现状、进出闸口布置等，码头总共布置了前沿作业区、水平运输区、自动化堆场作业区、AGV(或跨运车)交换区、集卡交换区、非自动化堆场区等 6 个功能区，具体如下。

（1）前沿作业区：主要负责船舶的装卸作业，共配置 3 台双小车岸桥，门框内除留有舱盖板的位置外，还布置有 3 条集卡装卸车道，主要进行冷藏箱等特殊集装箱的装卸；门框外布置有 4 条 AGV(或跨运车)车道，通过 AGV(或跨运车)进行普通空重箱的装卸。

（2）水平运输区：共布置有 18 台 AGV(或跨运车)，主要负责自动堆场集装箱的水平运输。

（3）自动化堆场作业区：东侧为 AGV(或跨运车)交换区，西侧为集卡交换区，共设有 8 条堆场，每条堆场布置有 2 台自动化 RMG，负责普通空重箱的堆存及转运。

（4）AGV(或跨运车)交换区：主要负责 AGV(或跨运车)的装卸箱操作，每个交换区配置有两套 AGV 伴侣。

（5）集卡交换区：主要负责集卡的装卸箱操作，每个集卡交换区布置有 3 条装卸车道。

（6）非自动化堆场区：堆存冷藏箱以及普通空重箱，主要为自动化堆场堆存能力不足的补充。

根据码头平面布置及采用装卸工艺设备的不同，本仿真拟采用 3 个方案进行对比分析，具体如下。

方案一：堆场平行于码头岸线布置，采用双小车岸桥＋电动 AGV＋RMG 的装卸工艺方案，平面布置如图 6-11 所示。

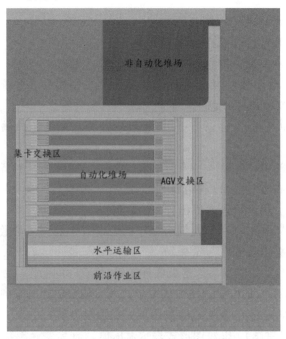

图 6-11　自动化集装箱码头的平面布置图(方案一)

方案二：堆场垂直于岸线布置，采用双小车岸桥＋电动 AGV＋RMG 的装卸工艺方案，见图 6-12。

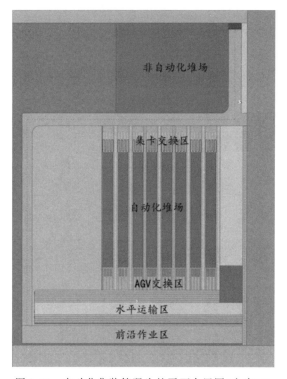

图 6-12　自动化集装箱码头的平面布置图(方案二)

方案三：堆场垂直于岸线布置，采用双小车岸桥＋跨运车＋轨道梭车的装卸工艺方案，见图 6-13。

3. 研究的主要问题

根据仿真需求，本系统仿真模型可研究的主要问题有以下几种。

(1) 探索码头的极限通过能力。在码头设施设备不变的情况下，改变系统输入，探索码头的极限通过能力，如：①减少船舶到达时间间隔，即提高拟进出码头的集装箱量，仿真物流系统运行活动，获取技术性能参数，分析码头在一定的设施设备配置下的物流服务质量或极限吞吐量；②设定船舶、集疏运车辆到港高峰密度，研究码头高峰作业期所表现的物流能力。

(2) 揭示系统瓶颈。通过仿真运行结果，评估码头装卸系统中的薄弱环节(如码头前沿装卸能力、堆场设备能力、水平运输设备数量等)，从而提出合理化建议。

(3) 主要装卸设备能耗评估。在完成 100 艘船舶装卸量的条件下，分别统计码头各装卸设备的能耗，进而评估整个码头的能耗水平。

(4) 装卸设备配置优化。通过改变码头装卸设备数量和设备技术性能，来研究其对码头物流能力的影响，进而优化设备配置。

(5) 码头关键路段交通流评估。在码头关键路段设置评估决策点，通过决策点断面单位时间内通过的车辆数及有无拥堵情况，评估码头的交通流情况。

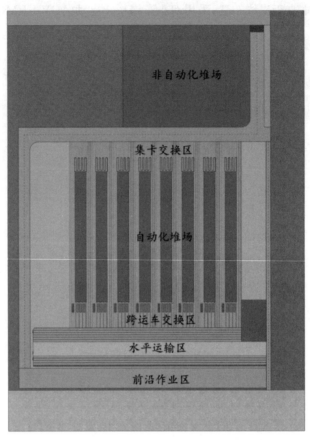

图 6-13　自动化集装箱码头的平面布置图(方案三)

（6）方案比选。在相同的输入条件（船舶到港时间间隔，堆场地面箱位等）下，通过各统计参数对比分析码头规划设计的多个平面布置与工艺方案，选择最合理方案。

4. 装卸效率的优化计算

（1）确定岸桥的相关参数。如起重量、轨上起升高度、轨下起升高度、前伸距、后伸距、船上第一列集装箱的中心位置与海侧轨道的水平距离、起升速度、重载/空载起升加速度、小车水平移动加速度、小车运行速度、大车运行速度、轨距等参数。

（2）集装箱船型参数。吃水深度、型深、底板厚度、甲板上堆箱层数和列数、船舱内堆箱层数和列数、集装箱船上两列集装箱之间的空隙。

（3）效率计算的相关参数。码头前沿高程、集卡接箱位离地面的高度、吊具与集卡对位时集装箱下表面离地面高度、集卡等待位置距海侧轨道的水平距离、安全高度等。

（4）计算原则。

① 以岸桥对船舶上一个完整积载面的卸船作业率作为该岸桥在设定的码头、船舶条件下的作业效率。

② 假定船上集装箱的数量不影响船舶的吃水深度。

③ 假定码头前沿作业配套的堆场集装箱集疏运系统对码头前沿的作业不产生影响。

④ 假定挂车等待点位于轨距中间车道。

⑤ 假定集装箱吊具与 AGV 对位点位于 AGV 上方合适位置处。

⑥ 假定吊具与甲板上集装箱对位起始点位于集装箱上方合适位置处,与舱内集装箱对位点位于舱盖板上方合适位置处。

⑦ 设定与集卡对位时间为 15s,与船上集装箱对位时间为 20s。

⑧ 假定卸载一个积载面上的集装箱时是按层卸船,即一层集装箱全部卸完,再卸下一层集装箱。

⑨ 起升后的最大高度不低于岸桥海陆侧门框下横梁顶面高度与安全距离的和。

⑩ 最小起升高度设定为一个集装箱高度与安全距离的和。

⑪ 在计算中,不考虑起升与水平运动的联合运动情况。

装卸效率的计算公式如下。

$$t = t_{zq} + t_{zx} + t_{zs} + t_{kq} + t_{kx} + t_{cx} + t_{ks} + t_{f} \tag{6-1}$$

式中:

t——完成一个装卸循环所需要的时间;

t_{zq}——吊具重载起升的时间;

t_{zx}——吊具重载下降的时间;

t_{zs}——吊具重载水平移动的时间;

t_{kq}——吊具空载起升的时间;

t_{kx}——吊具空载下降的时间;

t_{ks}——吊具空载水平移动的时间;

t_{cx}——吊具空载时在舱内的下降时间;

t_{f}——辅助作业时间。

6.4.2 仿真模型

1. 仿真建模依据及处理

1) 图纸依据

(1) 仿真模型按照码头平面布置图 1:1 进行构建,包括车道数量及长度、系统各功能区的位置及布局等。

(2) 自动化集装箱码头堆场:将一个 40 英尺箱位(2 个 20 英尺集装箱)作为仿真模型中的一个倍位,将每条堆场划分为 17 个倍位。

2) 数据依据

(1) 船舶计划与实际码头的船舶到港信息相对应,即明确船舶的到港时间、船舶需求装卸箱量、装卸箱型及比例等。单船装卸箱量 4000TEU,其中 40% 为 20 英尺箱,60% 为 40 英尺箱。重箱占总箱量的 75%,其中冷藏箱占总箱量的 5%;空箱占总箱量的 25%。

(2) 集装箱参考堆存期:重箱 5d,空箱 10d,冷藏箱 3d。

(3) 码头年运营天数:340d。

(4) 自动化堆场地面箱位数 1094TEU,自动化堆场堆高 5 层,每个 40 英尺的倍位的最大容量为 70 个。

(5) 主要装卸设备参数:岸桥、自动 RMG、AGV、跨运车、轨道梭车等设备装卸参数。

(6) 港区主干道集卡运行速度 30km/h,折算为 500m/min。

2. 逻辑依据

自动化集装箱码头仿真模型的建立和运行以码头实际生产过程中的各个物流活动来进行,仿真模型的逻辑依据具体如下。

(1)集箱:码头在船舶到港前 3~5d 开始集箱,即外集卡将待装船的集装箱运输至码头堆场。

(2)装卸船:船舶到港后先卸船后装船,先卸空箱后卸重箱。

(3)疏箱:根据集装箱在堆场的堆存状况进行集装箱疏运。

(4)集装箱转场:即堆场集装箱需经过二次转接才能到达最终的目的箱位。

(5)集卡交换区的装卸箱流程:集卡 ⟷ RMG。

(6)海侧交换区的装卸箱流程:主要为 AGV ⟷ AGV 伴侣的流程逻辑实现;跨运车 ⟷ 转接平台。

3. 仿真模型模块组成

根据自动化集装箱码头物流系统的物理组成和逻辑结构,将整个仿真模型划分为 10 个模块系统,具体如下。①船舶计划模块;②集箱模块;③卸船模块;④装船模块;⑤疏箱模块;⑥集装箱转场模块;⑦集卡车道模块;⑧AGV 车道模块;⑨堆场模块;⑩数据统计模块。

其中船舶计划模块、集箱模块、卸船模块、装船模块、疏箱模块、集装箱转场模块为逻辑模块,实现自动化集装箱码头的各物流活动;集卡车道模块、AGV 车道模块、堆场模块为自动化集装箱码头的物理组成模块;数据统计模块负责整个模型的数据统计,为仿真模型的功能模块。各模块间相互连接,共同组成了自动化集装箱码头的整个仿真模型。自动化集装箱码头的仿真模型图方案一、方案二、方案三分别见图 6-14~图 6-16。

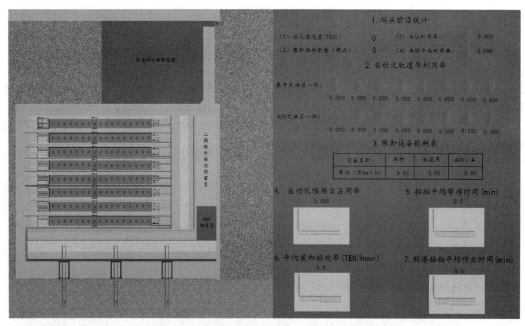

图 6-14　自动化集装箱码头的仿真模型图(方案一)

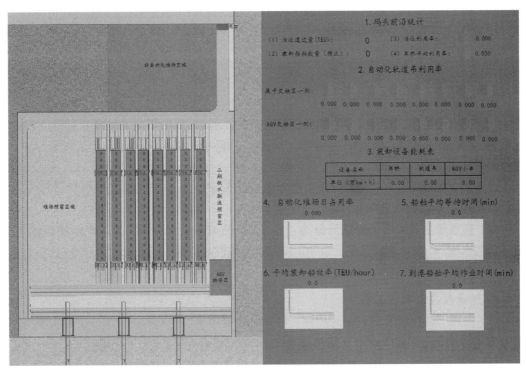

图 6-15 自动化集装箱码头的仿真模型图(方案二)

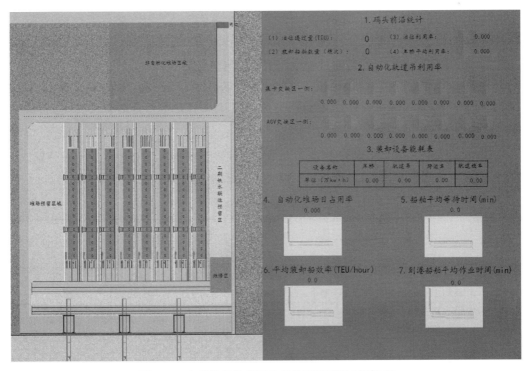

图 6-16 自动化集装箱码头的仿真模型图(方案三)

6.4.3 仿真试验与数据统计

1. 仿真试验工况

（1）仿真试验周期：完成 100 艘船的装卸作业。

（2）仿真时钟：以 min 为单位。

（3）根据码头年通过量 70 万 TEU、年运营天数 340d、船舶平均装卸箱量 4000TEU 等参数，设置船舶的平均到港时间间隔为 2797.7min，船舶到港时间间隔服从负指数分布，分布均值为 2797.7min。

（4）自动化堆场堆存策略：以最大化船舶装卸效率为目的，将装卸船箱量尽量分布于 8 条自动化堆场上进行随机堆放。

（5）到港船舶装卸箱量服从均值为 4000TEU 的截断正态分布：为体现船舶到港装卸箱量的随机性，将装卸箱量设置为以 4000TEU 为均值的截断正态分布。

（6）数据统计周期：720min 统计一次。

2. 统计参数说明

（1）各环节的设施及设备的利用率：包括泊位利用率、岸桥利用率、RMG 利用率等，是指设施以及设备实际作业的时间与仿真总时间的百分比。

（2）船舶等待时间：船舶到达码头锚地至靠泊前的时间。

（3）船舶装卸作业时间：从船舶靠泊到船舶离开时历经的时间。

（4）堆场日平均占用率：堆场每天堆放的集装箱量与堆场的总容量之比。

（5）码头吞吐量：进口量、出口量。

（6）平均装卸船效率：岸桥装卸总箱量（TEU）与实际装卸时间的比值。

（7）设备能耗：集装箱在装卸过程中产生的能源消耗。

（8）码头的通过能力主要由泊位通过能力和堆场通过能力决定。影响码头前沿泊位通过能力的因素比较多，如设备数量及性能、交通条件、停靠船舶等都是影响因素。

3. 数据统计

每种方案选取 5 个随机数流（即船舶到港时间间隔的负指数分布随机数参数分别取 1，2，3，4，5）进行仿真试验，分别完成 100 艘船的装卸量，具体仿真数据统计见表 6-6。

表 6-6 仿真数据统计

序 号	统计参数名称	数据			备 注
		方案一	方案二	方案三	
1	仿真时长/min	264 319.2	256 264.6	256 070.2	
2	装卸 100 艘船舶吞吐量/TEU	398 430	398 437	398 425	
3	码头年吞吐量/万 TEU	73.8	76.1	76.2	按 340d 换算
4	平均单船装卸箱量	3984.4	3984.4	3984.4	
5	自动化堆场的日平均利用率/%	74.8	73.2	55.9	
6	泊位占用率/%	73.3	57.8	57.8	
7	岸桥平均利用率/%	71.4	56.2	56.1	
8	RMG 平均利用率/%	29.3	28.4	23.8	外集卡交换区一侧

续表

序 号	统计参数名称		数 据			备 注
			方案一	方案二	方案三	
9	RMG 平均利用率/%		20.2	19.5	12.2	AGV 交换区一侧
10	RMG 总操作箱量/TEU		576 893	575 545	414 715	外集卡交换区一侧
11	RMG 操作箱量/TEU		578 718	578 718	416 151	AGV 交换区一侧
12	船舶平均等待时间/min		1796.6	1663.2	1343.7	
13	船舶平均装卸时间/min		1933.7	1648.4	1423.4	
14	泊位平均装卸效率	TEU/h	143.2	149.5	150.8	3 台岸桥作业
15		自然箱/h	89.43	92.56	93.8	
16	岸桥能耗/(万 kW·h)		143.26	142.89	142.77	
17	RMG 能耗/(万 kW·h)		341.34	338.81	224.77	
18	AGV 能耗/(万 kW·h)		117.71	52.86	—	
19	跨运车能耗/(万 kW·h)		—	—	47.72	
20	轨道梭车能耗/(万 kW·h)		—	—	189.14	

注：在仿真统计中，AGV 及跨运车消耗的电力实际为柴油发电机组的发电量。

方案一、方案二、方案三的一组随机数流的仿真结果图分别见图 6-17～图 6-19。

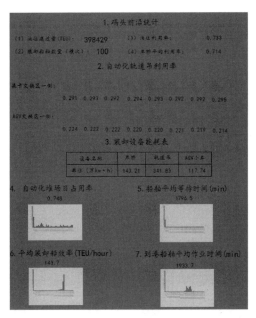

图 6-17　一组随机数流的仿真结果图(方案一)

4. 仿真数据分析

基于仿真数据可以得出如下结论。

1) 通过能力分析

方案一的年通过能力为 73.8 万 TEU，方案二的年通过能力为 76.1 万 TEU，方案三的年通过能力为 76.2 万 TEU，方案二和方案三的通过能力略高于方案一。

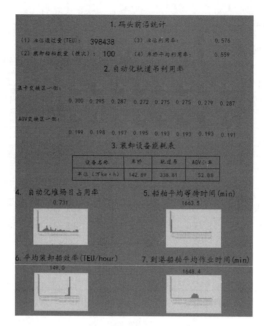

图 6-18　一组随机数流的仿真结果图（方案二）

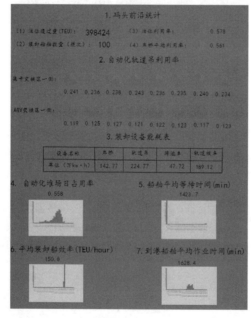

图 6-19　一组随机数流的仿真结果图（方案三）

　　2）堆场通过能力分析

　　方案一和方案二自动化堆场的日平均占用率均大于70%，堆场利用较高，将成为码头吞吐量进一步提高的瓶颈；方案三堆场的日平均占用率为55.9%，明显小于方案一和方案二，这是由于船舶在卸载过程中，轨道梭车可以将集装箱直接运输至目标箱位，减少了集装箱在堆场的二次转接，加快了堆场的周转效率。

由于方案一、方案二、方案三的堆场 RMG 的能力有较大富余,因此,码头在运营的过程中,可加快自动化堆场集装箱的转运速度,以更好地提高码头的吞吐能力。

3) 码头前沿

在码头泊位占用率、岸桥利用率、船舶装卸时间、平均装卸船效率等指标方面,方案二和方案三均优于方案一,这是由于堆场垂直于岸线布置的方案,减少了 AGV 或跨运车往返岸桥与堆场之间的距离,加快了码头前沿的装卸速度。

在码头泊位占用率、岸桥利用率、船舶装卸时间、平均装卸船效率等指标方面,方案三略优于方案二,这是由于在装卸船的过程中,梭车工艺可使集装箱直接到达指定堆场箱位进行装卸,减少了装卸船过程中 RMG 的往返距离,加快了运输速度。

方案一的岸桥利用率处于较高水平,可能成为码头通过能力进一步提高的瓶颈。

综上所述,可得出如下结论。

(1) 堆场垂直于岸线布置的方案在装卸转运效率、能耗等方面均优于堆场平行于岸线布置的方案一;在本项目资源配置条件下,自动化集装箱码头拟采用堆场垂直于岸线布置的平面方案。

(2) AGV 与跨运车+轨道梭车的装卸工艺方案各有优缺点,AGV 方案码头在能耗方面有较大优势;跨运车+轨道梭车方案可减少集装箱在堆场的二次倒箱,能加快堆场周转,但由于梭车轨道布置在 RMG 轨下,占用了较大的堆场面积。因此,码头设计规划人员可根据码头生产的实际情况选择较合适的自动化装卸工艺方案。

(3) 比较岸边、水平运输和堆场的能耗可知,堆场的能耗占比较大,这是因为堆场需要两台 RMG 接力式的高速带载行走来进行集装箱装卸,操作的箱量大。

(4) 方案二优于方案一,这是由于堆场垂直于岸线布置的方案减少了 AGV 往返岸桥与堆场之间的距离,加快了码头前沿的装卸速度。方案二与方案一比较,很大程度上减少了电动 AGV 的能耗。在目前的自动化集装箱码头中,堆场垂直于岸线布置的方案占主流,这样布置也有利于后方堆场的集疏运。

(5) 根据仿真结果,在堆场设备的节能减排技术中,采用轨道梭车完成堆场水平运输的能耗并没有显著降低,因此,其相关技术的应用还有待实践验证。

6.5 自动化集装箱码头节能减排效果仿真比较

6.5.1 自动化集装箱码头能耗比较研究

自动化集装箱码头积极利用大数据时代的信息技术,结合人工智能,提高了装卸系统的可靠性和稳定性,提高了设备利用率,避免了设备的无效运行,实现了节能减排。针对自动化集装箱码头的作业流程和设备特点,从设备、系统逐级进行节能减排效果比较研究,为港口企业和相关部门进行节能减排评估提供技术支撑。

比较传统码头、柴油 AGV 自动化码头、电动 AGV 自动化码头、跨运车自动化码头的能耗情况。对两个装卸效率较优的作业流程进行能耗比较分析。

码头装卸流程包括多个环节,如岸边装卸、码头水平运输、堆场装卸、码头陆侧运输与装卸等。对各个优化的作业流程进行节能减排分析,进行能耗计算。

根据本研究的仿真结果,各个方案的能耗情况见表 6-7。

表 6-7　各方案能耗仿真结果

序　号	能耗项目	电力/(万 kW·h)			油耗/t			折算标煤/t		
		方案一	方案二	方案三	方案一	方案二	方案三	方案一	方案二	方案三
1	岸桥	143.26	142.89	142.77	—	—	—	176.07	175.61	175.46
2	RMG	341.34	338.81	224.77	—	—	—	419.50	416.40	276.24
3	AGV	—	—	—	244.83	108.36	—	356.74	157.89	—
4	跨运车	—	—	—	—	—	97.83	—	—	142.55
5	轨道梭车	—	—	189.14	—	—	—	—	—	232.45
总计		折算为标煤,总计能耗为:方案一 952.31t;方案二 749.90t;方案三 826.7t								

经计算,方案一、方案二、方案三的码头生产设计可比能源单耗为 23.9tce/万 TEU、18.8tce/万 TEU、20.75tce/万 TEU。

由于堆场垂直于岸线的布置方式减少了 AGV 或跨运车的运行距离,因此,方案二、方案三与方案一进行比较,很大程度上减少了水平运输车辆(AGV 或跨运车)的能耗。

方案三的能耗高于方案二,这是由于方案三采用跨运车加轨道梭车的装卸工艺方案,与方案二相比,中间增加了一次转接环节。

三个方案的岸桥和 RMG 的指标差别不大,岸桥的能耗指标约为 3.6kW·h/TEU,RMG 的能耗指标约为 2.8kW·h/TEU。方案一和方案二的 AGV 能耗指标分别约为 0.71kg/TEU、0.32kg/TEU,若为电动 AGV,则指标分别约为 2.9kW·h/TEU 和 1.3kW·h/TEU。

6.5.2　自动化集装箱码头排放比较研究

根据三个技术方案的仿真数据计算的二氧化碳排放强度见表 6-8。二氧化碳的排放强度为 12~14kg/TEU,由于没有考虑其他辅助设备的能耗,所以计算的排放强度偏低。

表 6-8　二氧化碳排放强度

设备类型	方　案　一	方　案　二	方　案　三
电力设备能耗/(万 kW·h)	484.6	481.7	556.68
燃油设备能耗/t	241.3055	108.363	97.826
电力设备折算排放/kg	4 594 008	4 566 516	5 277 326
燃油设备折算排放/kg	752 305.4	337 837.6	304 986.9
装卸设备折算排放合计/kg	5 346 313	4 904 354	5 582 313
排放强度/(kg/TEU)	13.42	12.31	14.01

第7章

>>>>>>>>>>>>>

港口设备节能低碳技术

能源是碳排放的主要来源。节约能源(节能)就是减少能源消耗,尤其是化石能源的消耗,是降低能源成本和碳排放的最经济、直接、便捷的路径。节能不仅能减少二氧化碳排放,还可以降低原料使用成本,实现更大限度的经济效益。节能包括提高能效和减少能源需求两个方面。节能、提效是降碳的重要措施。中国是全球能源生产和能源消费大国,节能潜力巨大。节能主要通过结构节能、管理节能、技术节能,以及文化节能来实现,其中技术节能非常重要,需要企业在各方面采取相应的行动。能源消费的数量减少将直接减少二氧化碳的排放,有利于碳达峰碳中和目标的实现。

能源效率(能效)提升也是一种节能。完善能源消费双控制度,严格控制能耗强度,合理控制能源消费总量,建立健全用能预算等管理制度,推动能源资源高效配置、高效利用。严格控制港口设备能效水平,着力提升新基建能效水平。

能源效率是影响交通能源消耗及排放的关键因素。根据《交通运输节能环保"十三五"发展规划》制定的目标,到 2020 年,交通行业的能源利用效率不断提高,2020 年与 2015 年相比,营运客车的单位运输周转量能耗下降 2.1%,营运货车下降 6.8%,营运船舶下降 6%等。能源效率提升一方面来自于更高能效标准的实施,另一方面来自于电能替代技术。有研究数据显示,在电动车辆代替燃油车辆后,单位距离能耗下降 47%。

在港口的正常作业过程中,装卸作业系统的能耗占总能耗的 80%以上。港口主要消耗的能源是电力和燃油,其中,集装箱码头的电力消耗设备主要有岸桥、RMG、电动 RTG、电动 AGV;燃油消耗的设备主要有牵引车、内燃 AGV、跨运车、正面吊、空箱堆高机等。集装箱码头的能耗分解见图 7-1。

码头总能源消耗单元													
装卸能源消耗主体								辅助能源消耗主体					
电力机械			内燃机械										
岸桥	RMG	RTG	牵引车	AGV	跨运车	正面吊	空箱堆高机	高杆灯	冷藏箱能耗	办公生活辅助	设备维护保养	道路照明	污水处理

图 7-1　集装箱码头能耗分解图

通过调研分析,总结自动化集装箱码头的作业流程,岸桥、RMG、AGV 等设备的节能减排技术现状,以及存在的问题,为作业流程研究和节能减排技术研究奠定基础。推进港口重大节能减排技术与装备的创新与研发,攻克电气化提升的瓶颈和氢能终端利用难题,提升港口氢能源及电气化等清洁用能的使用比例。

7.1 港口典型设备的能耗情况

通过对多个港口和场站的港口典型燃油设备的能耗调研,对港口牵引车、正面吊和 RTG 等几种机型的能耗情况进行总结分析。由于统计范围和使用环境的差别,实际能耗会有一定的差异,数据仅供参考。

7.1.1 港口牵引车的能耗情况

港口牵引车的能耗按年度统计情况见图 7-2 和图 7-3。目前,港口牵引车以燃烧柴油为主,从图 7-4 可以看出,不同机型的能耗差别较大,说明物流组织调度和设备本身的性能对能耗的影响较大。根据现有的统计数据,港口牵引车的能耗为 0.04～0.08kg/t。由于实际能耗情况与港口牵引车行驶的里程关系很大,因此,在标准规范中,港口牵引车的能耗通常用 $kg/(t \cdot km)$ 来表示。集装箱码头使用的港口牵引车的能耗范围为 0.4～2.2 kg/TEU。

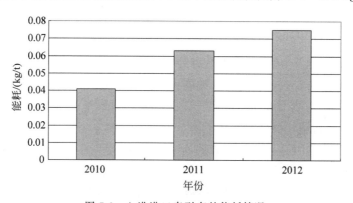

图 7-2 A 港港口牵引车的能耗情况

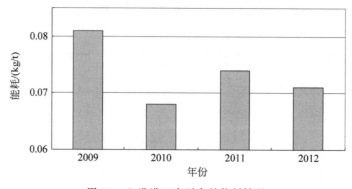

图 7-3 B 港港口牵引车的能耗情况

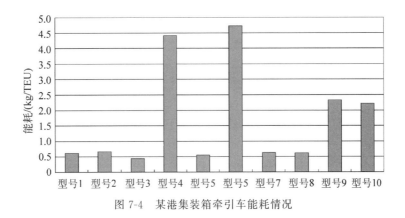

图 7-4　某港集装箱牵引车能耗情况

能源效率已成为碳达峰、碳中和背景下港口的一个重要指标,因为受不同的因素影响,如采取更强有力的环境法规和当地社区对周围港口的要求越来越高,能源效率和碳排放指标越来越重要。由于从港口码头收集操作数据比较困难,因此,对这些码头的排放和能源效率的研究很少。相关研究提供了位于西班牙巴伦西亚地中海地区集装箱码头的实际能源消耗和二氧化碳排放量等关键信息。结果表明,牵引车和 RTG 是主要的二氧化碳排放源,占码头二氧化碳排放总量的 68.1%。在确定造成环境问题的设备后,研究了两种旨在提高码头能源效率的解决方案:改装 RTG 和将以燃料为动力的码头牵引车更换为新的液化天然气牵引车,从而大大减少二氧化碳的排放量。

7.1.2　正面吊的能耗情况

正面吊的能耗统计数据分析见图 7-5~图 7-9。正面吊以燃烧柴油为主,能耗受季节环境的影响不大,主要与物流组织调度和设备本身的性能有关。正面吊的能耗为 0.45~0.91kg/TEU。由正面吊与牵引车的能耗对比分析可知,虽然正面吊的装机功率大于牵引车,但正面吊的单位 TEU 能耗小于牵引车能耗,这说明,正面吊处理集装箱主要以装卸为主,而不是以水平运输为主,水平运输是设备能耗的主要环节。

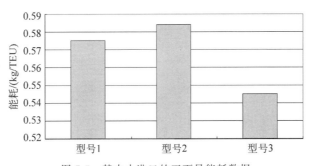

图 7-5　某中小港口的正面吊能耗数据

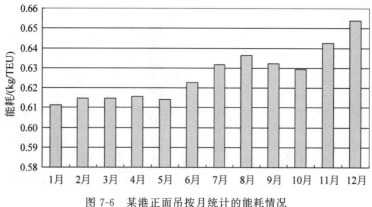

图 7-6 某港正面吊按月统计的能耗情况

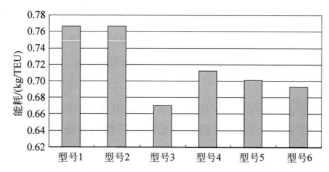

图 7-7 某港正面吊按设备机型统计的能耗情况

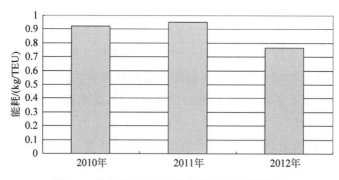

图 7-8 某大港的正面吊按年度统计的能耗数据

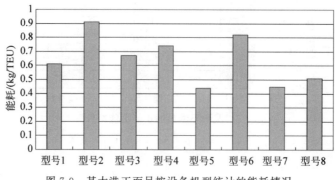

图 7-9 某大港正面吊按设备机型统计的能耗情况

7.1.3 RTG 能耗情况

1. 传统柴油发电机组驱动的 RTG 能耗情况

图 7-10 和图 7-11 分别是某港按年度统计的 10 台 RTG 的单箱能耗,以及按每台统计的 4 个年度的平均能耗情况对比。能耗数值为 0.81～1.32kg/TEU,平均值为 1.06kg/TEU。

图 7-12 为一些港口和制造商的传统 RTG 能耗统计数据,从图中可以看出,能耗为 0.65～1.66kg/TEU。

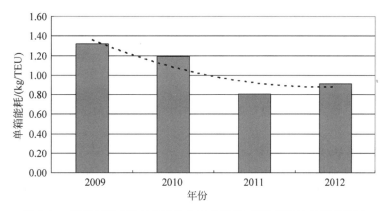

图 7-10　某港传统 RTG(柴油发电机组驱动)按年度统计的能耗情况

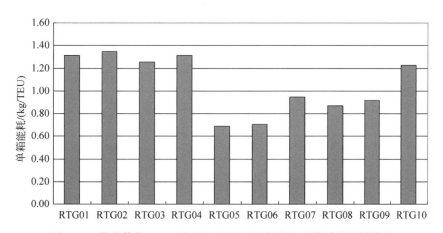

图 7-11　某港传统 RTG(柴油发电机组驱动)按机型统计的能耗情况

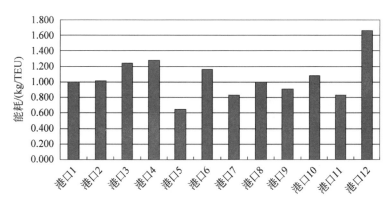

图 7-12　各个港口应用传统 RTG 消耗柴油的情况

2. 通用电动 RTG 的能耗情况

通用 RTG"油改电"后,能耗为 1.1～2.5kW·h/TEU。与传统消耗柴油的 RTG 相比,电动 RTG 的能源成本大大降低(图 7-13)。

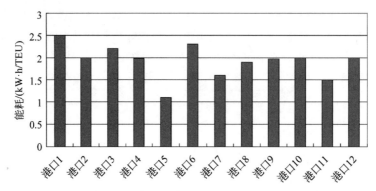

图 7-13　各个港口应用电动 RTG("油改电"后)的能耗情况

3. 轻型电动 RTG 的能耗情况

轻型 RTG 是交通运输部水运科学研究院开发的一种轻型结构的 RTG,由于在采用电力驱动的前提下,对结构形式进行了创新,整机自重低,因此能耗较传统电动 RTG 还低些,平均能耗为 1.05kW·h/TEU。

某港使用的轻型 RTG(电动)按机型的能耗情况见图 7-14,按月份的能耗情况见图 7-15。

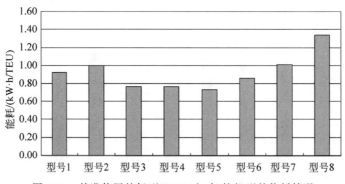

图 7-14　某港使用的轻型 RTG(电动)按机型的能耗情况

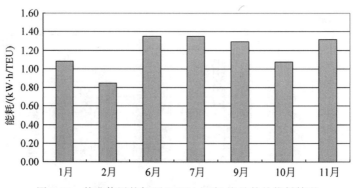

图 7-15　某港使用的轻型 RTG(电动)按月份的能耗情况

4. 混合动力 RTG 的能耗情况

某港口混合动力 RTG 的能耗情况见表 7-1。不同设备的能耗有一定区别,节能率为 6.5%~64%,平均节能率为 39.9%。

表 7-1 混合动力 RTG 的能耗对比

机　型	实施混合动力前/(kg/TEU)	混合动力后/(kg/TEU)	节能率/%
机型 1	0.49	0.39	20.4
机型 2	0.69	0.36	47.8
机型 3	0.77	0.32	58.4
机型 4	0.47	0.41	12.8
机型 5	0.85	0.39	54.1
机型 6	1.13	0.47	58.4
机型 7	0.75	0.27	64.0
机型 8	0.72	0.48	33.3
机型 9	0.81	0.46	43.2
机型 10	0.46	0.43	6.5

7.2 集装箱码头的节能低碳技术

7.2.1 码头前沿岸桥的节能减排技术

自动化集装箱码头前沿的装卸船设备主要使用岸桥。受气候、水文等条件影响,船载集装箱位置难以准确确定;由于岸桥与吊具之间通过柔性钢丝绳连接,因此较难实时准确地控制吊具动作;还需要人工卸下船载集装箱的固定扭锁装置;受上述因素限制,完全自动化运行的岸桥技术仍然在探索之中。目前,作为自动化集装箱码头前沿装卸船设备使用的岸桥都是半自动化操纵,部分岸桥是在中控室内进行人工远程操纵控制。

1. 岸桥形式

岸桥按照作业的模式可以分为单小车、双小车、双 40 英尺、双 20 英尺、单起升、双起升等,作业模式是上面形式的组合:

岸桥的作业模式分类见表 7-2。

表 7-2 岸桥的作业模式分类

型 式	示 意 图	特 点
单小车		整个装卸循环由一部小车完成,是目前最为普遍的形式。但随着集装箱船的大型化、起升高度的不断增高,一部小车既要装卸高位箱,又要兼顾地面卡车,增加了操作难度,影响效率提高
双小车		整个装卸循环由主小车和门架小车在中转平台处接力完成。可以有效解决高、低位作业,提高作业效率,并能够实现半自动化、自动化作业
双 40 英尺 / 分离式上架		整个装卸循环可由 1 套起升机构及 1 个分离式上架起吊、2 个吊具组成,可达到同时装卸 2 个双 40 英尺集装箱的功能,很大程度地提高了作业效率。一般仅适用于装卸空箱
双 40 英尺 / 双起升		同样能够同时装卸 2 个 40 英尺(或 4 个 20 英尺)集装箱,提高作业效率。与分离式上架岸桥相比,双起升岸桥由于配备了 2 套起升机构及 2 个普通上架,因此可分开独立作业,灵活性及操作性均优于前者,可适应各种船型和起重量
双 20 英尺(单 40 英尺)		单一的 40 英尺吊具既可吊装一个 40 英尺集装箱,又可吊装两个 20 英尺集装箱

集装箱码头按不同船型选择岸桥的技术参数见表 7-3。

表 7-3 不同船型的岸桥技术参数

装卸船型	额定起重量/t	前伸距/m	轨距/m	轨上起升高度/m	主起升速度 /(m/min)	小车速度 /(m/min)
内河型岸桥	30.5～41	20～30	10～16	10～25	30～45(满载)/ 60～90(空载)	90～120
巴拿马型船	41～50	30～40	16～25	20～28	40～60(满载)/ 80～120(空载)	120～180
超巴拿马型船	50～65	40～65	25～31	35～45	70～90(满载)/ 140～180(空载)	200～240
3E 级超大型船	65～100	68～73	30～35	48～53	90(满载)/180 (空载)	240 以上

2. 单小车岸桥

单小车岸桥是最基本的集装箱码头前沿装卸船设备,自动化集装箱码头也一样,使用这种设备的有荷兰 ECT 的 Delta、DDE 和 DDW,日本的 Tobishima,新加坡的 Pasir Panjang 等。单小车岸桥接卸集装箱水平运输车辆可以在起重机跨(轨)距内,也可以在起重机后大梁下。为适应船舶大型化和提高作业效率的需要,单小车岸桥趋向于大型化和高速化发展,一次装卸双 40 英尺的岸桥是这种发展的典型产品。

图 7-16 双 40 英尺岸桥

双 40 英尺岸桥的特点是吊具下可同时起吊 2 个 40 英尺或 4 个 20 英尺的集装箱,理论上,这种双 40 英尺岸桥的单台装卸效率比普通岸桥可提高 50％以上。典型的双 40 英尺岸桥如图 7-16 所示。

典型的双 40 英尺岸桥技术性能参数见表 7-4。

表 7-4 典型的双 40 英尺岸桥技术性能参数

参 数	数 值	
额定起重量/t	双吊具	80
	单吊具	61
轨距/m	30	
前伸距/m	63	
后伸距/m	17.5	
起升高度/m	39	
下降深度/m	18	
门腿间净距/m	18.3	
总宽/m	27	

续表

参　　数	数　　值	
起升速度/(m/min)	双吊具	75
	单吊具	90
	空载	180
小车速度/(m/min)	240	
大车速度(m/min)	45	
俯仰时间(单程)/min	6	
最大工作轮压/kN	820	
最大非工作轮压/kN	880	

3. 双小车岸桥

双小车岸桥是为适应船舶大型化和提高作业效率的需要而发展出来的岸桥新机型。双40英尺双小车岸桥结合了双小车岸桥和双40英尺岸桥的特点,是目前最新型、作业效率最高的岸桥,理论上,这种新型岸桥的装卸效率可达90~100TEU/h,荷兰ECT的Euromax、德国汉堡的CTA自动化集装箱码头均采用这种设备。

双小车岸桥的两个小车一高一低,前小车(高)负责装卸船作业,它将集装箱自集装箱船吊至中转平台,然后再开始下一个工作循环,前小车(高)的作业效率就是起重机的装卸效率。后小车(低)负责水平运输车辆的装卸作业,它将集装箱自中转平台吊至水平运输车辆,后小车装卸作业可以完全实现自动化。从集装箱船上卸下的集装箱在中转平台人工拆下固定扭锁,拆除固定扭锁的时间不会影响起重机的作业效率。后小车的作业效率设计得大于前小车。高低两个小车的配合接力适应了岸桥装卸船和水平运输车辆高低不同的作业需要,大大提高了作业效率。双小车岸桥还改变了常规单小车岸桥的装卸车位置,即将装卸车位置由起重机跨距(轨)内改变到起重机跨距(轨)外后大梁下,使水平运输车辆不必进入起重机跨距(轨)内,大大改善了水平运输车辆的工作环境,可使水平运输车辆的工作速度和效率大幅度提高。典型的双小车岸桥见图7-17。

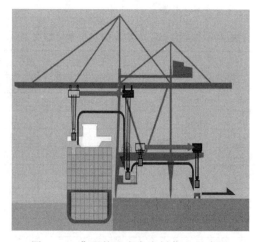

图7-17　典型的双小车岸桥作业示意图

典型的双小车岸桥的技术性能参数见表 7-5。

表 7-5　双小车岸桥的技术性能参数

参　　数				数　　值
起重量/t	前小车	双吊具下		80(120)
		单吊具下(2×20 英尺)		65
		吊钩横梁下		100(140)
	后小车	吊具下(2×20)		65
速度/(m/min)	前小车	主起升	80t 负荷下	90
			空吊具	180
		小车行走		240
	后小车	主起升	60t 负荷下	50
			空吊具	100
		小车行走		260
	大车行走			45
俯仰时间(单程)/min				5
轨距/m				35
前伸距/m				55～63
后伸距/m				19
起升高度/m	轨上			>40
	轨下			18

4. 岸桥节能减排技术

《水运工程节能设计规范》(JTS 150—2007)中的岸桥单位能耗指标为 3kW·h/TEU，常规港口的统计数据为 2.5～5.6kW·h/TEU。

在岸桥不断发展进步的过程中，如何高效利用资源，尽量避免浪费，坚持国家能源发展战略，把节能放在首位，是岸桥研究的一个重要方向。

1) 提高岸桥装卸效率的技术

目前，虽然还没有可以取代岸桥的更有效的装卸设备，但对岸桥本身却有着各种改进方案。例如：为适应中小港口需求而研发的适合装卸 2000～3000TEU 集装箱船的 3000 型岸桥；针对超巴拿马船型而设计的全自动双小车岸桥；能一次起升两个 40 英尺集装箱的岸桥；能一次起升三个 40 英尺箱的岸桥；能一次起升两个 40 英尺箱的双小车岸桥；动态无功功率补偿和谐波治理节能技术；主梁升降式岸桥等。

有些方案已在使用，且在提高对船舶的适应性以及生产率方面有着显著效果。

2) 岸桥性能参数优化

岸桥的整体技术虽已趋于成熟，但在性能参数方面仍有优化的空间，需通过系统仿真和不断的实践应用，来促进整体性能更优。如各个机构的速度和起重量一般在码头的设计中都是固定的，不会根据实际使用工况而进行优化设计。如起升机构一般按照吊具下 65t 时 90m/min、空载时 180m/min 设计，小车运行机构的速度一般为 240m/min。由于大部分载荷不会超过额定载荷的 80%，因此，如果按满载和额定速度来选择电动机，则会造成选型偏大，大部分工况会造成能源浪费，如按起升 50t 负荷时速度 90m/min 设计，计算所需功率为

$2\times430kW$，比按满载和额定速度确定的功率 $2\times510kW$ 低很多。按照用得最多的载荷和额定速度来选择电动机，在满载情况下适当降低运行速度，这样可以提高电动机的负载率，避免浪费。另外，通过合理匹配各个机构的加速度，可以保证在不影响效率的前提下，匹配合适的电动机。

另外，还应从性能参数确定、系统惯量降低、控制零部件质量、电气控制和辅助元器件选型等方面进行节能减排设计。如通过调整传动机构变速比，减少卷筒直径，从而降低联轴器、制动器尺寸，降低旋转部件起动、制动引起的能量损耗，电动机、电气元器件的型号也得到优化。

3）整机结构和关键零部件重量优化

虽然岸桥的技术已经比较成熟，但随着高性能材料的出现，计算水平的提高，整机结构还可以进一步优化，从而降低起重机整机重量和制造成本。另外，一些关键部件，如吊具及吊具上架、小车及小车架是经常移动的部件，其重量对能耗影响较大，可通过选用高性能钢材和结构优化来降低重量、减少能耗。海口集装箱码头应用半圆形主梁结构形式的岸桥，实现了轻量化。

4）能量回馈技术

岸桥在进行装卸作业时，起重小车由于频繁起、制动，使大量机械能在制动过程中损失，造成了能量的浪费。鉴于储能系统具有动态吸收能量并适时释放的特点，因此，将其应用于岸桥小车制动时的能量回收，可有效储存制动时损失的机械能，实现节能降耗的目的。目前，岸桥均配有能量回馈装置，由于返回电网较难，反馈电没有得到充分利用。可以通过优化岸桥的调度方式，来实现码头同一泊位不同岸桥之间回馈能量的内部利用。

5）车辆衔接点定位新技术

提高岸桥的装卸效率是实现港口设备节能降耗的重要环节，港口设备采用新技术是提高装卸效率的重要举措。这里提出的提高装卸效率是针对岸桥司机在装卸过程中如何更快地对位、抓箱、放箱等，让岸桥在最短的时间内完成作业任务，减少不必要的损耗。

6）岸桥远程控制技术

利用起重机远程控制技术来提高集装箱码头的生产效率和工作舒适度，实现岸桥上无司机操作。

电力和自动化技术领域制造商 Asea Brown Boveri Ltd.（ABB）为马士基集装箱码头运营商 APM 公司和鹿特丹世界门户码头（Rotterdam World Gateway，RWG）的新集装箱岸桥提供自动化系统。ABB 的系统可以实现起重机的远程操控，无须再在机上配备司机，从而大幅提高了总体效率。鹿特丹马斯夫拉克特码头成为欧洲第一批应用岸桥远程控制技术的码头，而 APM 公司的码头则将在全球率先取消岸桥司机室，操作人员可以坐在码头建筑内的控制室里监控起重机。这有助于改善工作舒适度，减轻操作人员腰背和颈椎疲劳。操作人员通过机上的摄像机监视起重机的运动。一般情况下，摄像机的视野远比从司机室内向外看开阔。自动化系统提供的控制信息有利于提高操作人员的总体工作业绩。以前配备司机室时，起重机的加速度和减速度是有限的。而现在，起重机运行得更快，斜坡时间也得以缩短，因而缩短了整船集装箱的装卸周期。

该远程控制系统实现了起重机对箱自动化，确保了精度和速度。因而能够进一步减少工作周期时间，提高生产效率。

虽然 ABB 等公司实现了岸桥的远程操纵控制,在中央控制室即可完成岸桥的运行控制,但这一技术仍在不断发展和进步中,大范围的应用仍需不断的优化和完善。目前,我国一些集装箱码头开始探索应用岸桥远程控制技术。

7)岸边装卸防摇和自动定位技术

由于船舶的晃动以及岸桥钢丝绳的摇动,目前,岸边装卸还不能实现完全自动化,远程操纵控制技术也需要人工干预。岸边装卸防摇和精准的自动定位技术将是自动化集装箱码头真正完全自动化需要攻克的一个难题。

8)高效节能电机等零部件节能减排技术的应用

永磁电机等高效节能电机、节能零部件将在岸桥等港口大型设备上得到应用,有助于进一步促进岸桥的节能降碳。

7.2.2　水平运输设备的节能减排技术

水平运输设备的节能减排主要从优化运行路径、优化设备性能等方面入手。优化运行路径主要是通过减少运行距离、提高单位运行距离的载重量等措施,优化设备性能主要是通过改善车辆技术和燃烧性能、减少车辆温室气体排放等措施。同时优化调度、降低拥堵,控制车辆在经济车速下行驶。研究表明,相对于经济车速,低速和高速行驶车辆的排放会急剧增加,低速行驶的排放约为平均经济速度的 3 倍。

用于自动化集装箱码头的水平运输车辆主要有两种:一种是目前应用最多的 AGV,一种是低矮型集装箱跨运车。

1. 自动导引车

自动导引车(AGV)是能自动运行的集装箱载重平板车辆,车上装有转向和速度传感器,向车载控制系统提供行驶状态信息,并根据定位导航系统提供的路径动态确定车辆运行位置,一般精度可达到±50mm,最小可达到±20mm。

1)德国 Gottwald 公司生产的 AGV

Gottwald 公司是 AGV 的主要生产厂家之一,从 20 世纪 80 年代开始生产 AGV(第一代 AGV 见图 7-18),著名的荷兰鹿特丹港和德国汉堡港的自动化集装箱码头使用的都是该公司的产品(现场应用图见图 7-19 和图 7-20)。该公司生产的 AGV 能够运载 20～45 英尺的集装箱或是两个 20 英尺的集装箱,产品具有低燃油消耗、低排放、低噪声等特点。目前已经有约 400 辆 AGV 成功应用于全球各地(主要是鹿特丹港和汉堡港),最长使用年限达 17 年。

图 7-18　Gottwald 公司的第一代 AGV 产品

图 7-19　Gottwald 应用于 ETC 码头的 AGV 产品

图 7-20　Gottwald 应用于 CTA 码头的 AGV 产品

Gottwald 公司 AGV 的主要技术参数见表 7-6。

表 7-6　Gottwald 公司 AGV 的主要技术参数

序　号	项　目	数　值	
1	可载箱型	40 英尺	
		20 英尺	
		2×20 英尺	
		30 英尺和 45 英尺	
2	载荷重量/t	单箱最大重量	40
		2×20 英尺最大重量	60
3	外形尺寸/m	长度	14.8
		宽度	3.0
		着箱点高度	1.7
4	速度/(m/s)	行驶速度前进/后退	3～6
		最大转弯速度	3
5	制动距离/m	最大速度下的最大制动距离	8
		带 60t 载荷的紧急停车制动距离	<6
6	定位精度/cm		±3

　　AGV 主要采用柴油-液压和柴油-电力两种驱动系统,柴油-电力驱动系统见图 7-21,柴油-电力驱动系统替代了柴油-液压驱动系统。2009 年,Gottwald 公司与德国汉堡 HHLA

公司合作,共同开发以蓄电池组为动力的 AGV。双方商定,在汉堡港 CTA 对样机进行试验。此种机型的推广应用将提高周边环境的环保水平,是 HHLA 公司绿色装卸设备推广计划的重要组成部分。

图 7-21 Gottwald 公司的柴油-电力驱动系统

Gottwald 公司研制了一种新型的带自升降功能的 AGV(Lift AGV,见图 7-22 和图 7-23)。与传统的被动型 AGV 不同,Lift AGV 不用等待堆场起重机来取箱。在堆场靠近岸边一侧的固定车位上设有专用的集装箱存放架(图 7-24),Lift AGV 具有自升降机构,在进入集装箱存放架之前,自动将集装箱向上托起,然后进入集装箱存放架里,自升降机构再下降就可将集装箱放到存放架上面,Lift AGV 可以离开去进行下一个集装箱的作业,而不必等待堆场起重机来卸集装箱。

图 7-22 应用 Lift AGV 的堆场布置情况

图 7-23 Lift AGV 的整车外观

图 7-24 Lift AGV 在存放架上卸集装箱的过程

这种带自升降功能的 AGV 系统将 AGV 的运输和存放过程分离开,不仅提高了工作效率和生产率,而且大大降低了需要配置的水平运输 AGV 数量,据估计大约可减少 40%。

2）德国 KAMAG 公司生产的 AGV

KAMAG 公司生产的 AGV 曾于 20 世纪 90 年代在新加坡港的 Pulau Brani 集装箱码头进行试运行（外观见图 7-25 和图 7-26）。它可载运一个 20 英尺或 40 英尺、45 英尺的集装箱。AGV 上装有雷达和超声波探测系统，可探测各种行车障碍。为了维护方便，车辆的动力系统——发动机、冷却系统、油泵及液压油冷却系统、油箱、过滤器和排气等组成独立的组件，采用快速接头连接驱动组件和传动系统。

图 7-25　KAMAG 生产的 AGV 侧面外观图　　　图 7-26　KAMAG 生产的 AGV 正面外观图

KAMAG 公司能提供载重 10～100t 的集装箱、钢卷或其他重型货物的自动运输系统解决方案。其产品的主要技术参数见表 7-7。

表 7-7　KAMAG 公司 AGV 的主要技术参数

序　号	项　目	数　值
1	有效载重/t	50
2	总长×总宽×高度/(mm×mm×mm)	15 500×3000×1700
3	转向轴数	2
4	轮轴数	2
5	轴距/mm	10 000
6	驱动轮数	4
7	制动轮数	4
8	轮胎	8×13.00×R25×RB
9	空载速度/(km/h)	25
10	满载速度/(km/h)	25
11	最低速度/(km/h)	0.36
12	最大转向角/(°)	40

3）瑞士 NUMEXIA 公司生产的 AGV

NUMEXIA 公司生产的 AGV 能够载运国际标准集装箱，运行速度是 20km/h，见图 7-27。该 AGV 方案采用了无接触式供电技术（图 7-28），详细介绍分析见 AGV 无接触供电方案部分。

4）上海振华重工（ZPMC）生产的 AGV

2013 年，ZPMC 开发的厦门远海自动化集装箱码头中，AGV 首次采用锂电池动力，并实施"机会充电"新理念（根据每个循环需进入交换区由 AGV 伴侣装卸集装箱的特点，在交

图 7-27 NUMEXIA 公司生产的 AGV

图 7-28 AGV 工作对箱

换区设置充电装置,在 AGV 伴侣作业的同时,补充每个循环的电能损失,见图 7-29),这使得 200A·h 级载荷的运输车辆采用电池驱动成为现实。经预测,由于采用了市电和锂电池等清洁能源,码头本身无污染、零排放。此外,创新设计的 AGV 伴侣解决了设备的作业耦合和拥堵问题。AGV 与双小车岸桥的门架小车一起,使得 AGV 与自动化 RMG 以及岸桥小车之间无须相互等待,可提高作业效率和设备利用率。ZPMC 的 AGV 技术特点主要如下:自动完成泊车位置检测,电刷自动进入导电轨道;自动位置补偿;快速作业,机构动作总时间小于 10s;全天候操作环境,安全防护技术。

图 7-29 ZPMC 的 AGV 及 AGV 伴侣

5)法国 VDL 公司生产的 AGV

法国 VDL 公司生产的 AGV(图 7-30)可以以 6m/s 的速度处理多达 70t 的最大载荷。

依靠先进的生产设备和车辆制造业的发展经验,VDL 公司能够创建高性能与环保的,在燃油效率、二氧化碳排放、噪声水平、可靠性和可维护性等方面具有优越特性的集装箱 AGV。该 AGV 还配备混合动力系统。VDL 公司的 AGV 主要应用于荷兰 ECT 和新加坡等码头。

图 7-30　法国 VDL 公司生产的 AGV

6) AGV 的其他生产厂家

荷兰 Terberg 公司生产的 AGV 曾应用于英国泰晤士港。该车可装载 1~2 个 20 英尺集装箱,或 1 个 40/45 英尺集装箱。AGV 采用液压驱动,每个支承为双轮,前后车轮轴距为 9m,整车长度为 18m。车辆总载重量为 61.5t。

日本三井工程和造船公司生产的 AGV 在新加坡港 Pulan Brani 集装箱码头进行试验运行。该车可装载 2 个 20 英尺集装箱,有效载重为 50t,采用液压驱动,最高速度为 25km/h。后轴为驱动轴,车轮轴距为 9m,前后轮都可以转向,最小内侧转弯半径为 7.3m,最大外侧转弯半径为 12.4m。

7) 总结分析

通过以上各个厂家的 AGV 现状分析可知,运输箱型主要为 20 英尺和 40 英尺集装箱;载重量在 40~60t;运行速度为 10~25 km/h。驱动形式主要有柴油-液压驱动、柴油-电力驱动、锂电池电动驱动等。

由于带存放架的 Lift AGV 以及带拖放架的 C-AGV 能够将 AGV 的运输过程和装卸过程分离开来,有效提高作业效率和减少 AGV 的配置数量,因此,这两种类型的 AGV 是自动化物流系统的重大创新,也必将是 AGV 发展的一个重要方向。AGV 货物的装卸方式分析如下。

(1) 车载存放架。如图 7-31(a)所示,该方式由 Numexia 公司首次运用在 AGV 上,这种 AGV 只有可以升降才能装卸车载存放架,其优点有:可以装载双层 2 个 40 英尺或单层 2 个 20 英尺的集装箱;如果预先将该存放架放置在岸桥或 RMG 下,起重机可不必等待 AGV,直接将集装箱放置在存放架上,同样,AGV 到达目的地后也可以直接将集装箱和架子一起放下或取走,有效解决了起重机与 AGV 的等待问题。但这种方式的缺点也显而易见:首先是架子给 AGV 带来额外的负荷;其次是如果架子不随 AGV 一起带走,则 AGV 卸载后必须带走其他空架子并送到目的地,这对调度是巨大的挑战。目前,这种方式尚未见商业化运作的案例报道。

(2) 升降 AGV+固定存放架。如图 7-31(b)所示,这种方式由 Gottwald 首创,升降 AGV 带有可升降的平台,RMG 或 RTG 下方带有集装箱固定存放架。这种方式的优点是

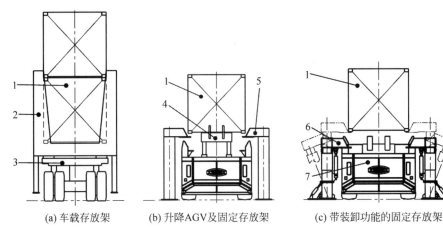

(a) 车载存放架　　　(b) 升降AGV及固定存放架　　　(c) 带装卸功能的固定存放架

1—集装箱；2—车载存放架；3—AGV(带车载存放架)；4—升降 AGV；5—固定存放架；6—AGV 伴侣；7—AGV。

图 7-31　AGV 的货物装卸方式

解决了 AGV 和 RMG 或 RTG 之间的相互等待,而不足则是自重显著增加,且难以安装在岸桥下方。

（3）带装卸功能的固定存放架。如图 7-31(c)所示,这种方式由 ZPMC 创造,带装卸功能的固定存放架即 AGV 伴侣实际上就是一套带有升降和张开功能的托架,作用是装卸 AGV 上的集装箱。这种方式的优点是解决了 AGV 与 RMG 或 RTG 之间的相互等待问题,且 AGV 不必附带沉重的顶升装置,而不足则同样是难以安装在岸桥下方。

2. 低矮型跨运车

低矮型跨运车是在跨运车的基础上开发的,仅用于码头和堆场间集装箱水平穿梭搬运的运输设备,这种跨运车只运不堆,提升高度仅为堆一过一,起重量可达 50t,最高运行速度可达空载 30km/h、满载 18km/h。由跨运车与自动化 RMG 配合作业,既能解决高密度堆场的容量问题,又能实现水平运输与码头、堆场装卸作业间的双边解耦作业,使岸桥和 RMG 的工作循环不受水平运输机械是否及时到位的影响,装卸效率可以得到充分发挥。

跨运车设备本身可实现无人驾驶。受车体本身构造和作业方式的限制,跨运车的导航和定位系统通常需利用差分全球定位系统(DGPS)及现场定位雷达(LPR)。该系统的动态定位精度不高,影响了跨运车的快速作业能力,且该系统易受气候的影响。因此,除布里斯班 Partrick 码头和洛杉矶 Trapac 码头外,目前其他自动化码头的跨运车在实际应用中仍由人工驾驶,将来,随着相关技术的发展逐步向无人驾驶过渡。跨运车自重较大,且必须具有集装箱提升功能,配置的电机功率较大,故目前以柴油发电机组驱动为主,有向以油电混合及其他清洁能源为动力的发展趋势。

2002 年 12 月,Gottwald 公司完成了用于在码头前沿和堆场之间往返进行集装箱运输的全自动跨运车样车的研制,采用 DGPS 进行导引,导引精度达到 ±15mm。但与 AGV 相比,该类型的全自动跨运车还没有得到广泛应用。澳大利亚布里斯班码头应用的自动跨运车见图 7-32。

2010 年后,自动化集装箱码头的水平运输设备采用跨运车的情况见表 7-8。

图 7-32　集装箱跨运车

表 7-8　采用跨运车的自动化集装箱码头

码 头 名 称	面积/hm²	泊位长度/m	岸桥/台	场桥/台	备　　注
布里斯班 DPW	36	900	4	16(RMG)	自动跨运车
纽约 GCT	70	800	10	20(RMG)	
弗吉尼亚 APMT	93	1000	6	30(RMG)	18 台跨运车
安特卫普 DPW	126	1720	9	14(RMG)	47 台跨运车
巴斯罗那 BEST	100	1500	18	80(RMG)	42 台跨运车
伦敦 Gateway	300	2700	8	40(RMG)	28 台自动跨运车
釜山 BNCE	84	1400	8	38(RMG)	20 台跨运车
阿布扎比 Khalifa	90	2400	6	32(RMG)	

3. AGV 和跨运车节能减排技术

自动化集装箱码头常用的两种水平运输设备是 AGV 和跨运车。消耗燃油的跨运车和 AGV 等占整个码头排放的 70%。柴油发电机组驱动的 AGV 单位能耗为 0.3~1.0kg/TEU。

1) 通用节能减排技术

水平运输设备的节能减排技术的发展趋势主要是整机轻量化技术、大功率电力驱动技术、新型水平运输车辆、采用更高排放标准的运输设备,以及将柴油发电机组改为清洁能源,主要有混合动力技术、LNG 发动机技术、电动-锂电池、燃料电池技术等。

(1) 整机轻量化技术。如研究轻量型的水平运输车,与原有传统集装箱码头的拖板车相结合,既有利于利用原有码头设施设备进行改造,又实现了节能减排。

(2) 大功率电力驱动技术。德国汉堡港 CTA 的自动化集装箱码头与 Gottwald 合作研发政府资助的 BESIC 项目,即智能化集装箱码头的电池电力驱动重物运输系统,利用现代化的信息和通信技术改善自动化集装箱码头电池供应的充电计划和管理系统,尤其是在电网出现可再生能源过剩的时候进行充电。

(3) 新型水平运输车辆。通过创新结构形式,开发新型的水平运输车辆,如目前出现的各种平板车和拖挂车相结合的新型车辆形式。

(4) 采用更高排放标准发动机的运输设备。德国汉堡港不断优化跨运车的能耗和排放,如采用最新符合欧Ⅳ标准的柴油发动机等。

2）AGV 的节能减排技术

水平运输车辆的驱动方式经历了柴油发动机＋液压驱动、柴油发动机＋发电机＋电机驱动、电池组＋电机驱动的发展历程。目前，AGV 动力系统有三种常用形式：柴油发电机、混合动力、全电动。

AGV 的柴油发动机＋液压驱动方式的柴油发动机为单台六缸发动机，输出功率大于200kW。采用柴油发电机的 AGV 一般配备变速柴油机，以尽量节能，另外液压泵通常会直接与柴油机输出轴相连接。这种形式的优点是初始成本低，使用可靠，但缺点是油耗大、污染严重。

混合动力 AGV 多采用蓄电池（或超级电容）＋小功率柴油发电机组。蓄电池可以在加减速时辅助发电机补充电能，又可在车辆减速时收集电机能耗制动时产生的电能，因此可显著降低柴油机的功率，消除启动时柴油机冒黑烟的现象，降低柴油机噪声、油耗，节省能源。混合动力是迈向全电动的一种过渡形式。

全电动 AGV 有锂电池和铅酸电池两种常用方式。锂电池具有重量轻、寿命长的优点，但缺点是价格昂贵。铅酸电池的优点是价格便宜，缺点则是能量密度低，相同容量下重量约为锂电池的 3 倍。某国外主流厂家的全电动 AGV 的电池重量高达近 10t，另外寿命也比锂电池短很多。

长期以来，AGV 的动力源一直是柴油机，它既可以驱动发电机为电动机提供电力，又可以直接驱动液压泵为液压系统提供动力。近几年，随着节能环保理念的深入人心，采用混合动力降低柴油机功率甚至采用纯电动实现零排放已成为新宠。2008 年，Numexia 和 TTS 开发的 AGV 采用轮毂电机，由安装在车底的蓄电池驱动，并采用非接触式充电技术；Gottwald 在 2009 年与 HHLA 合作试运行了铅酸蓄电池全电动 AGV，并于 2011 年投入商业运行。2012 年，Gottwald 又推出电池动力的 Lift AGV，具有自重轻、能耗较小、能源效率系数高、无废气排放、绿色环保等优点，该产品推出后得到了港口用户的认可，荷兰鹿特丹的 APMT 和 RWG 码头分别订购了 37 台和 59 台电池驱动的 Lift AGV，美国长滩 LBCT 和德国汉堡 HHLA 的 CTA 码头则分别订购了 72 台和 8 台电池驱动的 AGV。该电池可以提供 8h 的续航时间，然后 AGV 进入电池交换站，自动进行电池的替换后继续工作。换下的电池自动进行充电，充电时间约为 6.5h。

ZPMC 在 2002 年开发的第一代样机率先采用了基于超级电容＋小型柴油机的混合动力系统，随后又在厦门全自动化码头采用了全电动（锂电池）AGV，它采用机会充电的方式，一次充满可运行 4h，作业过程中可在 AGV 伴侣附近进行电力补充，每次充电时间约为 1.5min，能够满足长时间的作业要求。锂电池 AGV 采用两台 60kW 的电机，满载运行车速为 12.6km/h，空载运行车速为 21km/h。

其他如 VDL、Gaussin、Kalmar 等厂商也均将混合动力作为其产品的重要动力形式。

港口燃油的大面积使用给环境保护带来了难题。因此，港口发展新能源车辆，使用 LNG 发动机技术的 AGV，具有低碳及低污染、低排放的优点，可综合降低废气污染排放，对可持续发展具有重要意义。

另外，各个制造厂家也致力于研发轻型化的 AGV。

3）跨运车的节能减排技术

跨运车的一个节能减排发展趋势是采用混合动力系统，用小功率的柴油机配备可充放电的锂电池系统作为跨运车的动力源,从最初功率为300kW的柴油机发展到只用80kW级的柴油机,大大节省了对柴油的能源消耗,减少了排放。跨运车上应用了ECO节能系统,其原理是根据起重机驱动系统的实际功率需求,通过对柴油机速度进行优化控制,使柴油机的输出功率满足起重机驱动系统的最小功率需求,且在起升机构、大车走行机构停止运行时,使柴油机运行在低怠速状态,避免柴油机在空载情况下高怠速运转,消耗不必要的燃油,达到柴油机的最佳空载速度,从而达到节能的目的。在未来,电气化的跨运车将改变设备的操作方式,会有更大的动能回收率。这种良性的驾驶方式还能够存储动能,并以不同的方式使其变得可用,达到更高的燃油节省率。

由于跨运车带有起升功能,因此整机的配置功率大(300kW以上),比仅水平运行的AGV要大很多。受电池等技术工艺限制,目前还没有全电动的跨运车。

7.2.3　堆场设备的节能减排技术

堆场设备主要有RMG和RTG两种。

根据相关研究,最佳绿色港口评价指标包括作业时间效率、能源成本和二氧化碳排放量,而使用高效的集装箱堆场装卸设备,不仅可以快速完成作业,缩短船舶在港口的停泊时间,而且可以降低能源成本和二氧化碳排放。

1. 轨道式集装箱门式起重机的节能减排技术

自动化集装箱码头堆场装卸设备主要采用轨道式集装箱门式起重机(RMG),高压电缆卷筒供电。RMG的堆场箱区采用封闭、无人化管理,每组RMG轨道上配置2台RMG。

RMG按是否采用悬臂分为带单悬臂结构形式、带双臂结构形式和不带悬臂结构形式。自动化集装箱码头以不带悬臂结构形式居多。RMG的跨距越大,堆场利用率越高,但由于起重机自身结构的限制,一般认为轨距在小于35m时可采用全刚性支腿,轨距在35m以上时将采用一刚一柔支腿,控制更复杂,设备的费用也相应增加。

如采用垂直于码头布置的形式,则箱区海侧为AGV交换区,海侧RMG主要负责装、卸船作业时船与堆场间集装箱的接收和发放,解决水平运输和堆场装卸作业间的耦合问题。箱区陆侧端为外集卡交换区,陆侧RMG主要负责水-陆转运集装箱的接收和发放,并通过与海测RMG的接力完成集装箱在同一箱区海、陆侧间的倒箱。每个箱区在陆侧端可设多个集卡装卸位,集卡通过倒车方式进入堆区指定的装卸位作业。

RMG均为电力驱动,《水运工程节能设计规范》(JTS 150—2007)中的单位能耗指标为2.50kW·h/TEU。常规港口的能耗统计数据为2.0～3.0kW·h/TEU。

RMG在起升过程中对电量消耗最大,而在下降过程中,能量(重力势能)一般消耗于能耗电阻上,然后以热量的方式释放,这部分能量被白白浪费掉。实际上,这部分能量可以通过能量反馈等形式存储起来,再返回到电网中继续使用。可采用超级电容、飞轮储能、锂电储能及镍氢电池储能等方式。

RMG在参数标准化、轻量化等节能减排技术上也有一定的发展潜力。

1) 整机轻量化技术

通过结构形式创新或钢结构的优化设计实现整机的轻量化。

2）吊具防摇和精确定位技术

堆场起重机的吊具防摇和精确定位技术有利于提高作业效率,进一步实现节能减排。

3）永磁电机的应用技术

在港口的起重设备中,运行机构、起升机构、俯仰机构等需要低转速大扭矩的驱动力。传统解决方案采用异步电机加机械减速器结构,但其具有结构复杂、效率低、安装维护费用高等缺点。永磁电机不仅可用于 RMG,还可用于其他需要电机、减速器、制动器的驱动机构的起重机中。

低速永磁同步电机可采用直接驱动的方式,省去减速器,电机本身效率与功率因数高、传动链短、无额外的损耗。相比异步电机带减速器结构可节约 30% 电能。永磁电机体积小、重量轻、安装方便、可靠性高,基本实现免维护。缺点是价格高,国内无成熟系列产品,控制系统复杂。永磁电机与普通电机的比较见表 7-9。永磁电机用于起重机的机构见图 7-33～图 7-36。

表 7-9　永磁电机与普通电机的比较

电机类型	机械特性	过载能力	可控性	平稳性	噪声	电磁干扰	维修性	寿命	体积	效率	成本	节能效果
异步电动机	软	小	难	较差	较大	小	易	长	大	低	低	一般
直流电动机	软	大	易	大	大	严重	难	短	较小	高	较高	一般
永磁同步电动机	硬	大	易	好	小	小	易	长	小	高	较高	显著

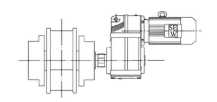

图 7-33　起重机运行机构的常用驱动装置

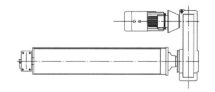

图 7-34　起重机起升机构的常用驱动装置

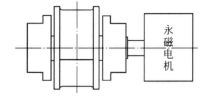

图 7-35　永磁电机用于起重机的运行机构

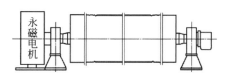

图 7-36　永磁电机用于起重机的起升机构

4）四卷筒起升机构加平衡重节能技术——牵引起升门式起重机

牵引起升门式起重机包括门架,门架的横梁上设置小车,小车的下方悬挂有吊具,门架的前后两侧均设置有钢丝绳卷绕装置,门架右侧上部设置有吊具平转机构,门架的右侧沿上下方向设置有平衡重,钢丝绳卷绕装置包括第一钢丝绳、第二钢丝绳及设置在门架左侧的卷筒,第一钢丝绳的一端卷绕于卷筒上,另一端顺次绕过门架左侧的第一定滑轮、小车与吊具之间的第一滑轮组及门架与平衡重之间的第二滑轮组,并与吊具平转机构固定连接;第二钢丝绳的一端卷绕于卷筒上另一端,顺次绕过门架左侧的第二定滑轮、小车与吊具之间的第三滑轮组及门架与平衡重之间的第四滑轮组,并与门架固定连接,见图 7-37。

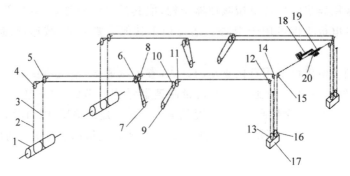

1—卷筒;2—第二钢丝绳;3—第一钢丝绳;4—第二定滑轮;5—第一定滑轮;6—第三定滑轮;7—第一动滑轮;
8—第四定滑轮;9—第三动滑轮;10—第七定滑轮;11—第八定滑轮;12—第九定滑轮;13—第四动滑轮;
14—第五定滑轮;15—第六定滑轮;16—第二动滑轮;17—平衡重;18—直线驱动器;19—第一连杆;20—驱动杆。

图 7-37　牵引起升门式起重机系统原理图

牵引起升门式起重机通过在门架的单侧设置钢丝绳卷绕装置,并通过相应的滑轮组连接小车和吊具来控制小车的行走及吊具的起降,不需要在小车上设置吊具的起降机构,实现了设备轻型化,使得整机具有自重轻、投资少、能耗低等特点。另外,还通过滑轮组设置了平衡重结构。在吊具下降过程中,拉动平衡重上升储存重力势能,在吊具吊运集装箱过程中,平衡重下降释放重力势能,通过平衡重的储能与能量释放可大大降低该起重机的能耗,因此降低了使用成本。

2. 轮胎式集装箱门式起重机的节能减排技术

轮胎式集装箱门式起重机(RTG)的自动化运行技术一直受到各国厂家的重视,并不断得到提高,如英国 Morris Mechanical Handling 公司开发了先进的 RTG 自动转向系统,可以提高 RTG 的机械性能,增加操作灵活性;Sanderson Logisties 公司开发的集装箱定位系统 Dockwatch 以及 Kalmar 公司开发的 RTG 自动操作和集装箱定位系统 Smartrail 等,均提高了 RTG 的自动化操作程度。此外,Mitsut Engineering & Shipbuilding 公司已经开发出全自动 RTG,且 1996 年就开始在日本 Shinizu 码头进行实验,该机采用箱垛断面检测装置、防撞装置、堆垛导引系统、底盘车位位置检测装置、自动位置指示装置、无线天线以及陀螺自动导引系统等一系列特殊设备,来保证其与 AGV 能够协同工作于自动化运转集装箱码头。

日本 Tobishima 自动化集装箱码头是目前唯一采用全自动 RTG 作为堆场设备的自动化集装箱码头,主要特色体现在以下 3 个方面。

(1) 自动行走系统。采用全自动导向系统,通过对转向装置的控制,使每行走 50mm,即可及时调控行走车轮的定向和平衡,并可在 150mm 范围内自动应急停止。另外,通过对行走路线及直角形态的控制,可在 30mm 范围内定位停车,以确保箱位的准确。

(2) 光电控制系统。在全自动 RTG 机身及吊具上安装了高性能的光电传感器。在起吊和放置集装箱时,通过各部位传感器的工作,可及时与计算机内存储的信息进行核对,确认后按计算机指令程序自动操作,以实现堆场无人管理和自动运营。

（3）防摇装置。通过变频控制和液压系统的调整,衰减吊具振幅,确保自动装卸作业的稳定工作。

深圳妈湾集装箱码头的堆场RTG改造为在中控室内进行自动操控的模式。操作人员在中控室内通过监视器监视设备的运行状态（图7-38）,只在集装箱与集卡对位,以及吊具与集装箱对位时需要人工干预,其他操作完全实现自动化,大大减轻了操作人员的劳动强度。该系统的大车定位采用格雷母线形式,起升由起升电机的编码器实现定位,小车采用激光定位形式。

图 7-38　中控室内监控设备

《水运工程节能设计规范》(JTS 150—2007)中传统RTG的单位能耗指标为0.85kg/TEU,电动RTG的单位能耗指标为2.5kW·h/TEU。根据港口统计数据,传统以柴油发电机组为动力的RTG能耗为0.65～1.66kg/TEU,电动RTG的能耗为1.1～2.5kW·h/TEU。由数据可知,不同厂家、不同机型的能耗差别较大。

1）"油改电"技术

近年来,国内外科研院所、港口企业和制造厂以新的思路在RTG节能技术研发与应用方面开展工作,取得了明显成绩,具有代表性的就是RTG的"油改电"技术,即由原来的柴油发电机组供电改为由市电提供动力,既降低了能耗和运营成本,又使环境质量得到了改善。

RTG"油改电"技术的实质旨在改变RTG抓取箱及往复移动过程中的供电方式,通过市政供电替代柴油发电机组发电,解决柴油发电机组带来的高能耗、高成本、高污染、高噪声、大维护量等缺点。RTG"油改电"技术通过在设备与市政供电系统之间增加1套供电系统,来实现市电上机,在正常工作时替代原有柴油发电机组供电,采用其他供电方式实现转场作业。

改造后的RTG称为电动RTG。目前,新购置的设备基本为电动RTG。常用的电动RTG的供电系统有电缆卷筒、刚性（低架）滑触线、高架滑触线和锂电池供电等形式。电动RTG一般仍配置小型柴油发电机组或电池组等用于转场作业的供电。

上述三种供电方式的优缺点比较见表7-10。

表 7-10　电动 RTG 的三种供电方式比较

项　　目	电缆卷筒供电	刚性滑触线供电	高架滑触线供电
场地占用	需铺设电缆槽,占用一定的场地,设置安全距离需要地面上稀缺的场地	每隔 3m 需架设支架,占用场地多,设置安全距离需要地面上稀缺的场地	架设塔架数量少,滑触线在高空中,占用场地少,占用的不是稀缺的场地
供电效率	由于线损、变压器和自重等原因,效率较低	采用铝材料,效率低;采用铜材料,效率较高	采用铜材料,效率较高
维护工作	由于电缆在场地上拖动,易磨损,因此寿命短,工作量较小;低空操作,安全性好	平常只需定时更换碳刷,工作量低,需要一定的维护工作;低空作业,安全性好	平常只需定时更换碳刷,工作量低,系统寿命长,需要一定的维护工作;高空作业,雷击影响大,安全性差
安全性	较好,即使大车跑偏也不会造成太大的损失	稍差,如大车跑偏,则可能会导致滑触线支架的损坏,影响整个箱区的作业	稍差,如大车跑偏,则可能会导致系统的损害,影响整个箱区的作业
可靠性	供电质量虽高,但由于电缆拖在场地上,因此损耗大	供电质量虽高,但电线杆数量很多,易碰撞,安全性差	供电质量高,塔架高,需防雷、防台风、防覆冰,对可靠性要求高
设备操作性	较差,对跑偏要求一般,易与周边发生碰撞,且防碰撞实施困难	差,对跑偏要求高,易与周边发生碰撞,需增加措施避免碰撞	好,对跑偏要求一般,与柴油发电机组供电的操作一样
供电装置利用率(双侧供电)	要提高利用率,采用双侧供电必须增加一套电缆卷筒,成本增加	增加相对不大的成本即可较容易地实现双侧供电,提高设备利用率	增加相对不大的成本即可较容易地实现双侧供电,提高设备利用率
0°过街区和 90°转场性能	不好,需要柴油发电机组等辅助,人工拔插快速接头	不好,需要柴油发电机组等辅助,人工拔插快速接头	较好,无须拔插操作,直接正常操作过 0°街区;90°转场一般需要柴油发电机组等辅助,司机可自动进行集电器等的切换
同一跑道箱区两台设备近距离作业	受电缆槽影响,较差	近距离作业性能好	受集电器电杆影响,较差
设备成本	一次投入较高,使用成本高,可以单台投入	一次投入低,使用成本中等,维护工作中等,需要多台投入	一次投入中等,初期投资大,使用成本低,维护成本低,需要多台同时投入
适用场合	适用面广,特别适用于中小规模码头	适用面中等,特别适用于大中规模码头	适用面有一定要求,特别适合规整和狭长的场地、大中规模码头

　　电动 RTG 根据上机电流的不同,可分为交流供电和直流供电两种方式。交流供电方式一般采用三相四线制,高压电经过变压器转化为中低压交流电源,通过交流滑触线或电缆卷筒对电动 RTG 供电。直流供电方式需要将高压电经过箱变、整流装置和电源逆变装置转化为中低压直流电源,之后通过直流母线对电动 RTG 供电。两种供电方式的比较见表 7-11。

表 7-11　两种电流方式的比较

项　目	交 流 供 电	直 流 供 电
RTG 电气系统改造	较简单,只需要改造供电线路和少部分的控制切换	复杂,需要改造 RTG 驱动系统和辅助回路的交流供电系统
供配电设备	变压器、进线柜、交流配电柜	变压器、电源柜、交流电抗柜、整流柜、直流电抗柜、配电柜
电源切换	转场不能无缝切换,机上空调和照明需停止再启动,会降低生产率	通过逆变电源可以实现转场无缝切换,使机上空调和照明均不停止工作
功率因数	低	高
谐波	较高	较低
压降及线路损耗	较高,有容抗电阻	较低,不存在容抗电阻
能量利用率	较低,需在每套 RTG 上增加能量回馈装置,且每台设备的回馈装置需按设备的最大负荷配置,无法发挥能量回馈装置的最大利用率	较高,采用直流母线供电,设备的能量在母线上汇集并可综合利用,同等容量的地面电源可以带动更多的 RTG
成本	较低	为交流方案的 2~3 倍

由于 RTG 本身使用的是交流电,因此,采用交流供电方式比直流供电方式更简单,但直流供电方式具有其特有的优点:

(1) 功率因数高,电源谐波干扰少。

(2) 更容易实现节能。在集装箱下降过程中,电动机实际上相当于一个发电机,将集装箱下降的势能转换为电能,一般通过制动电阻将这部分能量消耗掉;而利用直流供电方式可以将集装箱下降过程中的能量回馈到直流母线,并供其他 RTG 使用,实现能量的自我供给。

(3) 采用直流供电方式,通过逆变电源可以实现转场时柴油发电机组和外部直流电源动力的无缝切换,不影响控制电路和照明等辅助负载的工作。

应用电动 RTG 的典型港口码头见表 7-12。

表 7-12　应用电动 RTG 的典型港口码头

供 电 形 式	供 电 电 流	应用的典型港口码头
电缆卷筒形式	交流供电	深圳招商国际港务码头,天津港第一港埠有限公司,上海港的物流共青码头、宜东码头和明东码头,肇庆港,邯郸陆港,扬州港,连云港新东方国际货柜码头,宁波港梅山集装箱码头,苏州太仓港,佛山南城码头,惠州港,珠海港,洋浦港,深圳大铲湾码头,曹妃甸港,厦门港海润码头,威海港青威集装箱码头,温州港金洋集装箱码头,挪威奥斯陆港,巴拿马萨尼约国际码头(MIT)
刚性滑触线形式	交流供电	青岛港,广州港,南京港,厦门港,深圳盐田国际集装箱码头,上海港物流浦东码头,深圳蛇口集装箱码头,湛江港,福州新港国际集装箱码头,营口港,香港 MTL、香港 HIT
	直流供电	天津港东方海陆集装箱码头,宁波港北仑第二集装箱码头,宁波大榭招商国际集装箱码头,大连大窑湾集装箱码头,福州港江阴港区,深圳赤湾集装箱码头,深圳妈湾港,美国萨凡纳港的花园城码头(GPA)

供 电 形 式	供 电 电 流	应用的典型港口码头
高架滑触线形式	交流供电	上海港振东、沪东、明东、浦东等码头,宁波港远东码头、港吉码头、北仑国际集装箱码头
	直流供电	深圳妈港仓码有限公司

2) 其他节能技术

(1) 提高柴油发电机组的能源利用效率。在普通 RTG 中,柴油机只有怠速与全速两挡的工作速度:怠速用于待机工况;全速用于工作工况。由于 RTG 的系统载荷是变化的、非线性的,因此在载荷较轻时,柴油发电机组效率较低,将造成能量浪费。柴油机的特性决定了其在不同需求功率下有不同的经济油耗,如果优化出不同功率下的经济油耗与转速曲线,并对此进行控制,将大大提高柴油发电机组的效率,取得很好的节能效果。

目前,实用的工程技术是以西门子公司的 ECO 节能技术为代表的发动机速度调节方式。此技术的关键是根据 RTG 不同工况对功率需求的不同,改变柴油机的转速,调整输出功率,实现精确的动态功率管理,从而节省油耗、降低成本、提高整机能源利用率。

(2) 能量回馈技术。能量回馈技术主要是把 RTG 在下放重物和运行机构制动时产生的再生回馈能量储存起来加以利用。

RTG 的再生能量主要指起升机构下降过程、大车和小车机构减速过程中产生的再生能量,这部分能量占整个运行循环的 30% 以上。对于普通 RTG 而言,由于再生能量无法回馈,只能通过能耗电阻以发热的形式白白消耗掉。对这部分能量进行再利用,不仅可以节能,而且可以弥补起升机构吊重载上升过程及各机构突然加速时的突加功率需求,从而使为 RTG 提供电力的柴油发电机组基本上工作在非过载状态,大大降低熄火的现象,这将有效提高柴油发电机组的使用寿命,并达到良好的环保效果。解决这个问题的关键是要有一套储能和回馈装置,能够快速吸收再生能量,并在系统需要时能立即投入使用。

目前,实用的工程技术是以超级电容和飞轮储能系统为代表的能量存储与回馈方式。利用超级电容的典型案例是振华港机的绿色 RTG,利用飞轮储能系统的代表是 VYCON 公司的飞轮节能系统。

超级电容的原理并非新技术,常见的超级电容大多是双电层结构,同电解电容器相比,这种超级电容的能量密度和功率密度都非常高。同传统的电容器和二次电池相比,超级电容储存电荷的能力比普通电容器高,并具有充放电速度快、效率高、对环境无污染、循环寿命长、使用温度范围宽、安全性高等特点。随着社会经济的发展,人们对于绿色能源和生态环境越来越关注,超级电容器作为一种新型的储能器件,因其无可替代的优越性而越来越受到人们的重视。在最近几年中,超级电容器已开始进入很多应用领域,如消费电子、工业和交通运输业等。

(3) 技术应用案例。柴油发电机组调速和能源回馈两类技术不是孤立的,若结合起来使用,节能降耗的效果将会更加明显。下面就市场上出现的几种新型节能型 RTG 作简要介绍。

① Siemens 的经济节能型 RTG(ECO-RTG)。ECO-RTG 与普通型 RTG 的最大不同

在于它的柴油发电机组。它运用最新的驱动技术,在达到普通型 RTG 操作效率的基础上,最大限度地降低柴油机油耗。相对于普通 RTG,ECO-RTG 具有以下技术特点：增速齿轮箱；水冷高速同步永磁发电机；水冷式变频器及其配套电气元器件；DICO 发动机控制装置。其原理体现了系统功率和能量需求的综合管理,它基于成熟的已在汽车行业成功应用的混合动力电气驱动技术,DICO 负责计算能量消耗,并依据负载大小调节柴油发电机组转速,以确保智能供应能源,使柴油机高效运行。ECO-RTG 通过对所有元件准确的动态功率管理、发动机待机控制,来使发动机的输出功率由电动机消耗功率直接控制,且控制系统无延迟,从而使发动机总是处于最佳运行区域或怠速状态。

普通 RTG 启动柴油机后,就始终保持在全速运转的状态下,即使不进行吊箱作业也要浪费一部分能量,而 ECO-RTG 采用两台单机容量 180kW 的新型发电机,在柴油机怠速的情况下,就能满足 RTG 辅助功能的用电需求。当 RTG 进行吊箱作业时,控制系统将根据实际负荷大小调整并优化发动机的转速,使其工作在高效运转速度范围内,具体如下：操作主令手柄将给定的速度传递给 PLC,PLC 根据速度和负载情况,将需要的电流、功率等信息传递给柴油机控制 PLC,柴油机控制 PLC 相应地提高柴油机转速,从而提高发电机的输出功率,以满足机构动作的需要。当一个机构动作结束后,柴油机马上由高速状态切换到怠速状态,响应时间不会超过 2s。ECO-RTG 的节能关键在于能够根据负载的大小调整柴油机转速,在满足 RTG 功率需求的同时,最大限度地减少能源浪费,同时减少排放废气黑烟,降低柴油机运转时产生的噪声。

根据 Siemens 发布的测试结果,在系统无超级电容的情况下,对比油料消耗测量值,可节约柴油 48%～50%；在系统加装超级电容的情况下,对比油料消耗测量值,可节约柴油 69%～70%。国内的厦门嵩屿集装箱码头已有新型 ECO-RTG 在 2007 年投入实际使用。

从实际应用看,如对普通的 RTG 进行技术改造,则需要对发电机组至控制元器件整套进行更新,整机改造范围大,费用高。此项技术主要应用于港口机械制造商研发的新产品。

② TM GE-RTG 系统。TM GE(东芝、三菱、通用电气)针对 RTG 的节能控制要求,研发了独特的节能电控系统高燃油效率 RTG。该系统既可应用于新采购的 RTG,也可用于旧 RTG 的电控系统改造,适用范围广。它的主要设计理念是通过合理地改变柴油发动机的转速,达到经济提供电源的目的。该系统的关键技术点如下：可变速发动机、变流器、逆变器、超级电容和 DC/DC 变换器。

该系统中增加了逆变器、变流器,同时也改变了原发动机的恒速要求。整套系统的设计仅对直流母线进行了处理,对于直流母线以下的电机控制均没有任何变化。因此,它保持了原 RTG 的控制模式,使原有的优良特性得到继承。

可变速发动机对于发动机的精确调速控制是 TM GE-RTG 系统的精髓。当 RTG 载荷需求功率较小时,可通过使发动机工作在额定速度以下,来达到降低柴油消耗、噪声和维护成本的目的。TM GE-RTG 系统根据速度和电流测量值计算出实际需要的转矩,再经过柴油机转矩与转速的转换,确定柴油机的喷油量。由于负载电流的变化非常迅速,突加突降负载对发动机的转速变化提出很高的要求。实践证明,采用电喷的可变速发动机完全能够满足要求。

　　DC/DC 电源变换器是变频器直流母线和超级电容之间的电能转换装置。当 RTG 的起升机构下降、大车和小车机构减速时,电动机会向直流母线上回馈电能。直流母线电压升高到一定限值时,DC/DC 电源变换器可以将电能注入超级电容。当母线电压下降,系统中需要电能补给时,超级电容中的能量能适时地进行补充;当能量不足时,可以由可调速发电机调整转速,进一步注入能量。在重物下降结束后,超级电容会积聚充足的能量。同时,如果长时间待机,由于发动机同样有多余的能量输出,也可以由 DC/DC 电源变换器注入超级电容。

　　高燃油效率 RTG 理想状态的节能效率可以达到 30% 左右。TM GE 还提供了使用超级电容的可选方案。如果能将 RTG 的再生回馈能量有效地利用起来,将进一步提高整机的节能效率。

　　③ Yaskawa 的混合动力 RTG。Yaskawa 针对 RTG 的节能控制要求,研发了混合动力 RTG 控制技术。它的主要控制理念是:通过合理地降低柴油发电机组容量以及采用超级电容作为混合动力,使用 DC/DC 控制器,来达到节省燃油和降低消耗的目的。其关键技术特点是超级电容和 DC/DC 控制器变换技术。

　　储能电容的作用主要是存储再生能量及在 RTG 各运行机构处于电动状态时提供所需电能,以减少柴油发电机组的载荷。系统采用公用直流母线排的形式,超级电容通过 DC/DC 变换器接到直流母线上。如果 RTG 处于怠速等候的工况下,则发动机同样有多余的能量输出,其电能也直接向超级电容充电。DC/DC 变换器是连接公用直流母线与超级电容的桥梁,通过 2 组 IGBT 单元构成可逆斩波回路,实现超级电容的充放电,完成能量的变换与传输。

　　根据 Yaskawa 发布的测试数据,在香港一台起重能力 40t、堆 6 过 1 高度的 RTG 上的对比测试,原 RTG 装备 Cummins 的 507kW 发动机,而新型混合动力 RTG 只用装备 Cummins 的 231kW 发动机就可满足使用(超级电容为 610V,40.1F,7.5MJ),平均 1 个作业循环可节约柴油 42%。

　　④ ZPMC 的绿色 RTG。ZPMC 的绿色 RTG 针对 RTG 频繁、快速起动制动和位能、动能时而交变的特点,充分发挥超级电容的超大容量储能、快速充放电、充放电物理过程无化学反应、不污染环境、长使用寿命的特性,将超级电容并入起重机的柴油发电机回路,组成了具有新型供电系统的更新换代的起重机。通过对柴油发电机组和超级电容的容量进行匹配优化,及 ZPMC 研发的充放电电路和监控电路,使 RTG 能有效地重复利用再生能量,取得了良好的效果。

　　该系统既能快速储存起重机负载——集装箱下降时的能量,又能在负载起升时快速向负载释放所储能量,补充柴油机供电,使柴油机工作平稳、寿命延长,可节能 30% 以上,经济性能提高 20%,消除黑烟,林格曼黑度由二级变成零级,降低噪声 4dB(A) 以上。

　　⑤ VYCON 公司的飞轮节能系统。飞轮节能系统的工作原理是将 RTG 产生的再生能量储存在真空飞轮装置内,当系统有高能量需求时,将这部分能量回馈给系统。它在高负载循环条件下具有很好的节能效果。能量以旋转动能的方式储存,能量的储存和释放均通过电动机和发电机的高转动惯量转子的转动实现。该系统使用寿命长,可与 RTG 整机同寿

命；新旧 RTG 都可用,用于新设备时,发电机组容量将会大大降低,节能效果更加明显；码头操作越繁忙,节能效果越明显；它特别适用于一些大型的、有长远投资的码头；能与其他能量储存系统结合使用,甚至还能与发动机速度调节系统结合使用。经美国加利福尼亚空气资源委员会验证,该系统的氮氧化物减排 25%,颗粒物减排 66%,碳氢化合物总量减排 23%。

　　飞轮技术早在美国的航天工程已有成熟应用,当时是作为 UPS 后备电源考虑的。随着能源供应的紧缺,减排环保理念的加强,飞轮储能作为节能减排的先进技术在各行业得到推广应用。2006 年 5 月,美国洛杉矶长荣码头的 RTG 率先采用了飞轮技术。

第8章

>>>>>>>>>>>>>>

港口生产率提升技术

8.1 集装箱码头的生产率现状

8.1.1 全球集装箱码头的效率情况

港口生产率提升有助于节能减排,本章以集装箱码头为例分析港口生产率现状及提升技术。

港口泊位效率是船舶每次停靠的每小时的平均总移动次数,也就是港口平均船时效率。单船停靠的每小时总移动次数就是总的集装箱移动次数(装载、卸载和移位)除以船舶停靠码头的总时间,单位为每小时自然箱个数,即自然箱/h。

美国商务日报集团(JOC)是全球权威的定期发布全球集装箱港口/码头泊位效率的机构,全球集装箱港口的泊位效率见表 8-1。集装箱港口泊位效率是某一港口的所有集装箱码头的泊位效率的平均值。在 2014 年全球集装箱港口泊位效率排名前十名的港口中,有 6 个是中国集装箱港口;在 2013 年全球集装箱港口泊位效率排名前十名的港口中,同样有六个是中国集装箱港口,排名前三名的集装箱港口全部是中国港口,分别是天津港、青岛港和宁波港,说明中国集装箱港口的整体泊位效率很高,集装箱港口的基础设施和设备技术水平已达到国际先进水平。

表 8-1 全球集装箱港口的泊位效率表 自然箱/h

序 号	码 头 名 称	2104 年	2013 年	2012 年	备 注
1	阿联酋阿里山港口	131	119	79	比 2013 年提升 10%
2	天津港	127	130	89	—
3	青岛港	126	126	98	—
4	盐田港	119	106	79	比 2013 年提升 12.3%
5	日本横滨港	112	108	82	比 2013 年提升 3.7%
6	南沙港	106	104	73	比 2013 年上升 1.9%
7	韩国釜山港	103	105	84	比 2013 年下降 1.9%
8	宁波港	103	119	89	比 2013 年下降 14.2%
9	上海港	101	104	71	比 2013 年下降 2.9%
10	阿联酋豪尔法坎	100	119	79	比 2013 年下降 16%

2013 年,全球以单个集装箱码头统计的泊位效率排名见表 8-2,最大的集装箱码头泊位效率为 163 自然箱/h,该数据是基于全年码头所有停靠的船舶来统计的。

表 8-2 2013 年全球集装箱码头泊位效率排名

码 头	港 口	国 家	泊位效率/(自然箱/h)
APM 横滨码头	横滨	日本	163
天津港太平洋国际码头	天津	中国	144
宁波北仑第二集装箱码头	宁波	中国	141
天津港欧亚国际集装箱码头	天津	中国	139
青岛港前湾集装箱码头	青岛	中国	132
厦门嵩屿集装箱码头	厦门	中国	132
天津五洲国际集装箱码头	天津	中国	130
宁波港吉(意宁)码头	宁波	中国	127
天津港联盟国际集装箱码头	天津	中国	126
阿联酋阿里山码头	阿里山	阿联酋	119
豪尔法坎集装箱码头	豪尔法坎	阿联酋	119

IHS Markit 的数据显示,2014—2016 年,全球前 30 大集装箱港口的生产效率水平并未出现明显的改善,甚至部分港口出现生产效率水平下滑的迹象。由全球 74% 的船队运营商提供的港口挂靠数据以及首次使用的船舶跟踪卫星提供的数据综合显示:2016 年上半年与 2014 年上半年相比,全球前 30 大集装箱港口的生产效率水平仅提高 2%。这在一定程度上说明集装箱港口生产效率已经到达了一个瓶颈期。

提高中转船舶的泊位效率、降低靠泊时间,是船、货、港各方共同的追求。中转船舶靠泊的时间越短,航行时间越多,消耗的能源越少,越能降低排放量,提高船舶的准点率。对于码头来说,无须投入额外的资金,提高船舶周转率即可为码头提供更高的泊位利用率和更大的产能。

JOC 分析了亚洲、中东和欧洲 12 个最大集装箱港口的总体岸桥作业效率,结果表明,14 000TEU 以上货轮的平均作业效率出现下降,4000~14 000TEU 货轮的作业效率最佳,而更小货轮和更大货轮的作业效率较差。目前,最大的集装箱船达到 24 000TEU,由于高度和宽度更大,装卸效率很难达到最高。

针对大型船舶带来的生产率压力,工程公司 WSP 海事技术总监戴维森(Dean Davison)说,随着 2019 年另一艘大型船舶的到访,码头很可能会继续面临挑战,北美的情况不会比其他地区严重得多。

根据对 JOC 港口生产率数据的分析,与 2017 年上半年相比,2018 年上半年船舶在港口的时间多了 7 万 h。但每次到港装卸的集装箱数量没有增加。

8.1.2 中国集装箱码头的效率情况

中国港口协会统计年鉴发布的 2019 年中国主要集装箱码头装卸效率指标统计情况见表 8-3。

表 8-3　2019 年中国主要集装箱码头的装卸效率指标统计

码头名称	平均船时装卸量/（TEU/h）	平均岸桥台时装卸量/（TEU/h）	船舶到港数量/艘	在场平均箱停留时间/d
锦州新时代集装箱码头有限公司	90.08	35.2	608	12.76
大连集装箱码头有限公司	93.76	40.39	3959	4.60
营口集装箱码头有限公司	86.0	38.6	981	7
天津港集装箱码头有限公司	107.32	35.8	3325	4.2
天津太平洋国际集装箱码头有限公司	176	43	578	5.4
天津港联盟国际集装箱码头有限公司	71.8	27.5	1212	4.7
天津港欧亚国际集装箱码头有限公司	83	36	900	4
上海浦东国际集装箱码头有限公司	94.23	41.64	6304	4.41
上海港宜东集装箱码头分公司	25.69	33.030	2133	4.25
上海港振动集装箱码头分公司	79.61	47.98	16 930	6.75
上海沪东集装箱码头有限公司	131.42	41.92	2845	6.21
上海明东集装箱有限公司	104.4	46.29	3585	0.5
上海盛东国际集装箱码头公司	127.6	32.82	7470	
上海冠东国际集装箱码头有限公司	140.09	26.62	1498	8.48
上海港尚东集装箱码头分公司	187.01	43.61	748	6.45
宁波北仑第一集装箱码头有限公司	66.78	27.18	3158	4.86
宁波舟山港股份北仑第二集装箱码头有限公司	162.04	27.54	2379	—
宁波港集团北仑第三集装箱码头有限公司	141.20	34.26	4470	—
宁波大谢招商国际码头	83.31	29.03	2752	6.92
厦门海沧新海达集装箱码头有限公司	83.12	44.65	1938	4.46
广州集装箱码头有限公司	46.76	34.26	12 600	0.39
广州南沙海港集装箱码头有限公司	112.32	30.42	4094	8.7
广州港股份南沙集装箱码头分公司	160.2	37.5	21 295	4.3
广州港南沙港务有限公司	141.19	33.9	19 990（含驳船）	4.6
东莞港国际集装箱码头有限公司	117.5	34	497	6
东莞集装箱码头港务有限公司	126.89	41.12	7443	5.075
深圳大铲湾现代港口发展有限公司	33.7	31.8	7468	10.5
蛇口集装箱码头有限公司	85	29.1	16 696	8.5
盐田国际集装箱码头有限公司	118.5	29.3		
珠海国际货柜码头（高栏）有限公司	113	37	607	4.6

数据来源：《中国港口年鉴 2020》。

　　根据青岛港发布的消息，2022 年 6 月，青岛港自动化码头的岸桥最高单机作业效率达到 67.76 自然箱/h，岸桥平均单机作业效率达到了 60.18 自然箱/h，较传统码头作业效率有较大提高。

8.2 集装箱码头的效率提升技术

8.2.1 集装箱码头的效率提升措施

1. 合理的船舶调度和任务分配

缩短船舶非作业停泊时间。提高管理能力,许多审批环节可由班轮公司或其代理人在船舶靠泊前完成。集装箱码头通过与班轮公司精准对接,加强与口岸、引航、拖船等相关部门的协调,共同提前或并行处理一些环节,可以有效缩短船舶非作业停泊时间,提高泊位效率。通过事先安排计划,实现合理调度和任务分配。

2. 增强码头的工艺和周转能力

1) 码头设施设备数量

码头设施情况是影响码头装卸效率的重要因素,码头设施的布置方向(垂直于岸线,还是平行于岸线)、预留空间等都对集装箱码头装卸效率产生影响。根据船舶靠泊情况,加大码头设施设备的投入,使得同时服务船舶装卸的设备达到最佳数量组合。在一个泊位装卸一条船时,在空间允许的条件下,投入的岸桥越多,装卸效率越高。马来西亚西港于2015年用9台岸桥创出793自然箱/h的单船最高泊位效率。

2) 设备装卸能力

港口设备装卸能力和性能也是影响装卸效率的重要因素。双起升双40英尺岸桥一次能同时装卸4个20英尺集装箱或2个40英尺集装箱,相对于普通岸桥一次只能装卸2个20英尺集装箱或1个40英尺集装箱,采用双起升双40英尺形式大大提高了岸桥装卸效率。

3) 堆场仓储设备能力

堆场的仓储条件和能力对于码头的效率也有很大的影响。对堆场的堆箱规则进行优化,使用堆场智能化管理系统,可提高堆场的利用率,降低翻箱倒箱率,提高整个堆场的装卸效率。目前,空箱堆场均利用边角场地、不规则场地,使用空箱堆高机作业,这使得作业效率和自动化受到限制,如条件允许,可在规则的场地上进行空箱作业,选用RMG或RTG可大大提高堆存能力和装卸效率。

4) 集疏运系统能力

提升集装箱码头后方集疏运系统的能力,使集装箱快速周转,提高整体效率。对码头闸口等设施进行优化,保证集装箱或其他运输车辆在进出时,能快速完成登记验证及识别,缩短外部车辆在港时间,这不仅降低了外部车辆的大气污染物排放,而且有助于提升码头整体效率。

5) 优化工艺,实现设备间无缝衔接

通过优化装卸工艺,使各个环节的设备实现无缝衔接,避免设备交接界面的不顺畅,做到设备的最优组合和最佳匹配。

3. 提高设施设备的效率

岸桥、水平运输车辆、堆场起重机等集装箱码头各个装卸工艺环节的设备效率均影响整个装卸效率,各个环节设备的速度参数是影响设备效率的重要因素。提高各个环节设备及各机构的起升速度、小车速度等技术参数,缩短循环周期,提高装卸效率。

4. 提升码头和设备智能化水平

智能化能够弥补人工操作的缺陷,促使港口各个码头之间、码头工艺系统、各个设备之间实现互联互通的智能化控制,提高系统和设备运行效率。

日本的主要港口通过信息系统对港口的生产工艺流程进行优化,不断提高港口各类设备的作业效率,从而实现港口整体作业效率的提升。名古屋港是日本的典型港口及主要贸易港口,该港口由 5 个集装箱码头组成,各码头通过信息系统实现信息共享和对集装箱的生产设备的统一调度,有效提高了生产设备作业效率,设备能耗也随之降低了 10%。

5. 提高操作人员素质

各个操作工种都会因为司机或操作人员技能和熟练程度的不同,而影响操作速度。在集装箱装卸时,岸桥和堆场起重机的司机及集卡司机的操作水平会对码头作业效率产生较大的影响。在进行船舶内部提、装箱时,由于集装箱位置较深,岸桥司机受制于视野问题,往往不如吊取甲板上的集装箱效率高。所以,集装箱作业的业务熟练程度和丰富经验会提高装卸效率,避免集装箱卡车等箱的问题。另外,各个衔接设备之间操作人员的配合也会对装卸效率产生影响。目前,单岸桥最高装卸效率为 197 自然箱/h,由上海盛东国际集装箱码头有限公司的岸桥司机张彦创造。

8.2.2 空箱堆场的效率提升技术

目前,集装箱空箱堆场主要采用空箱堆高机进行作业。空箱堆高机属于流动设备,为柴油驱动,对环境的影响较大,作业效率上与大型起重机相比也较低,且很难实现自动化作业。因此,笔者对集装箱空箱堆场装卸流程进行了方案研究,经对几种空箱堆场装卸设备在堆场布置、堆存率、装卸效率、能耗、环保性、经济性等多方面的比较分析,提出利用特殊订制的RMG、RTG 进行空箱装卸的工艺方案,轻型 RTG 在空箱堆场作业方案中具有优势。

1. 技术发展现状

目前,大部分空箱堆场的集装箱装卸由空箱堆高机来完成,机动性较好,装卸作业灵活,空箱堆高机为集装箱的装卸作业发挥了重要作用,但此装卸方案存在以下问题。

(1) 要求的作业空间大,要在两侧都至少留有 15m 通道,堆场利用率低。

(2) 装卸作业只能直取最外侧集装箱,如按箱号取箱,则需要倒箱作业,工作量大、作业效率低。

(3) 使用柴油为燃料,随着燃料价格上涨,装卸成本越来越高。

(4) 柴油机排放废气、噪声、油水泄漏等污染环境。

(5) 空箱堆高机属于流动设备,很难实现自动化作业。

上海外高桥码头空箱堆场一期工程采用了两种作业工艺:在南面 2 个箱区采用 RMG加集卡作业方式,即布置 2 台高架 RMG 和 3 台低架 RMG;其余 3 个箱区合为 2 个箱区,采用空箱堆高机加集卡作业方式。视生产经营发展要求,再将 2 个空箱堆高机作业箱区改成3 个 RMG 作业箱区,使其全部成为集装箱空箱作业场。广东省中山市小榄港货运联营公司采用轻型轮胎式空箱门式起重机进行租用场地的空箱处理,设备的跨距为 23.47m,起重量为 5t。ZMPC 研制的共轨式集装箱轨道式门式起重机综合轮胎式和轨道式集装箱门式起重机的优点,将两者布置在相同的轨道上运行,既保证了高效、低成本,又有利于环保和自动化的实现,还兼具一定的灵活性。

2. 机型特点比较

《海港总体设计规划》(JTS 165—2013)中规定集装箱码头堆场作业及装卸车作业机械,应根据泊位的通过能力、集疏运方式、陆域面积、环保要求和不同的工艺布置形式经技术经济论证选用,可选用 ERTG、传统 RTG、RMG、集装箱跨运车、正面吊、集装箱叉车和空箱堆高机等装卸机械,应优先选用电力驱动设备。空箱堆场和辅助设施宜设在码头陆域后方并形成各自独立的区域。

空箱堆高机可堆码 7～8 层,具有作业灵活、机动性好等优点,特别适合一些不规则的场地作业。但由于其遵循"先进后出"的原则,因此,当按号取箱时,倒箱率大,装卸效率低。

空箱电力 RTG 可堆码 7～8 层,是以市电驱动代替柴油发电机组驱动的新型空箱起重装卸机型,它具有通用 RTG 的运行稳定性好、机动灵活、适用性强等特点,特别是由交通部水运科学研究院基于"四卷筒组合控制技术"开发的新型 ERTG,具有自重轻、造价低等优点,是空箱堆场性价比较高的装卸设备之一。

空箱 RMG 可堆码 8～9 层,在固定的轨道上运行,易实现自动化控制,但设备投资高,对基础的要求较高。

空箱堆高机的发动机、变速箱、驱动桥和液压系统等主要配套件均为进口件,维护成本高,而空箱 ERTG 和空箱 RMG 的变频电动机等配套件均为国产件,维护成本低,且恢复故障的周期短。

几种适用于空箱作业的装卸设备的特点比较见表 8-4。

表 8-4　适用于空箱作业的装卸设备的机型特点比较

序　号	项　目	空箱堆高机	空箱 ERTG	空箱 RMG
1	机动性	高	较高,可跨区作业	低
2	作业效率	低	高	高
3	堆存利用率	较低	高	高
4	自动化程度	不易实现	较易实现	易实现
5	轮压	低	稍高	高
6	购置成本	低	稍高	高
7	使用费用	高	低	低
8	维护费用	高	低	低
9	稳定性	较差	好	好
10	能源类型	燃油	电力	电力
11	废气排放	有	无	无
12	噪声	较大	小	小

3．装卸工艺方案比较

1）总平面布置

在进行总平面布置时应对装卸工艺进行比选。根据堆场的通过能力、集疏运方式、陆域面积和不同的工艺布置形式选择装卸设备。各装卸设备在总平面布置时应注意以下问题。

空箱堆高机的运行方向与作业方向垂直而需要占据较宽的通道，一般需要留有不小于15m的作业通道，为了减少倒箱量，堆箱区两边需留有通道，便于两面取箱，以满足用箱的"先进先出"；对于箱量较大的业主来说，可采取多个分堆的方法，便于取箱和管理。

空箱ERTG应留有宽度不小于3.5m的集装箱拖挂车通道，相邻两台空箱ERTG的运行跑道中心距不小于3.6m。空箱RMG的跨距内或悬臂外应留有跨度不小于3.5m的集装箱拖挂车通道，相邻两台空箱RMG的安全距离不小于1m。相邻两台空箱ERTG或空箱RMG宜"背靠背"布置，以使相邻两台设备共用一个供电设施（如配电箱等）。

空箱ERTG和空箱RMG的跨距应按照总平面的布置情况选定。空箱ERTG的跨距宜为20～35m，空箱RMG的跨距宜为30～50m。

2）集装箱堆存能力比较

以国内某空箱堆场为例，通过总平面布置对空箱堆高机、空箱ERTG和空箱RMG方案进行箱位数和实际年堆存能力的比较，堆场布置图分别见图8-1、图8-2和图8-3，箱位数和实际年堆场能力见表8-5。

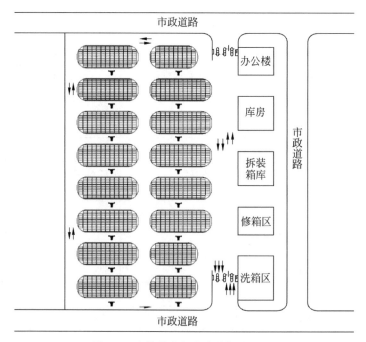

图 8-1　空箱堆高机方案堆场布置图

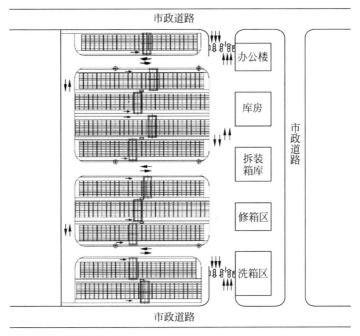

图 8-2　空箱 ERTG 方案堆场布置图

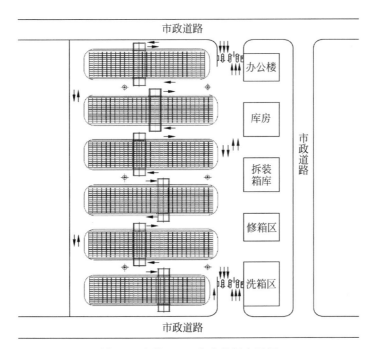

图 8-3　空箱 RMG 方案堆场布置图

表 8-5　箱位数和实际堆存能力比较

方　案	装卸设备	箱位数/TEU	堆箱层数	实际堆存能力/(万 TEU/a)
1	空箱堆高机	2358	8	38.5
2	空箱 ERTG	2538	8	42.6
3	空箱 RMG	2440	9	44.8

从表 8-5 可以看出,对于给定的堆场,空箱 ERTG 和空箱 RMG 的箱位数多,堆存利用率高,堆存能力明显高于空箱堆高机,具有较高的装卸效率。

3）设备及基础投资比较

设备投资是按照给定技术规格购买设备的费用。基础投资主要包括跑道和堆场路面、供电设备、电缆及电缆沟槽等附属设施的费用。跑道和堆场路面的费用按照装卸设备的轮压及跑道作业面的大小来估算。空箱堆高机为自带柴油机提供动力,不需要配置供电设备等设施。估算后的空箱堆高机、空箱 ERTG 和空箱 RMG 的设备及基础的投资情况见表 8-6。

表 8-6 设备及基础投资比较表

装 卸 设 备	基 本 参 数	单价/万元	台数	设备总价/万元	基础投资/万元	投资合计/万元
空箱堆高机	起重量 9t,堆箱层数 8 层,速度 25km/h	230	18	4140	1747	5887
空箱 ERTG	跨距 30m,起重量 10t,堆箱层数 8 层	350	10	3500	1878	5378
空箱 RMG	跨距 40m,外伸距 7m,起重量 10t,堆箱层数 9 层	600	6	3600	2924	6524

4）单箱装卸成本比较

按照动力费用、维修费用、润滑费用、折旧费用等算出不同装卸方案的单箱装卸成本。固定资产折旧按照年限平均法进行折旧,折旧年限设为空箱堆高机 12 年、空箱 RMG 15 年、空箱 ERTG 15 年,预计残值率为 5%。按照每年完成 40 万 TEU 的堆存量,计算得出单箱设备成本,计算结果见表 8-7。有关费用的选取说明如下。动力费用,空箱堆高机的油耗按 0.5L/TEU、柴油按照 6 元/L 计算。空箱 RMG 的电耗按 1.5kW·h/TEU、空箱 ERTG 的电耗按 1kW·h/TEU、电价按 0.80 元/(kW·h)计算。人力费用按 5 万元/(人·年)计,每台设备按照 5 人配备。维修费用,按照年修理费率即设备价格的百分比考虑,空箱堆高机为 5%,空箱 ERTG 为 3%,空箱 RMG 为 2%。润滑费用,按照动力费用的 7%考虑。其他费用,按照上述费用总和的 5%考虑。

表 8-7 单箱装卸成本比较

装卸方案	动力费用/万元	人员费用/万元	维修费用/万元	润滑费用/万元	折旧费用/万元	其他费用/万元	合计费用/万元	单箱成本/(元/TEU)
空箱堆高机	120	450	165.6	8.4	466.1	37.2	1247.3	31.2
ERTG	32	250	105	2.2	393.0	19.5	801.7	20.0
RMG	48	150	72	3.4	476.7	13.7	763.8	19.1

5）费用年值比较

考虑到投资资金的时间价值,进行空箱堆场设备的经济比较,由于要比较的三种设备方案产生的效益是相同的,因此,可用费用年值比较法进行方案的比选。计算如下。

$$AC_{堆高机} = 5887(A/P,i,12) + 781 = 1645(万元)$$

$$AC_{ERTG} = 5378(A/P,i,15) + 408 = 1116(万元)$$

$$AC_{RMG} = 6524(A/P,i,15) + 287 = 1145(万元)$$

以上各式中,AC 表示费用年值,A 表示等额年值,P 表示现值,i 表示投资内部收益率。

由此可见,按照费用年值比较法得出空箱堆高机比空箱 ERTG 和空箱 RMG 的费用年值要高,而空箱 ERTG 和空箱 RMG 的费用年值则相差不多。

6) 社会效益比较

空箱堆高机以柴油为燃料。柴油机的废气排放、噪声、废油水泄漏均对港口、中转堆场等使用环境造成较大的污染。据测算,每装卸 1TEU 产生的二氧化碳量约为 1.3kg,以年装卸 40 万 TEU 计算,仅产生的二氧化碳量就为 520t 之多! 另外,柴油机产生的噪声对司机、堆场工作人员以及堆场周围的居民产生较大的环境噪声污染,影响人的休息和健康。

空箱 ERTG 和空箱 RMG 由市电提供动力,在港口属地无污染、零排放,噪声大大降低。在当前节能减排形势日益严峻、国际能源供应日趋紧张、能源价格急剧攀升的环境下,采用市电提供动力的装卸设备具有显著的经济和社会效益。

4. 选型比较结论

各种空箱堆场起重装卸设备的选型总结如下。

(1) 场地较分散或不规整、批量不大的空箱堆场宜选用空箱堆高机。应合理布置箱位,分堆存放的集装箱两面应都留有足够的通道,减少倒箱率,提高装卸效率。

(2) 大型、场地规整的堆场,初始投资富裕、更看重长期效益,以及要求自动化程度高的空箱堆场可选用空箱 RMG。

(3) 场地较规整的堆场,如采用分期建设的方式,需要进行转场跨区作业,宜选用空箱 ERTG,因其具有机动灵活的特点。

(4) 场地规整的堆场,也可采用共轨式集装箱门式起重机,综合利用轮胎式和轨道式集装箱门式起重机的优点。

(5) 对于租赁的堆场而言,考虑较少的初始投资,宜采用空箱 ERTG 方案,有效降低基础设施投资,并能方便转场作业。

(6) 考虑节能减排的长期效益,优先考虑以市电为动力的空箱 RMG 或空箱 ERTG。

因此,对于场地规整的空箱堆场而言,建议采用特殊订制的 RMG、RTG 进行空箱装卸的工艺方案,轻型 RTG 在空箱堆场作业方案中具有优势。

5. 应用实践

广州南沙三期集装箱码头采用 5t 空箱 RMG,见图 8-4,设备吊具下的额定起重量为 5t,跨距为 46m。

海南海口洋浦采用 5t 空箱 RMG,见图 8-5。

广东肇庆码头采用 5t 空箱 RTG,见图 8-6。

图 8-4　广州南沙三期集装箱码头采用的 5t 空箱 RMG

图 8-5　洋浦港采用的 5t 空箱 RMG

图 8-6　广东肇庆码头采用的 5t 空箱 RTG

8.3　集装箱码头的土地和岸线利用率提升措施

　　2017 年 5 月,习近平总书记在主持十八届中央政治局第四十一次集体学习时提出,要全面促进资源节约集约利用。生态环境问题归根结底是资源过度开发、粗放利用、奢侈消费造成的。资源开发利用既要支撑当代人过上幸福生活,也要为子孙后代留下生存根基。要树立节约集约循环利用的资源观,用最少的资源环境代价取得最大的经济社会效益。

"十三五"期间,国家相关政策文件对于提高土地和岸线资源利用率提出了明确的要求。《交通强国建设纲要》提出促进资源节约集约利用,加强土地、海域、无居民海岛、岸线、空域等资源的节约集约利用。《关于建设世界一流港口的指导意见》提出,严格落实围填海管控政策,严格管控和合理利用深水岸线。《交通运输部关于全面深入推进绿色交通发展的意见》(交政研发〔2017〕186号)提出集约利用通道岸线资源;加强港口岸线使用监管,严格控制开发利用强度,促进优化整合利用;深入推进区域港口协同发展,促进区域航道、锚地和引航等资源共享共用。

交通运输部发布的《资源节约型　环境友好型　公路水路交通发展政策》(交科教发〔2009〕80号)提出到2020年与港口有关的指标(与2005年相比)有,港口单位长度生产用泊位完成的货物吞吐量提高50%,土地和岸线资源集约利用取得显著成效。《关于建设世界一流港口的指导意见》中发布的港口发展指标体系的世界先进指标中将单位岸线经济产出作为经济贡献的综合评价指标之一。最新发布的《港口工程清洁生产设计指南》(JTS/T 178—2020)中将每百米岸线的货物吞吐量作为资源能源的消耗指标。

港口土地和岸线资源是港口发展的重要资源,本节对国内外典型港口土地和岸线利用现状进行分析,提出提高土地和岸线利用率的措施,为港口对标土地和岸线利用率、提高服务效率提供技术支撑。

8.3.1　国内外典型港口的岸线和土地利用现状

1. 岸线利用率现状

岸线利用率可用单位长度岸线的吞吐量来表示,一般码头的岸线长度和吞吐量数据容易获得,因此该指标的计算较容易。

国内港口不断调整港口布局,提高岸线利用率,促进港口和城市融合发展。2014年,宁波市发布了《宁波市人民政府关于推进港口岸线资源集约化利用的意见》(甬政发〔2014〕41号),从建立完善港口岸线利用规划体系、完善港口岸线建设项目服务管理体系、着力推进已利用港口岸线整合改造体系、构建全市港口岸线资源集约化利用保障体系等方面入手,最大限度地提高岸线资源的利用效率。大力发展水水中转,指导港口企业与周边港口开展内河支线、内贸线运输,拓展与长江沿线港口的合作,发展江海联运。

2019年舟山市发布了《关于开展"岸线效益论英雄"改革的实施意见(试行)》《舟山市"低小散"港口岸线整治提升专项行动方案》《舟山市油气储运基础设施开放共享实施意见(试行)》等文件,开展"岸线效益论英雄"是推动港口高质量发展的重要措施,"低小散"港口岸线整治提升、油气储运基础设施开放共享是港口高质量发展的重要组成部分,提升有限岸线的使用效率和经济效益,推动资源要素向高质量发展汇聚。要做好岸线使用"减法",探索建立闲置低效岸线退出机制,逐步恢复岸线自然生态。2019年,舟山市在港口产业进一步优化布局的基础上,不断督促"低小散"港口企业通过招商引资股权优化、扩大产能改造升级等方式进行重组提升,实现规模化发展,优化资源要素配置,有力推动了港航产业转型升级。

根据资料,2009年环渤海区域港口完成箱量2993.1万TEU,11个港口集装箱码头通过能力约 3350 万 TEU,平均通过能力利用率为 82%,平均每百米码头岸线吞吐量为 11.65 万 TEU,其中青岛港达到 22.86 万 TEU,而最低的只有 4.6 万 TEU;上海港核定的 2015—2017 年集装箱码头百米岸线吞吐量分别为 28.1 万 TEU、28.5 万 TEU、30.9 万 TEU;浙江宁波舟山港集装箱码头百米岸线吞吐量为 23.17 万 TEU,温州港集装箱码头百米岸线吞吐量为 9.52 万 TEU,浙江省集装箱码头百米岸线吞吐量为 22.38 万 TEU。根据中国港口协会资料,每百米岸线吞吐量超 20 万 TEU 的集装箱码头,2019 年有 23 个,2018 年有 17 个,2017 年有 20 个,见表 8-8。根据统计,美国长滩港的每百米码头岸线吞吐量为 25.77 万 TEU,新加坡港的每百米码头岸线吞吐量为 22.48 万 TEU。

表 8-8 2017—2019 年中国港口每百米岸线吞吐量超 20 万 TEU 的集装箱码头

排名	2019 年	2018 年	2017 年
1	上港集团振东集装箱码头分公司	广州港南沙港务有限公司	广州港南沙港务有限公司
2	上海沪东集装箱码头有限公司	上港集团振东集装箱码头分公司	上港集团振东集装箱码头分公司
3	宁波港集团北仑第三集装箱有限公司	上海沪东集装箱码头有限公司	上海沪东集装箱码头有限公司
4	青岛前湾集装箱码头有限责任公司	上海明东集装箱码头有限公司	上海明东集装箱码头有限公司
5	上海盛东国际集装箱码头有限公司	宁波港集团北仑第三集装箱有限公司	上海浦东国际集装箱码头有限公司
6	上海明东集装箱码头有限公司	上海盛东国际集装箱码头有限公司	上海盛东国际集装箱码头有限公司
7	上海冠东国际集装箱码头有限公司	上海冠东国际集装箱码头有限公司	上海冠东国际集装箱码头有限公司
8	上海浦东国际集装箱码头有限公司	上海浦东国际集装箱码头有限公司	宁波港集团北仑第三集装箱有限公司
9	广州港南沙港务有限公司	宁波舟山港股份有限公司北仑第二集装箱码头分公司	宁波舟山港股份有限公司北仑第二集装箱码头分公司
10	宁波舟山港股份有限公司北仑第二集装箱码头分公司	广州南沙海港集装箱码头有限公司	天津港联盟国际集装箱码头有限公司
11	天津港联盟国际集装箱码头有限公司	上港集团宜东集装箱码头分公司	广州南沙海港集装箱码头有限公司
12	广州南沙海港集装箱码头有限公司	宁波北仑国际集装箱有限公司	营口港务股份有限公司集装箱码头分公司
13	宁波梅山岛国际集装箱码头有限公司	营口新世纪集装箱码头有限公司	营口新世纪集装箱码头有限公司
14	天津港欧亚国际集装箱码头有限公司	大连集装箱码头有限公司	营口集装箱码头有限公司
15	上港集团宜东集装箱码头分公司	营口集装箱码头有限公司	宁波北仑国际集装箱码头有限公司
16	广州港股份有限公司南沙集装箱码头分公司	天津港集装箱码头有限公司	上港集团宜东集装箱码头分公司

续表

排 名	2019 年	2018 年	2017 年
17	宁波北仑国际集装箱码头有限公司	宁波大榭招商国际码头有限公司	大连集装箱码头有限公司
18	天津港集装箱码头有限公司	—	东莞港国际集装箱码头有限公司
19	宁波大榭招商国际码头有限公司		宁波大榭招商国际码头有限公司
20	广西钦州国际集装箱码头有限公司	—	天津港集装箱码头有限公司
21	苏州现代货箱码头有限公司	—	—
22	东莞港国际集装箱码头有限公司	—	
23	太仓港上港正和集装箱码头有限公司	—	

典型集装箱码头岸线利用率见表 8-9。

表 8-9 典型集装箱码头岸线利用率

码 头 名 称	吞吐量/万 TEU	岸线长度/m	土地利用率/(万 TEU/100m)
广州港南沙港务有限公司	570.8	1400	40.77
上海沪东集装箱码头有限公司	405.0	1250	32.40
宁波港集团北仑第三集装箱码头公司	1035.0	3410	30.35
青岛前湾集装箱码头有限责任公司	1034.9	3439	30.09
上海明东集装箱有限公司	616.0	2068	29.79
上海盛东国际集装箱码头公司	893.6	3000	29.79
上海冠东国际集装箱码头有限公司	760.1	2600	29.23
上海浦东国际集装箱码头有限公司	255.0	940	27.14
天津港联盟国际集装箱码头有限公司	297.6	1100	27.05
宁波舟山港股份北仑第二集装箱码头有限公司	338.1	1258	26.87
广州南沙海港集装箱码头有限公司	562.5	2100	26.78
上海港宜东集装箱码头公司	418.0	1641	25.47
青岛前湾联合集装箱码头有限责任公司	783.1	3158	24.80
广州港股份南沙集装箱码头分公司	536.1	2218	24.17
宁波北仑第一集装箱码头有限公司	323.0	1399	23.09
东莞集装箱码头港务有限公司	154.1	678	22.72
宁波大榭招商国际码头有限公司	329.0	1500	21.94
天津港集装箱码头有限公司	742.1	3541.5	20.96

数据来源:《中国港口年鉴 2020》。

2. 土地利用率现状

土地利用率是衡量港口资源集约节约利用的另一个指标。土地利用率可用单位土地面积的吞吐量来表示，一般码头的陆域面积和吞吐量数据容易获得。

新加坡港和香港港的水水中转比例、土地利用率都很高，处在同一个层次。香港港与新加坡港的土地利用率为 50000～60000TEU/万 m^2，属于第一梯队。

新加坡港的土地利用率高主要与水水中转量大有关。新加坡港与全球 123 个国家和地区的 600 多个港口建立了业务联系，每周有 430 艘班轮发往全球各地，为货主提供多种航线选择。有了如此高密度、全方位的班轮航线作保证，需要中转的集装箱到了新加坡很快就会转到下一个航班运往目的地。新加坡港的大部分集装箱在港堆存时间为 3～5 天，20% 的集装箱堆存时间仅为 1 天。新加坡作为国际集装箱的中转中心，极大地提高了全球集装箱运输系统的整体效能，成为国际航运网络中不可或缺的重要一环。香港港的土地和岸线利用率也很高，其 1998—2005 年的土地和岸线利用率情况见表 8-10。

表 8-10　香港港 1998—2005 年的土地和岸线利用率

参　　数	1998 年	1999 年	2000 年	2001 年	2002 年	2003 年	2004 年	2005 年
码头数	8	8	8	8	8	9	9	9
泊位数	18	18	18	18	18	20	24	24
岸线长度/m	5754	5754	5754	5754	5754	6454	7694	7694
总面积/万 m^2	201	201	201	217	217	240	275	275
吞吐量/1000TEU	9555	10 295	11 603	11 285	11 892	12 070	13 425	14 284
岸线利用率/(TEU/m)	1660.58	1789.19	2016.51	1961.24	2066.74	1870.16	1744.87	1856.51
土地利用率/(万 TEU/m)	47 537.3	51 218.9	57 726.37	52 004.6	54 801.84	50 291.67	48 818.18	51 941.82

亚洲港口除了新加坡港和香港港外，中国吞吐量排名靠前的码头土地利用率也较高，土地利用率一般约为 20 000～30 000TEU/万 m^2，个别码头在 40 000TEU/万 m^2 左右，属于第二梯队，如上海港的大部分集装箱码头、广州港集装箱码头、宁波舟山集装箱码头、青岛港集装箱码头、深圳盐田集装箱码头等。

国内外港口土地利用现状见表 8-11，欧美国家港口的土地利用率普遍较低，如美国长滩港的集装箱码头的土地利用率仅为 11 900TEU/万 m^2，而美国集装箱码头的平均土地利用率为 7397TEU/万 m^2。欧洲港口的堆场大部分采用跨运车工艺，跨运车占用的通道多，堆场堆存量低，因此土地利用率也相对低些。欧美国家的码头土地利用率一般在 20 000TEU/万 m^2 之下，属于第三梯队。

表 8-11　国内外港口土地利用现状

码 头 名 称	吞吐量/万 TEU	陆域面积/hm^2	土地利用率/(万 TEU/m^2)
美国长滩港			11 900
新加坡港			67 609.33
香港货柜九个码头	1430	279	51 254.48
上海港沪东码头	400	155	25 806.45

码 头 名 称	吞吐量/万 TEU	陆域面积/hm²	土地利用率/(万 TEU/m²)
浦东国际集装箱码头	260	50	52 000.00
广州南沙三期集装箱码头	4178	238	22 525.16
广州南沙一期集装箱码头	2100	223	25 597.31
深圳盐田码头	1306.9	417	31 340.53
北仑第二集装箱码头分公司(NBSCT)	348	104	33 461.54
北仑第三集装箱码头分公司	1000	359	27 855.15

8.3.2　提高岸线和土地利用率的措施研究

港口提高岸线和土地集约利用的措施主要有以下几个方面。

1. 调整港口和运输结构

(1) 港产城融合发展,港口、工业、仓储一体化布局,建设临港产业集群和完整产业链,提高单位岸线和面积产出效率。

新加坡裕廊工业园是全球著名工业园之一。新加坡裕廊镇管理局采取管理措施,提高裕廊工业园土地集约利用程度。新加坡利用高技术仓储设备、全自动立体仓库、无线扫描设备、自动提存系统等现代信息技术设备,使物流公司基本实现了整个运作过程的自动化。通过机械设备将货物输送到立体货架的固定位置,空间利用率为普通平库的2~5倍。

(2) 优化土地利用结构,提高土地利用效率。改变港口能源消耗大、污染重、效益低的状况,剔除不符合港口产业政策及环保要求的货种。

(3) 码头货种转型升级,作业区连片布置,实现装卸规模化和货种专业化,加快堆场集装箱周转,降低堆存期,优化堆场布局、大宗干散货堆场规则。

(4) 优化运输结构,提高水水中转量。通过水水中转可以减少对港区陆域面积的占用,提高岸线和土地利用率。水水中转对土地利用率的影响比对岸线的大。新加坡、鹿特丹、安特卫普等国际大港的"水水中转"比例都在50%以上,新加坡港和香港港的水水中转量占比很大,土地利用率很高。上海港的集装箱吞吐量在2020年达到4350万 TEU,水水中转比达到51.6%。

(5) 采用多功能码头和港口离岸作业,提高土地利用率。从港口运输区来看,新加坡港努力提高岸线利用率,注重协调不同港区的运输功能,兴建了位于巴西班让港区(Pasir Panjang)和森巴旺港区(Sembawang)的多功能处理码头,适度允许港口功能重叠,充分利用其岸线。同时,新加坡港以水上装卸作业著名,货船不需要停靠码头,直接在海面上完成货物换装转运,极大地提高了港口作业效率。

2. 码头升级改造和应用新工艺新技术

(1) 利用高科技设备和技术,通过立体仓库等措施提高仓储和库场的容积率。例如:新加坡港建立全自动的立体仓储仓库,实现物流运作全过程自动化;青岛港集装箱码头建设智能空轨集疏运系统,有效减少土地占用,减少拥堵。

(2) 提过高新技术、工艺流程优化等各种途径提高港口作业效率。

(3) 通过提高码头吨级、提高老码头结构等级、优化装卸工艺、提高港口储运和集疏运能力,来提高码头的整体作业效率和储运能力,从而提高资源集约节约利用水平。

3. 腹地经济和港口经营情况

吞吐量是影响岸线利用率的重要指标。腹地经济是港口吞吐量的重要影响因素,国家或地区经济社会发展对码头进出货物的需求往往通过码头吞吐量来体现,需求量大,码头货物吞吐量就增大,相应地,单位岸线长度的吞吐量就增加。

4. 港口未来规划和发展空间情况

一直以来,港口填海发展是拓展港口土地资源的有效方法,但由于填海造陆对海洋生态环境造成了重大影响,中国从 2017 年开始严控围填海,因此,港口应考虑为未来发展预留空间。新加坡港由于受填海拓地政策的严格管制,对于未考虑成熟的用地进行留白,为未来发展提供弹性空间。日本东京港对填海造陆也持有谨慎态度,在规划中充分考虑相关政策影响。

本节在分析国内外港口岸线和土地利用率的基础上,给出了港口提高岸线和土地利用率的措施,可供港口参考,建议港口从土地和岸线利用率的目标设定、重点任务、保障措施等全方位多方面落实港口资源集约节约利用。

第9章

>>>>>>>>>>>>>

港口智能化技术

国家大力推进智能化和数字化技术。《交通强国建设纲要》明确提出科技创新富有活力、智慧引领,大力发展智慧交通,推动大数据、互联网、人工智能、区块链、超级计算等新技术与交通行业深度融合。推进数据资源赋能交通发展,加速交通基础设施网、运输服务网、能源网与信息网络融合发展,构建泛在先进的交通信息基础设施。构建综合交通大数据中心体系,深化交通公共服务和电子政务发展。推进北斗卫星导航系统应用。《关于建设世界一流港口的指导意见》提出加快智慧港口建设,建设智能化港口系统,加强自主创新、集成创新,加大港作机械等装备关键技术、自动化集装箱码头操作系统、远程作业操控技术研发与推广应用,积极推进新一代自动化码头、堆场建设改造。建设基于5G、北斗、物联网等技术的信息基础设施,推动港区内部集卡和特殊场景集疏运通道集卡自动驾驶示范,深化港区联动。到2025年,部分沿海集装箱枢纽港初步形成全面感知、泛在互联、港车协同的智能化系统。到2035年,集装箱枢纽港基本建成智能化系统。由上可以看出,集装箱枢纽港的智能化任务十分艰巨。

智能化是降低能耗和碳排放的一个重要手段。一方面,智能化能够提高效率,降低能耗。通过数字化、智能化技术来优化系统流程,从而实现系统整体能效的提升。例如,在制造业能源管理控制领域,物联网技术的应用可实时反馈电能利用情况,实现设备电耗10%～15%的降低。通过在工厂数据中心应用基于人工智能的机器学习技术,可使冷却系统能耗降低40%,系统整体能效提升15%。另一方面,智能化与电能替代关系也很大。在国家大力推进节能环保政策的背景下,有一种趋势是建设完全电气化的码头,主要是为了支持自动化,如目前建成的全自动化集装箱码头,几乎无一例外地采用了电力驱动的水平运输车辆(不是自动导引车就是电动跨运车)。港口智能化的一个重要原因是人工成本的增加。由于码头作业环境恶劣,码头面临招工难和人工成本增加的困难。另外,国家、行业越来越重视绿色低碳发展,电力化是自动化集装箱码头设备的发展趋势。

疫情常态化下的码头运营更需要智能化。码头还必须承担与新型冠状病毒肺炎(Corona Virus Disease 2019,COVID-19)疫情相关的健康和安全要求带来的更高成本。流行性疾病的长期存在以及营业收入和集装箱运量的下降,可能会使得码头经营人取消或推迟码头的基础设施项目。COVID-19还将在主要集装箱码头"加速数字化进程,推动变革",提高码头运营效率。采用数字化和智能化技术是目前集装箱航运业生存的根本。大流行疫情下的经济发展暴露了供应链的弱点。供应链在很大程度上仍然依赖于效率低下的线下纸面单据的申请审批流程,特别是在食品、药品和冷藏集装箱运输等产品方面。总部设在荷兰阿姆斯特丹的数字集装箱航运协会(Digital Container Shipping Association,DCSA)估计,推进数字供应链技术将使集装箱航运行业每年节省 40 亿美元。

目前,港口智能化技术主要有自动化干散货码头、自动化集装箱码头等应用。2007 年,上海港和 ABB 公司建设完成了上海罗泾港全自动化散货码头项目。自 2020 年以来,中国的黄骅港、烟台港西港区等干散货码头陆续开展了自动化干散货码头的应用。本章主要以自动化集装箱码头为例,分析港口智能化技术。

自动化集装箱码头首先出现于 20 世纪 80 年代中期。自动化集装箱码头的发展大致可以分为四个阶段。第 1 代自动化集装箱码头以荷兰鹿特丹港 ECT 码头 I 期和 II 期为代表,码头前沿装卸船设备采用半自动化岸桥,水平运输设备采用 AGV,堆场设备采用自动 RMG,AGV 及 RMG 为无人化操纵。第 2 代自动化集装箱码头以德国汉堡港 CTA 码头为代表,码头前沿装卸船设备采用双小车半自动化岸桥,水平运输设备采用 AGV,堆场设备采用 RMG,AGV 及 RMG 为无人化操纵。第 3 代自动化集装箱码头以荷兰鹿特丹港 Euromax 码头及日本名古屋港 Tobishima 码头为代表,是自动化程度较高的自动化集装箱码头。Tobishima 码头的堆场设备采用自动化 RTG,岸桥为半自动化操作,AGV 及 RMG 为无人化操纵。第 4 代自动化集装箱码头主要以青岛港、上海港等为代表。在集装箱解锁等智能化和绿色低碳等方面均有新的突破。截至 2020 年年底,全球建成和在建的自动化集装箱码头项目共有 50 多个。

中国首个自动化集装箱堆场于 2005 年在上海港外高桥自动化空箱堆场建成并投入试运行。2007 年,上海振华港机公司推出了高效环保型全自动化集装箱码头装卸系统,并在振华港机公司长兴岛基地建成全尺寸的运行试验系统。2015 年,厦门港自动化集装箱码头投入运营。随后上海港、青岛港、天津港、深圳妈湾港、广州港、广西北部湾港等自动化集装箱码头也相继投入运行,中国的自动化集装箱码头进入了快速发展期。

自动化集装箱码头的前沿设备一般为岸桥,均为电力驱动,主要有双小车和单小车两种形式。堆场设备主要有 RMG 和 RTG,以 RMG 应用为主,也是采用电力驱动形式。堆场装卸设备能耗高、节能潜力大,在港口节能减排中发挥着重要作用。用于自动化集装箱码头的水平运输车辆主要有两种:一种是目前应用最多的 AGV,一种是低矮型集装箱跨运车。水平运输车辆的驱动方式经历了柴油发动机+液压驱动、柴油发动机+发电机+电机驱动、电池组+电机驱动的发展历程,最初的自动化集装箱码头,包括目前的普通集装箱码头的水平运输车辆主要采用柴油发动机进行驱动,对港口的污染较大,其节能减排的潜力巨大。

智能制造将成为实施《中国制造 2025》的重要抓手,必将对加快推动中国经济发展保持中高速、产业迈向中高端起到关键推动作用。对于广大港口企业而言,将生产自动化与工艺紧密结合,对港口装卸作业进行自动化改造,降低用工成本、提高产品质量和经济效益将成为发展重点,可以预见,自动化码头的建设和相关技术的研究开发将是未来中国港口的重要发展方向。

节能减排是中国的一项基本国策。港口节能减排则是一个具有基础性意义的重要领域。《节能减排"十二五"规划》中明确提出,在交通运输领域节能,水运推广港区运输车辆和装卸机械节能改造。交通运输部发布的《公路水路交通运输主要技术政策》(交科技发〔2014〕165 号),明确支持发展港口节能减排工艺、装备和技术。交通运输部 2008 年发布的

《公路水路交通节能中长期规划纲要》明确提出优化港口装卸设备结构,加快港口装卸机械技术升级改造,引导轻型、高效、电能驱动和变频控制的港口装卸设备的发展,提高能源利用效率。《中国制造 2025》中明确提出"全面推行绿色制造""加强绿色产品研发应用,推广轻量化、低功耗等技术工艺和装备""研制先进可靠适用的轻量化、模块化、谱系化产品"。随着国家节能减排政策的深入,自动化码头的绿色、智慧、数字化融合技术问题为广大科研工作者提出了新的课题。

9.1 集装箱码头的智能化技术瓶颈

9.1.1 码头前沿和堆场作业的人工辅助

集装箱码头的前沿和堆场作业均可实现人工辅助的远程控制操作。

1. 码头前沿作业的人工辅助

由于船舶的摆动影响,目前,即使是自动化码头,岸桥的装卸仍是人工和自动化相结合的方式,其中岸桥从船上吊取集装箱的过程需要远程人工辅助作业,但集装箱从船上吊取后,可完全实现自动化作业。

目前,岸桥远程操控系统集成商有 ABB、上海振华等公司。长期以来,ABB 在全球已经为近 400 台堆场起重机和 600 台岸桥提供了电气和自动化系统。ABB 公司承担了马士基集装箱码头运营商 APM 公司和鹿特丹世界门户码头(Rotterdam World Gateway,RWG)的岸桥自动化系统。ABB 的自动化系统可以实现起重机的远程操控,无须再在机上配备司机,从而大幅提高了总体效率。位于鹿特丹马斯夫拉克特的这两个新码头于 2014 年投入使用,成为欧洲第一批应用岸桥(STS)远程控制技术的码头,而 APM 公司的码头则在世界上率先取消了岸桥司机室。起重机远程控制既提高了整体生产效率,又改善了起重机操作人员的工作舒适度。APM 公司和 RWG 公司各自坐落在鹿特丹的新集装箱码头,主要装卸大型集装箱船,要求吊装高度达到 50m 以上。在使用 ABB 岸桥远程控制系统时,操作人员可以坐在码头中央控制室里监控起重机。这有助于改善工作舒适度,减轻操作人员腰背和颈椎疲劳。操作人员通过机上的视频监控监视起重机的运动;通过视频监控构建的机器视觉系统的视野远比从司机室内向外看开阔。自动化系统提供的控制信息有利于提高操作人员的总体工作效率。由人工在司机室内操纵,起重机的加速度和减速度是有限的。而采用远程控制的起重机运行得更快,单位作业时间也得以缩短,因而缩短了整船集装箱的装卸周期。

中国开展岸桥远程控制技术应用的码头主要有:厦门集装箱码头集团、威海港青威集装箱码头、天津港太平洋国际集装箱码头、日照港集装箱码头等,实现岸桥远程控制的码头将进一步推进堆场、水平运输的自动化控制,以实现码头的自动化。

2. 堆场设备的自动控制

中国很多港口进行了集装箱堆场的自动化作业改造,实现了堆场设备的人工辅助操作,主要包括 RMG、RTG 的远程控制操作。

采用 RMG 远程控制操作方式的集装箱码头有天津港、青岛港、日照港、宁波港、厦门港等。

采用 RTG 远程控制操作方式的集装箱码头有深圳妈湾港等。

9.1.2 集装箱码头的解锁问题及解决方案

1. 集装箱系固装置

船舶上装载的集装箱由于受到水流或船舶运动产生力的作用而具有运动或倾倒的趋势,若存在固定不牢靠、堆存物重量分布不均,则会离开初始堆放位置,造成集装箱的损坏、遗落船外,并可能危及船舶安全。在海上船舶运输中,经常发生集装箱坠海事故,据统计,2019 年,坠海事故造成 2000 个集装箱丢失。因此,对集装箱进行可靠的系固,阻止集装箱在船上的运动,对于集装箱的运输具有重要意义。

集装箱船舶上的系固主要有两类:集装箱和船舶之间的系固和集装箱与集装箱之间的系固。集装箱和船舶之间的系固主要靠扭锁和绑扎杆;集装箱和集装箱之间的系固主要靠扭锁或定位锥,通过扭锁或定位锥将上、下层集装箱,桥码或扭锁连接板将同层相邻集装箱连成整体。

1) 集装箱系固件

集装箱的系固设备主要有扭锁、定位锥、桥码、底座、扭锁连接板和拉紧装置。

(1) 扭锁

扭锁主要用于船舶甲板与集装箱或上下两层集装箱之间的连接固定,以防止集装箱的倾覆和滑移。扭锁主要有底座扭锁(底锁)和中间扭锁(图 9-1)。底锁主要用于船舶甲板与集装箱的固定。中间扭锁一般又包括手动扭锁和半自动扭锁,用于上下两层集装箱与集装箱之间的固定。使用时,先将手柄置于非锁紧位置,然后将它放置到下层集装箱顶部的角件内,待上层集装箱堆妥以后,转动手柄,使上下 2 只集装箱连在一起。目前,常用的扭锁为半自动扭锁,装箱时只需将扭锁置于集装箱底部角件内,当集装箱置于船上箱位时,受箱体压力作用,该扭锁能自动转动锁锥,使其处于锁紧状态。

(a) 底锁　　　　(b) 手动扭锁

(c) 半自动扭锁

图 9-1　集装箱扭锁

扭锁的拆除需用专用的开锁棒扭动扭锁,将其拉出,解除扭锁与舱盖或上层另一只集装箱顶部的连接,再用岸桥吊下集装箱,在码头上采用人工或专用的拆卸扭锁设备,从集装箱底部角件孔内取出扭锁。

（2）定位锥（堆锥）

定位锥又称为堆锥（stacking cone）,按堆锥使用位置及功能的不同,主要有以下几种。

① 中间堆锥。中间堆锥的上下锥头固定,垂向方向无锁紧功能,仅用于舱内箱与箱之间的连接。有单头与双头堆锥两种。中间堆锥常置于上下 2 层集装箱之间,用于集装箱定位,防止集装箱的水平滑移,双头堆锥还能用作相邻 2 列集装箱之间的水平连接。中间堆锥在某些受力不大的场合用于替代扭锁。中间堆锥常用于舱内 40 英尺箱位上,装载 20 英尺集装箱时固定 20 英尺集装箱。定位锥的结构见图 9-2。

(a) 双头锥　　　(b) 单头锥

图 9-2　定位锥

② 底座堆锥。底座堆锥又称可移动锥板,其结构特点是上为锥头下为插杆,仅与插座配套使用。有单头、横向双头、纵向双头及四连 4 种。另一种底座堆锥为单头,但上下均为锥头,这种堆锥与板式底座配套使用。

③ 自动定位锥。用于固定甲板上 40 英尺箱位,在装 20 英尺集装箱时处于中间的箱脚,并与半自动扭锁配合使用,即 40 英尺箱位的前后两端用半自动扭锁,中间（20 英尺处）用自动定位锥,这样不仅可起到半自动扭锁的作用,同时也克服了 40 英尺集装箱中间狭窄空间处无法操作的缺陷。使用方法与半自动扭锁相似,不同点是卸箱时无须先由人工将扭锁拉出,而是靠锁紧装置自动将定位锥转换成非锁紧状态。即首先将 20 英尺集装箱一端的半自动扭锁由人工将扭锁拉出,使之转为非锁紧状态,岸桥缓慢起吊,此时,自动定位锥将会在岸桥拉力的作用下,锁紧装置动作并解锁,从而完成卸箱工作。自动定位锥已得到较广泛的应用,美国等少数发达国家则强制要求使用。

④ 调整堆锥。又称高度补偿锥,在装载某些非标准高度的集装箱时,用于调整其高度至标准状态。

⑤ 固定锥。通过一覆板直接焊接在舱底前后端导轨底脚处,用于固定舱内最底层集装箱,固定锥插入集装箱角件孔内。

（3）桥码（桥锁）

桥码（桥锁）是附属系固设备,用于最上一层相邻两集装箱间的横向水平连接,以分散主要系固设备所承受的负荷,从而提高系固效果。使用时,将 2 个锁钩分别插入 2 个集装箱的角件孔中,然后旋转调节螺母,使之收紧。为满足最上层不同高度集装箱的固定要求,还有高低桥锁。

（4）底座

底座直接焊接在舱底、甲板、支柱及舱盖上,相互之间的间距按集装箱四角角件孔的尺寸设计,并通过安放在其上的扭锁、底座扭锁或定位锥来对集装箱进行定位和固定。

（5）扭锁连接板

扭锁连接板的作用和桥锁类似,是用来连接两列集装箱的附加系固设备。将相邻 2 只扭锁处于非锁紧状态,将扭锁连接板放置在 2 只集装箱的顶部角件内,然后将底板套入两扭锁的锥体内,待上层集装箱堆妥后,旋转扭锁手柄使其锁紧。

（6）拉紧装置

绑扎拉杆和松紧螺杆组合使用，形成系固集装箱的拉紧装置。在使用系固集装箱的拉紧装置时，将绑扎拉杆的一端插入集装箱角件中，另一端通过松紧螺杆和 D 形环连接在甲板上。通过调节松紧螺杆将绑扎拉杆收紧。拉紧装置的结构示意图见图 9-3。

(a) 拉杆　　　　　　　　(b) 松紧螺杆

图 9-3　拉紧装置

2）甲板和舱内集装箱的系固流程

（1）舱内集装箱的系固要求

当有箱格导轨装置系固时，通常舱内装于箱格导轨间的集装箱，若其长度与导轨长度一致，则无须设置任何系固索具；当舱内装载 20 英尺集装箱时，则应在 40 英尺集装箱的导轨长度中间的底部使用锥板，两层集装箱之间使用堆锥（定位锥）来固定 20 英尺集装箱。

无箱格导轨装置的系固要求可参考甲板集装箱的系固要求进行操作；如经计算，当集装箱两层之间出现分离力时，则应在该两层之间装置扭锁，在其他位置可考虑使用双头堆锥（定位锥）；如经计算，各层集装箱之间均出现分离力，则可考虑扭锁全部由双头堆锥（定位锥）替代。

（2）甲板上集装箱的系固要求

当甲板上装 1 层集装箱时，应在集装箱的底角处使用底部扭锁对集装箱进行固定，也可在每只集装箱的两端用拉紧装置以对角或垂直方式对集装箱系固，并在集装箱底角处用堆锥（定位锥）定位。

当甲板上装 2 层集装箱时，应在每层集装箱的底角处用扭锁对集装箱予以系固，也可在第 2 层每只集装箱的两端与甲板或舱盖之间用拉紧装置对集装箱予以系固，且在每一层集装箱的底角处设置堆锥（定位锥）；若经计算，在集装箱的底角出现分离力，则应在该处设锁紧用的扭锁。

当甲板上装 2 层以上集装箱时，应对第 1 层和第 2 层集装箱按甲板上装 2 层集装箱的方法系固，对第 2 层以上的集装箱用扭锁进行系固。

3）集装箱扭锁的标准化

目前，船用集装箱扭锁的型号不统一，使用情况十分复杂，扭锁形式和构造在国际上没有统一的标准。根据中国相关标准，集装箱扭锁可大致分为分体式、整体式、半自动式和全自动式。据统计，一般集装箱码头停靠的集装箱船舶需要拆卸的扭锁至少有 100 余种。

随着自动化码头作业模式的兴起，对集装箱扭锁标准统一的需求越来越迫切，目前，各大航运公司使用的全自动扭锁构造基本一致，为实现扭锁的全自动化拆装奠定了基础。因此，制定集装箱扭锁国际标准的需求非常迫切，促进集装箱扭锁结构形式、尺寸的统一对于简化集装箱扭锁拆装流程，实现自动化作业具有重要意义。

2. 集装箱扭锁的操作模式

1）单小车岸桥人工作业模式

目前,集装箱与集装箱之间的系固主要利用扭锁,集装箱扭锁的摘除和安装是集装箱装卸工艺中的一个重要环节。国际上,集装箱码头的集装箱装锁及拆锁工艺方式有许多,普通集装箱码头一般采用人工安装和拆卸。当集装箱船到达码头后,从船舶上卸下集装箱的时候,首先由人工在船上用特制的拉杆将扭锁解开,这时,扭锁与下面的集装箱脱离,但还固定在上面的集装箱角件上,集装箱被吊至地面或适当位置后,放到码头前沿的集装箱卡车上,主要靠人工将扭锁取下,由人工将集装箱下面角件上的扭锁解开放到收集箱内;在集装箱装船的时候,人工将扭锁装在集装箱下面角件上,待集装箱放到船上的时候,使上下 2 个集装箱连接成一体。

据统计,平均一台岸桥在地面进行拆装锁至少需要 2 名工人,大型船舶进行装卸作业至少需要 6~10 名专门从事集装箱扭锁拆锁及装锁人员,整个码头生产线会占用大量劳动力来从事这种重复性强的简单机械工作,严重制约集装箱装卸的自动化,是码头实现全面自动化的一个主要障碍。同时,由于岸桥存在高空落物的安全隐患,且码头作业现场繁忙,集卡、正面吊、叉车等流动机械车流量较大,现场拆装锁人员面临较大的安全隐患,国内外曾多次发生现场拆装锁人员的人身伤害和伤亡事故。由于集装箱扭锁拆装的劳动强度大、人力成本高,存在较大安全隐患,因此,集装箱码头迫切需要集装箱扭锁摘除和安装的自动化。

2）双小车岸桥人工作业模式

与单小车岸桥在起重机下面进行拆装作业不同,双小车岸桥一般在平台上进行扭锁拆装作业,拆装流程与在起重机下面进行扭锁拆装流程相同。按照作业安全规定,在起重机带箱运行时,人员不允许进入作业平台。扭锁拆装流程为,当第一小车将集装箱放到平台上后,拆扭锁作业人员方可进入平台作业;作业完毕后,作业人员按钮确认,第二小车进入平台作业。

3）双小车岸桥自动化作业模式

该模式与双小车岸桥人工作业模式相同,只是在拆装扭锁环节实现了自动化,将拆装扭锁装置放到双小车岸桥平台上,自动进行扭锁的拆装作业。

各种不同作业方式的扭锁拆装流程见表 9-1。

表 9-1　不同作业方式的扭锁拆装流程比较

方　　式	常规人工扭锁操作		自动化扭锁操作	
	集卡	跨运车	集卡	跨运车
单小车岸桥	地面上,起重机将集装箱卸到集卡后,由人工拆锁	起重机将集装箱放到地面前,人工拆锁,再将集装箱放到地面,跨运车将集装箱运走	起重机先将集装箱放到自动解锁装置上,解锁后,再将集装箱放到集卡上	起重机先将集装箱放到自动解锁装置上,解锁后,再将集装箱放到地面,然后跨运车取走集装箱
双小车岸桥	平台上,第一小车将集装箱放到平台后,人工解锁,第二小车再将集装箱运到后方卸到集卡上	平台上,第一小车将集装箱放到平台后,人工解锁,第二小车再将集装箱运到后方卸到地面	平台上,第一小车将集装箱放到平台后,自动解锁,第二小车再将集装箱运到后方卸到集卡上	平台上,第一小车将集装箱放到平台后,自动解锁,第二小车再将集装箱运到后方卸到地面

3. 自动解锁装置的研究及应用情况

随着集装箱装卸工艺对集装箱扭锁自动化拆装的需求,国外很多吊具公司(BROMMA、RAM)、科研院所(新加坡南洋理工大学)等均进行了自动化扭锁拆装装置的研发。中国的青岛港、上海振华重工公司(ZPMC)、交通运输部水运院等单位也开展了自动解锁装置的研发。设计方案主要有两种:一种是无动力的机械机构解锁形式,适应的扭锁类型有限;另一种是机器人式扭锁拆装装置,主要采用机械臂模拟人手操作扭锁的下部,通过连轴带动扭锁的上部旋转,进而实现扭锁拆装。

ZPMC 自主研发的扭锁自动化拆装装置(图 9-4 和图 9-5)可灵活应用于自动化码头、常规跨运车码头、常规集卡码头等。具有自动化程度高、系统兼容性好、扩展功能强大、应用范围广、增加扭锁拆装作业过程中的安全性、提高作业效率、降低作业成本等优点。系统采用柔性化智能机器人,可匹配多种尺寸型号的集装箱,同时可以根据扭锁型号的不同,自动更换夹具,以适应不同型号的扭锁拆装,使系统能处理目前市场上 90% 的扭锁。ZPMC 研制的自动解锁装置已经在上海洋山四期自动化集装箱码头、新加坡 PSA 码头等进行了应用。

图 9-4　自动解锁装置整体图

图 9-5　自动解锁装置局部图

扭锁自动拆装系统一般由自动拆装装置、位置识别系统、传送带以及控制系统等组成。自动拆装装置主要负责定位和跟踪集装箱扭锁,实现自动拆卸和安装,由夹具、浮动装置和机器人构成。夹具负责对目标物进行拆卸和安装,可根据不同的扭锁配置不同的夹具。浮动装置负责弥补位置识别系统、机器人位置重复精度误差以及扭锁外形等差异。机器人用来控制夹具的位置,实现夹具和目标位置的匹配。位置识别系统负责识别目标位置,提供相应的信号给机器人。传送带实现扭锁的水平传输。控制系统负责与码头设备的信号对接及相应的系统控制。

9.2 集装箱码头的智能控制技术

9.2.1 车辆路径规划和跟踪技术

1. 车辆路径规划

自动化集装箱码头水平运输车辆为无人驾驶,其路径规划和控制技术是实现无人驾驶的关键。水平运输车辆系统控制原理图见图9-6。路径规划的任务是建立具体任务的路网。路网点密度能够满足车辆系统对路径的跟踪要求,即使有偏离干扰,也能及时回到期望路径。操作人员选择目标点后,中心导航根据目标点坐标和车辆起始位置找出所要经过的关键点,并将这些关键点的坐标、转弯角度以及曲线道路的半径通过无线通信传输给规划计算机,规划计算机采用路径规划算法规划出期望路径上若干离散点的坐标信息和航向信息,便于车辆跟踪该路径。

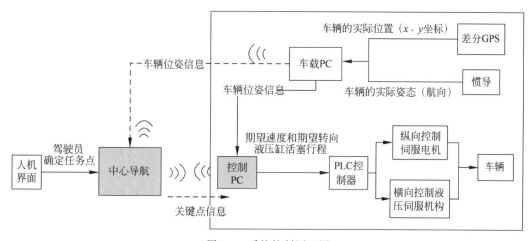

图 9-6 系统控制原理图

在直线路径上,中心导航下发给规划计算机关键点的坐标,规划计算机计算出该直线的斜率,从而找出每隔1m的点的坐标。在这条直线上,所有点的航向信息相同,也就是对应这条直线的斜率。

在圆弧的路径上(图9-7),中心导航下发给规划计算机关键点的坐标及转弯半径 R ,规划计算机计算出该圆弧圆心,然后从该圆心每隔1°圆心角在此半圆弧上找出一个临时节点,总共找出180个临时节点。当然,1/4圆弧与之类似,总共找出90个临时节点。这些临时节点包含着坐标信息和航向信息。这些临时节点就作为车辆实际行驶时的临时目标点,在跟踪这条路径时,实时计算与这些点的偏差,从而实时调整车辆的位姿,使得车辆尽可能跟踪这条期望路径。如果目标点与车辆起始点之间有多个关键点,那么路径规划算法会根据经过关键点的先后顺序依次进行规划,并将临时节点的信息存储起来。

纯跟踪算法就是一种根据车辆当前位置和航向信息及前方道路上某一点的位置,由几何关系计算出车辆转弯半径,使车辆接近这一点,从而更加接近目标的方法。这一点是前方道路上距离车辆一个预瞄距离长度的点,即预瞄点。一般预瞄距离与车速有一定的关系,车

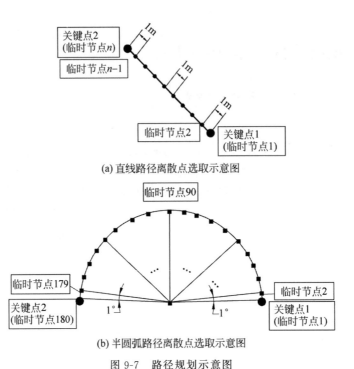

(a) 直线路径离散点选取示意图

(b) 半圆弧路径离散点选取示意图

图 9-7　路径规划示意图

速越快,预瞄距离越长,反之越慢,预瞄距离通过试验确定。在预瞄距离确定后,计算出车辆的转弯半径,然后由转弯半径确定液压缸活塞杆的伸出长度,从而控制车辆运行到指定的预瞄点,完成一个路段的过程控制。根据实际运行需要,下面介绍在纯跟踪算法的基础上提出的一种适用于四轮转向的几何纯路径跟踪方法。

车辆变频电动机与驱动桥的输入端相连,驱动桥(带差速器)的两端输出驱动两边的车轮实现车轮运转。变频电机和驱动桥共两套,分别布置在前后端,为四驱动车辆。

速度控制系统采用变频电机控制速度。通过变频器向电机输入不同频率的三相交流电来控制电机的运转速度,从而驱动四轮以不同速度运转。若遥控手柄发送前进命令,则控制系统就能够使车辆以一定的速度向前行驶;若遥控手柄发送后退命令,则控制系统能够控制车辆倒退;如果操作人员按下遥控器上的停止按钮,则控制系统控制车辆停止。控制系统可以设置若干不同的速度,自动驾驶时,只需发送速度对应的标志位就可实现车辆以不同速度行驶。

转向控制系统采用伺服液压控制转向。当遥控手柄偏离前进或后退方向时,就发送转向指令,伺服液压控制机构控制转向轮转动一定角度,实现转向控制。为了实现自动转向,车辆的转向机构安装了位置传感器,液压缸活塞位置通过位置传感器反馈液压缸活塞杆的伸出长度来实现准确快速的闭环控制。

2. 车辆的转向原理

首先对自动水平运输车辆的转向作以下假设:车辆的转向机构满足 Ackermann 转向原理;车辆的转向中心位于四轮组成的长方形的几何中心;车辆转向时前后同侧车轮转向角相同。

那么,具有四轮转向的车辆可以描述为:车辆在直线行驶时,4 个车轮的轴线都互相平行,且垂直于车辆纵向中心面;车辆在转向行驶过程中,全部车轮都必须绕一个瞬时中心点作圆周滚动,且内轮与外轮的转角应满足下式:

$$\mathrm{arccot}\beta - \mathrm{arccot}\alpha = \frac{B}{l/2} \tag{9-1}$$

式中:

    β——车辆外轮转角;

    α——车辆内轮转角;

    B——左右主销中心距;

    l——轴距。

图 9-8 所示为车辆右转示意图,同侧前后轮以同样的角度向相反方向偏转。假设车辆满足 Ackermann 转向原理,则四轮的转弯中心重合为一点 O,且点 O 过车辆前后中心线,图 9-8 有以下几何关系:

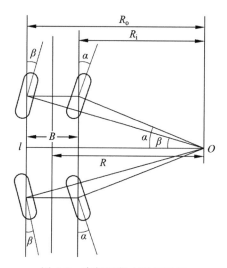

图 9-8 车辆四轮右转示意图

$$R_i = \frac{l/2}{\tan\alpha} \tag{9-2}$$

$$R_o = \frac{l/2}{\tan\beta} \tag{9-3}$$

假设车体质心与上述四车轮的中心重合,那么就有:

$$R = R_i + B/2 \tag{9-4}$$

$$R = R_o - B/2 \tag{9-5}$$

由式(9-1)~式(9-4)可得转弯半径与内外侧轮转角的关系。

内轮:$R = \dfrac{l/2}{\tan\alpha} + B/2$ 或 $\alpha = \arctan\dfrac{l}{2(R - B/2)}$ (9-6)

外轮:$R = \dfrac{l/2}{\tan\beta} - B/2$ 或 $\beta = \arctan\dfrac{l}{2(R + B/2)}$ (9-7)

3. 自动跟踪定位技术比较

路径跟踪控制算法指无人驾驶车辆沿预定的参考路径，安全、稳定、准确行驶的控制方法，其性能直接影响无人驾驶车辆自主行驶的执行能力。

早期的路径跟踪方法，如几何路径规划法、旋量法、滚动路径法等，适用于室内移动的机器人，但由于无人驾驶车辆的约束是非完整约束，且车辆体积尺寸比较大，受到如最小转弯半径、最大角速度等动力学条件的约束，因此，这些早期的路径跟踪算法对于无人驾驶车辆是不适用的。近年来涌现出许多基于无人驾驶车辆研究的路径跟踪算法，这些算法在特定的环境中，如较高的速度、复杂的道路环境等，能够有较好的表现，但还没有一种方法能够适用所有的环境。

根据消除跟踪偏差的原理，可将不同将路径跟踪方法分成两大类。

第一类方法是基于车辆当前的位姿（位置和姿态）和参考路径之间跟踪偏差的反馈控制方法，以车辆前方或当前的道路信息，如曲率、坐标等，作为输入，以车辆与参考路径之间的横向偏差或航向偏差为控制目标，通过各种反馈控制方法，如 PID 控制法、H∞控制法、增益调度法等，使车辆控制具有鲁棒性的反馈控制系统。这种方法可以得到较高精度的路径跟踪效果，但是需要精确的道路信息，并且可适应性差，在不同的道路环境或车辆行驶速度下的跟踪效果差别较大。

第二种方法通过参考路径产生描述车辆运动的动力学物理量，并根据实际跟踪误差进行反馈控制。根据参考路径，通过车辆运动学和几何学模型计算出描述车辆运动的物理量，如前轮偏角、车辆横摆角速度，并设计反馈控制系统进行跟踪。这种方法适应性强，但是没有考虑车辆动力学特性，在高速行驶时可能会出现较大的误差。

本节通过分析现有的路径跟踪方法的原理，阐述路径跟踪算法的本质，并对各种算法进行仿真。针对港口无人驾驶车辆的特点，进行了多种算法仿真分析。通过比较仿真结果，最终在纯跟踪算法的基础上提出了一种适用于四轮转向的几何纯路径跟踪方法，并通过实车测试证明了该方法的可行性。

路径跟踪算法的本质是消除无人驾驶车辆在行驶过程中产生的跟踪偏差。跟踪偏差由距离偏差和角度偏差两部分组成。距离偏差和角度偏差可以被分别消除，还可以将距离偏差或角度偏差转换为其中一种形式，再将其消除。由于消除偏差的方法不同，因此产生了多种路径跟踪算法。

1）距离偏差和角度偏差分别消除的规划与控制方法

如图 9-9 所示的运动规划与跟踪控制采用了对距离偏差和角度偏差分别消除的方法。

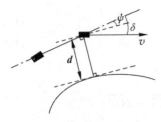

其中，d 为距离偏差，ψ 为角度偏差，v 为前轮的速度，δ 为车辆前轮偏角。横向控制器的实质是一个关于距离偏差 d 的非线性反馈控制函数，以消除距离偏差为目的得到的前轮偏角控制量为

$$\delta_d = \arctan \frac{kd}{v} \tag{9-8}$$

图 9-9　分别消除距离偏差与
　　　位置偏差

角度偏差 ψ 表示距离车辆前轮最近的路段的航向与车辆当前航向的偏差。以消除角度偏差为目的得到的前轮偏角控

制量为

$$\delta_\psi = \psi \tag{9-9}$$

前轮偏角的最终控制量为

$$\delta = \delta_\psi + \delta_d = \psi + \arctan\frac{kd}{v} \tag{9-10}$$

2）采用权重评价方法消除距离偏差和角度偏差

将角度偏差和距离偏差利用评价函数统一表示，如图 9-10 所示。其中 d 为距离偏差，ψ 为角度偏差，L_{la} 为预瞄距离。评价函数如式（9-11）所示。

$$C(\delta) = d^2 + \left[L_{la} \times \sin\left(\frac{\psi}{2}\right)\right]^2 \tag{9-11}$$

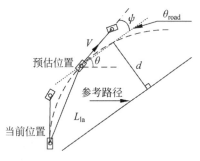

图 9-10　权重评价方法消除距离与位置偏差

评价函数将角度偏差通过 L_{la} 与距离偏差关联起来，在应用中可以调节。对 $C(\delta)$ 进行 PI 调节得到前轮偏角控制量。这种方法对车辆动力学特性有很好的鲁棒性，当车辆需要精确跟踪或者泊车时，有很好的适应性。

3）基于距离的跟踪方法

基于距离的路径跟踪方法环形预瞄法（circular look-ahead，CLA）如图 9-11 所示。计算过程如下：以车辆当前的位置为圆心，以预瞄距离为半径作圆，将此圆被当前轨迹与期望路径所截取的圆弧的长度作为跟踪偏差，其实质是根据几何关系把角度偏差转换为距离值。

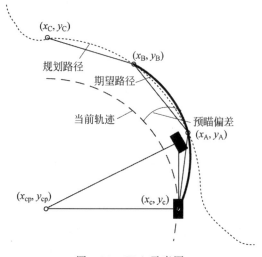

图 9-11　CLA 示意图

4）纯跟踪算法

假设车辆经过一个圆弧到达目标点，根据车辆模型与运动学关系得到前轮偏角控制量，如图 9-12 所示。

其中，(G_x,G_y) 为目标点，α 为跟踪偏差，R 为车辆行驶圆弧的半径，L 为常数，表示车辆的轴距。由几何关系得：

$$\frac{L_{la}}{\sin(2\alpha)}=\frac{R}{\sin\left(\dfrac{\pi}{2}-\alpha\right)} \tag{9-12}$$

$$\frac{1}{R}=\frac{2\sin(\alpha)}{L_{la}} \tag{9-13}$$

前轮偏角控制量：

$$\delta=\arctan(2L\sin(\alpha)/L_{la}) \tag{9-14}$$

本研究采用目前普遍应用的前瞻式跟踪方法，也就是预瞄式跟踪，针对四轮驱动特点进行了适应性改进，同时在局部路径规划及原有算法的基础上进行了改进。图 9-13 为纯跟踪算法原理图。

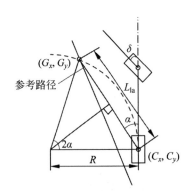

图 9-12　纯跟踪路径跟踪算法

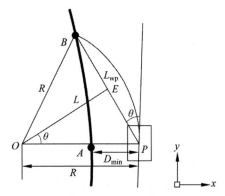

图 9-13　纯跟踪算法原理图

图 9-13 中右边矩形代表车辆，矩形中直线表示车辆航向，y 的正方向为车辆前进方向，中间粗实线（含 A、B 点）为车辆要跟踪的道路，点 B 为路径上与车辆有一定距离的点，即选定的预瞄点，预瞄式跟踪就是要跟踪道路上前方的点。纯跟踪算法的目的是使车辆能够沿着弧线 PB 行驶，P 表示车辆质心，弧线 PB 是同时过点 P 和点 B 且与车辆的车身（车辆航向）相切的圆的一部分，圆心为 O，这样，车辆就能够平滑地从 P 点行驶到 B 点，转弯半径即为此圆的半径 R。由图 9-13 可以看出，三角形 POB 为等腰三角形，点 E 为弦 PB 的中点，那么，如果车辆航向与弦 PB 的夹角记为 θ，则角 BOP 为 2θ，角 EOP 为 θ。若记预瞄距离即 BP 的长度为 L_{wp}，则 PE 为 $\dfrac{L_{wp}}{2}$，那么，在直角三角形 EOP 中就有这样的几何关系：

$$R=\frac{L_{wp}}{2\sin\theta} \tag{9-15}$$

由式（9-15）可知车辆转弯半径 R 与预瞄距离 L_{wp} 成正比，与航向偏差 θ 的正弦值成反比。如果预瞄距离 L_{wp} 确定了，然后以车体质心为圆心作圆，则与路径的交点即为预瞄点，当然,交点可能有两个,选择与车辆行驶方向一致的那一个点作为预瞄点。根据预瞄点与车体质心的相对位置即可求出航向偏差 θ。若已经确定了车辆转弯半径,那么,如何实现对车辆的横向控制,也就是如何由转弯半径确定液压缸活塞杆的伸出长度。

4. 前瞻式跟踪算法的技术应用

路径跟踪算法流程图见图 9-14,路径跟踪算法的实现可以总结为以下几点:

(1) 确定车辆当前的位置。

(2) 将预瞄点的坐标转换在车体坐标系下。

(3) 找到离车辆最近的路点。

(4) 找出预瞄点。

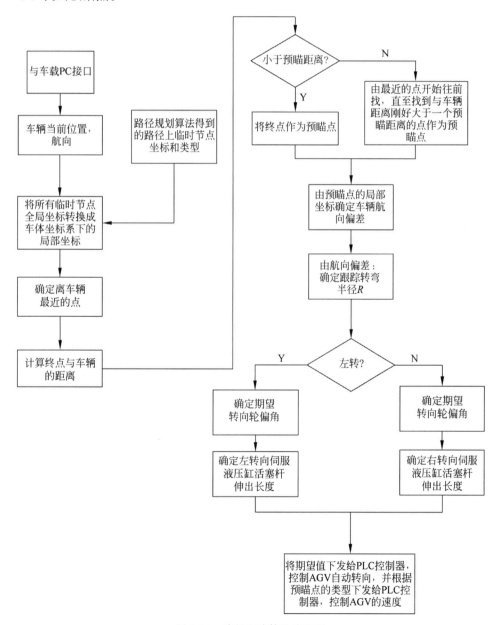

图 9-14　路径跟踪算法流程图

计算转弯半径并求出液压缸活塞杆行程,下发期望值,要求车辆自动转向系统动作。以90°转弯为例说明计算过程。选择试验场地中一段90°弯道作为所要跟踪的道路。路径规划系统根据中心导航给出的目标点坐标、定位系统的车辆实际位置、途中所经历的关键点坐标以及90°弯道路的半径规划出一条期望路径。根据跟踪系统车辆与道路之间的偏差,计算出期望液压缸活塞杆的伸出长度值,并通过控制转向执行机构实现车辆的弯道跟踪。车辆的速度规划根据车辆相对于关键点的位置确定,若车辆接近减速点,则规划计算机向PLC控制器发送一个较低速度的指令,PLC控制器控制车辆降到较低速度。

为验证技术方案的正确性和可行性,项目组进行了大量实车试验研究。实车试验研究工作在一个与车辆实际使用环境几乎相同的试验场地完成了路径任务规划与跟踪控制。试验结果见图9-15。

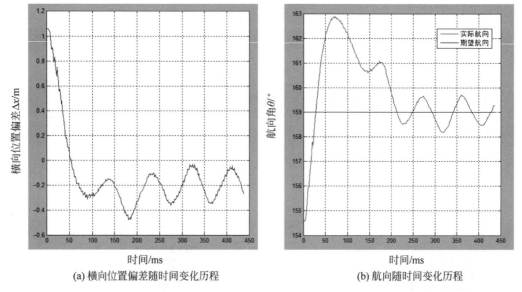

(a) 横向位置偏差随时间变化历程   (b) 航向随时间变化历程

图 9-15　试验结果图

弯道跟踪试验结果表明,前瞻性跟踪算法在跟踪弯道时收敛,具有良好的道路跟踪性能。另外,车辆实际行驶轨迹也表明,在前瞻性跟踪算法的作用下,车辆具有良好的动态性能。弯道跟踪试验表明,改进方案的规划跟踪算法可满足车辆的道路跟踪功能和性能要求。

5. 智能运行路径的决策技术

智能运行路径决策系统主要结合定位导航信息、固有路径和事故路段等环境信息进行无人驾驶车辆的行进路径选择和路径任务节点的计算和输出,同时也输出用于监控中心控制软件路径显示的各路径节点等信息。车载终端路径选择系统软件功能的实现可以分为以下步骤:实验路径图层的数字化;选择最优路径,并输出路径节点序列;根据节点序列自动生成行车的功能节点字符串。

路径选择数学模型的本质是最优路径的选择,根据图论中的Dijkstra算法即可以求得。算法的难点主要集中于建立对Dijkstra算法提供计算支撑的底层路径数字化加权矩阵。通过比较分析,时间加权的路径选择算法可以更好地提高集装箱码头的工作效率。

路径计算根据调优后的路径时间加权矩阵的 Dijkstra 算法给出起始节点到全部节点的最小开销,反推目的节点的最小开销路径。路径选择算法将根据路径计算所得的最小开销路径,结合道路规律输出功能节点字符串,输送给控制 PC 进行任务处理。

另外,系统还设有行驶路径更改模块,该模块在车辆行驶时进行设置(取消),在事故路径操作后进行动态判断,是否存在比现有寻址路径更小开销的新路径,如存在更小开销路径,则动态行驶该路径。

通过开展大量实车试验,来验证无人驾驶车辆整体系统的兼容性、方案的正确性和可行性。实车试验研究工作结合车辆的定位导航系统、无线通信系统、感知系统、路径规划和跟踪系统,在一个与车辆实际使用环境几乎相同的试验场地完成控制中心给定的路径任务规划与跟踪控制。

9.2.2 定位导航和精确定位技术

1. 磁钉导航技术

磁钉导航方式通过磁导航传感器检测磁钉的磁信号来寻找行进路径,只是将原来采用磁条导航时对磁条进行的连续感应变成间歇性感应,因此,磁钉之间的距离不能够过大,且两磁钉间无人驾驶车辆(如 AGV)处于一种距离计量的状态,在该状态下,需要编码器计量所行走的距离。磁钉导航所用的控制模块与磁条导航的控制模块相同。

磁钉导航具有成本低、技术成熟可靠、抗干扰能力强、适合户外恶劣环境、隐秘性好等优点,但磁钉导航的施工会对地面产生破坏性影响,导航路线内不能有其他磁性物质存在,且导航线路不能有消磁、抗磁物质,否则会影响磁钉磁性。

磁钉导航的技术已非常成熟,目前,国内外自动化集装箱码头的导航系统主要以磁钉导航为主。上海港洋山四期自动化码头岸线长度约为 2.6km,布置 6 万多个磁钉。

2. 北斗/GPS 导航技术

基于北斗或 GPS 导航技术的 AGV 等无人驾驶车辆的导航和定位主要依靠差分 GPS(或北斗导航,下同)配合 INS 的方式实现,GPS/INS 系统对 AGV 位置进行导航与定位,并由车载导航终端将定位信息传送到监控中心。车载导航终端将路径信息和当前位置信息传递给车载 PC,车载 PC 根据当前 AGV 的行驶情况按照路径信息控制 AGV 的行驶机构和转向机构,保证 AGV 按照正确的指令行驶。组合导航定位设备由 GPS 定位、惯性导航单元和解算单元组成。其中,GPS 定位单元在接收 GPS 基准站输出的定位差分数据后可实现厘米级的绝对位置定位。惯性导航单元包括加速度计和陀螺仪。GPS 定位及惯性导航单元所得数据由惯导定位设备内置解算单元进行耦合计算并输出最终定位、导航数据包。定位精度是厘米级,定位信息采集频率大于 10Hz 的系统定位需求,定位导航子系统所用的绝对位置定位设备技术为 GPS 双频 RTK 定位,并以 IMU 辅助进行相对位移计算补偿。

AGV 上配置 GPS 终端及相应的接收天线,与基站的通信通过无线通信实现。安装在车上的 GPS 接收天线采取相应的措施,以尽量避免集装箱、岸桥、场桥等障碍物遮挡卫星信号,造成定位失败和精度不够。AGV 上配置辅助定位设备,包括惯性测量系统和激光定位系统等,用于 GPS 信号遮挡严重并需要精确定位时的 AGV 控制,确保 AGV 行驶和定位准确。

激光精确定位系统主要用于 AGV 运行、停车及其与自动装卸机构对接时进行精确的定位,要求 AGV 能在预定的通道内行驶到指定的某台设备下,准确停在待装卸位置。激光扫描器与 GPS 合作,完成 AGV 引导。AGV 距预定停车位的一定距离外由 GPS 负责导航,一定距离内可由激光扫描器负责导航。

9.2.3　作业区域人员的智能监控系统

港口是国际物流系统中重要的结合部和集散地,是国家贸易水上进出的重要门户,是连接"一带一路"的重要枢纽。安全生产是工业化国家的一项重要国策,港口安全生产十分重要。港口装卸作业安全人机工程是一项巨大的系统工程,装卸的安全与否和人机系统的协调与否,必然影响人员和港口的安全,从而影响港口的正常生产作业和吞吐量,以及港口企业的经济效益。

目前,港口装卸作业在落实安全措施方面主要注重装卸设备的安全性和可靠性,如在装卸设备上安装各种限位器和传感器,但忽略了人本身的特性,以及忽略了人、机、环境等多种因素构成的动态立体交叉的生产状态,在港口危险作业区域没有设置专门针对人员的安全性和可靠性的监控设施。

在装卸作业设备的未来发展中,为操作人员创造一个安全、舒适、高效、可靠的人机操作环境,使人机系统协调,保障安全健康和提高工作效率,成为港口安全生产的迫切需求和必然趋势。

对于人的识别技术很多,主要包括视频识别、射频识别等。其中基于 AI 的视频动态识别预警系统是采用图像处理、模式识别和计算机视觉技术,通过在监控系统中增加智能视频分析模块,借助计算机强大的数据处理能力过滤掉视频画面中无用的或干扰信息,自动识别不同物体,有效进行事前预警、事中处理、事后及时取证的全自动、全天候、实时监控的智能系统。视频动态识别预警系统包括人脸识别、异常行为识别、安全帽识别、反光背心识别、腕表或标签识别、集卡车及车牌识别、烟火识别等。

本节对人员探测技术方案进行了分析比较,主要介绍一种基于射频识别、物联网技术、智能报警技术的港口装卸作业人员监控和安全预警系统,可以实时、动态地对危险作业区域的人员进行监控和处于危险时的报警提醒。对可穿戴数据采集设备、数据接收分析控制设备和远程监控管理指挥中心等系统架构进行了研究分析。

1. 系统的方案比选和关键技术

1) 探测定位技术方案

为了减少对港口正常作业的影响,港口危险作业区域人员安全监控系统应采用无线通信和定位的方式。目前,常用的无线通信和定位方式有:有源 RFID、ZigBee、蓝牙、红外传感和北斗卫星定位等技术,各项技术各有其优缺点,见表 9-2。

表 9-2　各种无线通信和定位技术对比

性　能	有源 RFID 技术	ZigBee 技术	蓝牙技术	红外传感技术	北斗卫星定位技术
传输速率	快	较慢	快	快	快
通信距离	远	近	近	近	远
准确率	高	高	高	低	高

续表

性　能	有源 RFID 技术	ZigBee 技术	蓝牙技术	红外传感技术	北斗卫星定位技术
安全性	高	高	高	低	高
功耗	小	小	小	很小	大
成本	低	低	高	高	高
遮挡影响	有,吊具等移动的影响	有,吊具等移动的影响	有,吊具等移动的影响	有,吊具等移动的影响	有,大型起重机的遮挡
主要应用	物流和供应管理、生产制造和装配、人员定位跟踪等	无线传感器(汽车轮胎)、医疗等	通信、汽车、IT、多媒体、工业、医疗、教育等	红外测温、人体红外探测器、热探测器、光子探测器等	集团监控、自主定位导航、环境监测等

综合以上分析,考虑到应用的经济成本,本系统地面作业人员与读写器通信方式采用有源 RFID 射频识别技术。为了增强定位的准确性,可使用北斗卫星导航系统进行精确的定位。

RFID 系统由 RFID 标签、读写器和管理客户端程序组成。RFID 标签包括天线、耦合元件及芯片。每个标签具有唯一的电子编码,附着在物体上标识目标对象。RFID 读写器是读取标签信息的设备,可设计为手持式读写器或固定式读写器。管理客户端程序作为应用层软件,主要是把收集的数据进一步处理,并为人们所使用。系统特点如下。

(1)读取方便快捷。当采用自带电池的主动标签时,有效识别距离可达到 30m 以上,满足港口设备的周边监控要求。

(2)识别速度快。解读器可以即时读取信息,而且能够同时处理多个标签,实现批量识别。

(3)数据容量大。RFID 标签可以根据用户需要扩充到数 10KB,可以储存人员的相关信息。

(4)使用寿命长,应用范围广。核心设备的包装为封闭式,使用寿命长,可应用于粉尘、油污等高污染的港口环境。

(5)更好的安全性。不仅可以嵌入或附着在不同形状、类型的产品上,而且可以为标签数据的读写设置密码保护,从而具有更高的安全性。

(6)动态实时通信。标签与解读器进行通信的频率是 $50\sim100$ 次/s。只要 RFID 标签所附着的物体出现在解读器的有效识别范围内,就可以对其位置进行动态的追踪和监控。

2)遮挡条件下的准确定位和识别技术

在港口的工作条件下,港口设备均为大型设备,高度达 30m,且设备的吊具是移动的(不仅水平移动,而且上下移动),这些设备将遮挡监测的信号。因此,在如此条件下,如何定位和识别工人是非常重要的。

在本系统中,不同的读写单元被安装在不同的位置,研究了读写单元的距离和空间位置。

根据信号的强度判断距离,为获得更加准确的定位信息过滤掉一些噪声信息,因此,在危险的环境下,工人的位置被准确地定位和识别。

3)多个 RFID 标签同时响应的抗碰撞算法

读写单元应该能够有效识别其覆盖范围内的所有标签。然而,在实际应用中,有源读写单元可以读取一些有源 RFID 标签,且在读写单元覆盖中的标签几乎同时响应读写单元的指令。这样的响应信号会发生碰撞,从而影响信息的传输。

本系统采用 RFID 防碰撞算法,避免了读写单元因多个标签而不能应答的情况,保证读写单元和标签能够正确交换信息。有源读写单元将读取的信息上传到系统,系统会自动监听读写单元读取的 RFID 标签的 RSSI 值,并识别其信号强度。系统可以根据工人和读写单元之间的距离自动判断工人是否处于危险区域和其危险程度。

4)基于位置信息的大数据系统规划技术

港口是一个复杂的环境,在不同的领域,不同的移动装卸设备风险程度是不一样的。

通过采集工人的行动轨迹,系统可以进行大数据分析,以确定不同地区的工人出现的频率。系统可以对危险区域的人员进行重点监控,从而降低事故率。

2. 系统的实践与应用

1)系统组成

系统分为可穿戴数据采集设备、数据接收分析控制设备和远程监控管理指挥中心3部分。

可穿戴数据采集设备包括有源 RFID 标签、各种传感器,以及北斗卫星定位接收元件等,通过安全帽等穿戴设备进行位置、身体信息的感知。数据接收分析控制设备主要是有源读卡器,对接近危险区域的人员进行识别和探测,以及将数据传送到远程监控管理指挥中心。

2)系统功能

系统架构见图 9-16。

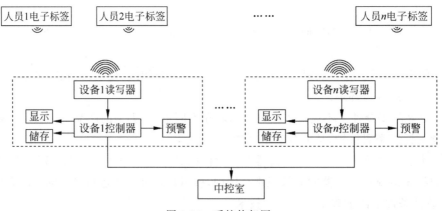

图 9-16　系统构架图

(1)如有地面人员进入危险区域,则系统自动向司机发出声音预警,司机可向地面作业人员发出警告。同时,司机可在平板电脑上实时察看作业人员的姓名、工种、数量、位置等信息。

(2)当有人员进入危险区域时,人员佩戴的安全帽将进行声光预警提示。同时,系统能够对人员工作环境的温湿度信息进行数据采集,以实现对港口作业人员的健康监测和环境监控,并发送到远程管理计算机进行决策分析。

(3)系统能够对港口作业人员的生命体征进行监测,以保障作业人员的人身安全,同时,系统结合北斗卫星定位技术,能够对港口作业人员、货物和设备进行实时精确定位。

3) 系统应用

作业人员身上配备射频识别标签和报警装置。射频识别标签用于存储包含标签编号的标签信息,接收射频信号后发送标签编号,接收报警指令后控制报警装置发出报警提示。标签编号与现场作业人员相对应。

系统安装示意见图9-17,射频识别读写单元安装在作业设备上,用于发送射频信号,接收标签编号,然后判断间距是否小于作业设备的安全半径。当间距小于安全半径时发送报警指令。

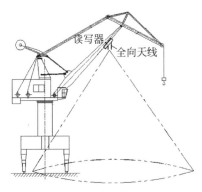

图 9-17 系统安装示意图

通过现场实验和实际应用发现,该系统可以有效实现港口现场人员的动态管理和有效报警。该安全监控系统结构简单,可直接安装于起重机上,不需要对原有的起重机结构和系统进行改造;系统可实时自动识别港口现场人员是否处于危险区域,并可实现作业信息资源的统一管理和调配,从而提高港口装卸作业的人员安全管理水平。

港口危险作业区域人员安全监控系统采用 RFID 技术、物联网技术、智能识别报警技术、北斗卫星定位技术等,克服了传统港口装卸作业时,地面装卸作业人员安全意识差、地面人员进入危险区域不被监管、作业人员健康状况和位置信息无法及时了解的问题,实现了作业人员进入危险区域预警,实时监测作业人员的健康信息和位置信息等目的。

另外,系统配备的传感器网络将采集到的数据信息传送到远程监控管理平台,为管理人员进行安全分析、现场工作环境精确分析和安全作业环境决策分析提供了强有力的数据支撑。

该系统可用于监控港口工作人员的安全,克服了港口只对设备进行监控的缺点。系统可同时监测工人和设备。该系统的应用可以进一步提高安全管理水平,减少安全事故的发生,具有良好的应用前景和较大的实用价值。

9.2.4 其他智能化技术应用

1. 区块链技术应用

2016 年,鹿特丹港与荷兰国家应用科学研究院、荷兰银行、代尔夫特理工大学、德斯海姆应用科学大学共同组建了世界上首个针对物流领域的区块链物流研究联盟。2017 年,商船三井、日本邮船、新加坡太平船务、新加坡港务集团等航运企业为推进区块链技术的应用,建立了基于区块链技术的贸易数据共享平台企业联盟和以区块链技术为基础的供应链业务网络。2018年,马士基与美国国际商业机器公司(International Business Machines Corporation,IBM)合作完成了区块链试验,建立分布式账本技术平台,成功使用区块链跟踪货物运输,推动和优化航运业务发展。

2017年5月,丹麦海事局启动项目,研究区块链技术的价值,探讨区块链技术在船舶登记上的应用可行性,主要解决船东进行船舶登记时需要人工填写和处理各种文件的复杂和耗时问题。区块链技术应用于船舶登记将大大节省船东的时间和成本。据悉,丹麦海事局区块链船舶登记试验项目于2020年年初正式上线运行。

美国科技公司Ideanomics与亚太模范电子港口网络(APMEN)贸易技术公司合作,项目的第一阶段将在APEC地区的两个最大港口上海和广东启动,利用区块链和所谓的"超级人工智能",试图通过区块链技术简化供应链,为亚太经济合作组织(APEC)在线港口清关系统中的港口清关和运输处理削减"中间商层"。

在2020年疫情期间,大连自贸片区管委会将2019年4月在全国口岸率先上线运行的"区块链电子放货平台"加大应用实践,扩大应用范围,将原有的线下操作全部改为线上操作,实现提货过程中船公司放货、收货人(代理或车队)提箱和码头放箱整个流程的电子信息交互,提高提货效率,减少人为差错,每票货可为企业节约至少3h、100多元成本,有效节省了现场企业的人工成本和时间成本。同时,通过使用区块链技术,在核心单位建立分布式账本,形成安全、永久的交易记录,不可删除、不可更改,使船、港、货各方都能实时、安全、无缝地传递提货信息,实现全程留痕和全程可追溯,满足口岸业务对放货操作的安全性、准确性和一致性的要求,有效避免了传统的基于中心化的数据库存在的可删除、可更改的安全隐患。

青岛港公司通过积极探索区块链等智能化技术应用来提高港口物流效率。目前,区块链技术已用于青岛港集团集装箱进口单证无纸化作业。

2. 3D打印技术应用

3D打印技术又称为增材制造,具有节省人工、节省材料、工期短、便捷高效等特点。

1) 3D打印技术可用于水运工程施工

3D打印技术可应用于港口建筑物的建设。现场整体3D打印成形一般是在绑扎成形的建筑钢筋骨架上直接进行3D打印。2016年,北京华商腾达完成了建筑物的整体打印,建筑共两层(层高3m),整体400m²,实际成本约500元/m²,经试验检测可承受八级地震。

3D打印技术可用于水运工程的沉箱等建筑施工中。

2) 3D打印在船舶领域的应用

3D打印技术在船舶领域有着较好的发展前景,可应用的范围也较大。例如,在船舶设计阶段制作用于验证和改进设计的模型;一些小批量、定制型船舶配套产品的制造;运营阶段备件的供应;舰载无人机、无人艇,甚至小艇的制造等。

(1) 马士基的3D打印备件供应链

数年前,马士基油轮公司就利用3D打印这项新技术革新其船舶备件供应链。对于船员来说,处理设备故障是一种常见的挑战,工作重点在于如何将部件尽可能快地从陆上送到船上。按照传统方法,确定需要的部件之后将其运往船舶下一个要经过的港口,最后租一艘小艇将所需要的部件送到船上。租用小艇是因为鉴于油船货物的危险性,一般被禁止进入港口主要区域。

除了这些步骤外,事实上,油船还经常不能按时到港,这就使部件的运送工作变得更复杂。马士基油轮公司有 2/3 的船以现货交易的模式运营,因此,客户租船后并不会每次都明确在哪里卸货,可能是从起点到终点之间的任何港口,这种不确定性也为备件的运送工作带来了一些麻烦。从成本上来看,算上仓库储存、包装、空运至港口、清关,以及租用小艇等一系列费用,仅将 1 个零件运送至船上的成本就高达 5000 美元。另外,一系列运输过程还会产生不少废气排放,不利于环保。总之,传统运送备件到船上的模式具有作业过程复杂、费用较高、环境污染大、延长船舶航行时间等缺点。

马士基在旗下的 1 艘油船上安装 3D 打印机以便船员打印出所需要的零件。马士基官方没有更新 3D 打印机应用进展报道。有报道猜测称该公司可能更愿意先在岸上使用 3D 打印机而不是在船上,这样至少能缩短备件的交付时间。

(2) 美国海军的 3D 打印机应用

物流不仅对民用船舶是个挑战,对军用舰船来说更是如此,因此,军舰上会有各种备件储备,以应对这个问题。美国海军(USN)较早启动了对 3D 打印技术的探索。目前,美国海军的部分舰船已经配置了 3D 打印机,主要用来打印诸如油盖、泄水孔塞等小部件,并正打算扩大应用范围,这将大大减少船上备件库存量。2014 年 4 月,美国海军在“Essex”号两栖攻击舰上安装了 1 台 3D 打印机,最初只是让舰员打印一些需要的零部件,下一步进行 3D 打印无人机的项目,用来测试那些定制无人机执行特殊任务时的效果。

另外,新加坡 Tru-Marine 公司利用 3D 打印机快速维修和制造涡轮增压器部件,鹿特丹将建设 3D 打印中心,以快速维修到港船舶、3D 打印喷水推进小艇模型(除电子设备和电池以外的所有部分)等。

3) 3D 打印技术可用于打印港口设备备件

与船舶备件的 3D 打印应用情景相似,3D 打印技术可用于港口的备件制造,尤其是对于那些价值高、不适宜大量存放的非标件备件,3D 打印比较适合于定制的设备备件。

9.3 集装箱码头的智能化效益分析

9.3.1 经济效益分析

自动化集装箱码头具有稳定高效、安全可靠和减员增效的优势,是集装箱码头技术发展和智能化的必然趋势。随着港口升级转型、劳动力成本的攀升和智慧港口、绿色港口建设的推进,中国自动化集装箱码头的建设必将进入一个快速发展期。

自动化集装箱码头的投资大,根据相关资料,某自动化集装箱码头建设 4 个泊位,设计通过能力为 300 万 TEU/年,投资估算为 67.1 亿元,经过财务盈利能力分析,项目的投资回收期(含建设期)为 11.6 年,项目全部投资的财务内部收益率为 8.81%,盈利能力较好。另外一个自动化码头工程包括 2 个 10 万吨级和 2 个 5 万吨级集装箱泊位,项目的总投资为 69.74 亿元。北方某自动化集装箱码头,3 个 20 万吨级泊位,总投资 57 亿元。

美国的相关专家说,自动化码头提高了安全性,因为在码头和泊位的人更少,并提供了降低排放的能力。但自动化项目需要很高的财政支出——5 亿～10 亿美元用于全自动化。

虽然自动化集装箱码头投资大，在一定时期内的总体经济效益不是特别明显，但在降低人工成本、降低潜在事故成本方面具有较大的优势。随着中国经济的高速发展，人工成本逐渐增高，且年轻人因为有更好的工作机会而不愿意承担繁重的工作，因此，港口企业面临招工难的问题，而码头智能化正是解决这一矛盾的重要途径。

随着智能化、自动化技术的发展，码头智能化的水平越来越高，在提高效率方面的优势会越来越明显，实现节能增效，进一步降低成本，经济效益越来越好。

9.3.2 环境和社会效益分析

智能制造将成为实施《中国制造2025》的重要抓手，必将对加快推动中国经济发展保持中高速、产业迈向中高端起到关键推动作用。集装箱码头智能化的建设和相关技术的研究开发将是未来中国港口的重要发展方向。另外，《中国制造2025》中明确提出"全面推行绿色制造"，"加强绿色产品研发应用，推广低功耗等技术工艺和装备"。

1）降低污染物排放、碳排放和噪声

集装箱码头智能化的一个重要特征是将传统集装箱码头的水平运输车辆全部改为电力驱动，这些水平运输车辆实现电能替代，在方便智能控制的同时，降低了车辆在港口区域的大气污染物排放和碳排放，使集装箱码头基本没有"冒黑烟"的作业机械，大大改善了港口区域的环境质量。另外，由于没有了大功率发动机（噪声都在85dB(A)左右），港口作业变得更加安静，对周边基本没有噪声影响。

2）减少人员伤亡

集装箱码头智能化大大降低了工人的数量以及工人的劳动强度。一方面，很多作业通过在中央控制室内由人工远程操作完成，与传统的司机室内操作相比，大大改善了操作环境，降低了颈椎病等职业病的风险。另一方面，码头前沿、堆场的作业工人数量减少，降低了工人伤亡事故的风险，有利于港口企业的可持续发展。

由于集装箱码头智能化大大减少了码头工人的数量，造成工人岗位的减少，因此，对减少的岗位人员进行合理安置是集装箱码头智能化面临的一个重要问题。国外自动化码头在发展过程中就曾出现过类似问题，因此，港口企业在实施集装箱码头智能化建设或改造过程中要处理好操作工人的岗位问题，避免引起社会矛盾。

第10章

>>>>>>>>>>>>>

构建绿色低碳发展长效机制

实现碳达峰碳中和目标需要法律法规等机制进行保障。在国家层面，应加快推进正在起草的《中华人民共和国能源法》、修订的《中华人民共和国节约能源法》、正在酝酿中的《中华人民共和国气候变化应对法》，有效推进和执行发布的各项文件。

各省市、各行业制定的绿色低碳发展五年规划、碳达峰行动方案等文件将进一步落实碳达峰、碳中和目标。

10.1 碳排放清单制度

以港口企业或码头等为单位，计算其在社会和生产活动中各环节直接或间接排放的温室气体，称作编制温室气体排放清单，也就是碳排放清单。

编制温室气体排放清单有利于企业对温室气体排放进行全面掌握与管理，对于企业确认减排机会及应对气候变化决策起重要参考作用，有利于发掘潜在的节能减排项目及CDM项目，为参与国内自愿减排交易做准备，有利于积极应对国家政策及履行社会责任，提高企业的社会形象。

温室气体排放清单有助于港口企业摸清底数，掌握各种碳排放源的碳排放量，有针对性地采取降碳措施。

目前，生态环境部出台了《省级温室气体清单编制指南》，可作为编制温室气体排放清单的依据。

10.2 碳排放监测管理

10.2.1 建立监测系统的必要性

目前，碳交易或碳核查的碳排放量数据一般是由第三方核查机构通过开展核查工作获取的，碳排放核查的排放数据存在着以下问题。

（1）数据准确性和可靠性较差。目前的碳排放量计算或核查主要通过收集企业提供的相关报表凭证来获取活动数据，然后通过公式计算碳排放量，这些报表数据的准确性有待考证。

港口企业的碳排放量主要由柴油、天然气燃烧排放,购入电力排放两部分构成。按照《用能单位能源计量器具配备和管理通则》(GB 17167—2006)的要求,企业在涉及能源消耗的生产环节要配备有效的计量器具。目前,在港口企业中存在计量器具配备不齐全、精度低或检定/校准不及时等问题,企业提供的相关报表数据仅靠人工统计,数据的真实性和准确性较低。另外,企业的碳配额一旦在碳排放交易市场进行交易,就属于商品贸易,按照《中华人民共和国计量法》规定,凡是列入《中华人民共和国强制检定的工作计量器具目录》并直接用于贸易结算的工作计量器具必须实行强制检定。目前,港口企业的有关碳排放检测计量器具基本都没有进行计量检定。

目前,碳排放数据计算和核查的是上一年度的碳排放相关数据。一般港口企业能提供完整的相关票据和资料,而管理粗放的小型港口企业则存在相关票据和数据资料缺失的问题,数据可靠性严重不足,基础数据不足或不准确,难以保证计算和核查数据的准确性。

(2)数据分析后降碳措施不及时。由于碳排放计算和核查主要计算上一年度的碳排放数据,因此,虽然能够分析出碳排放清单,但由于时效性问题,无法对港口企业装卸作业过程中的碳排放量大的环节及时采取措施,不利于港口企业对能源、碳排放进行精细化管理。

通过构建碳排放数据自动采集与监测系统,可大大提升港口企业的碳排放数据管理水平,具有较好的经济效益和社会效益,主要有以下几方面。

(1)碳排放自动监测可节约人力成本。采用碳排放自动采集与监测系统可减少碳排放管理人员的工作量,降低人员开支,提高碳排放核查数据的准确性。

(2)碳排放自动监测可节省核查费用。建立碳排放交易市场后,港口企业一般需委托第三方核查机构进行碳排放量的核查,如果建立碳排放自动采集与监测系统,在得到相关主管部门认可后,则可将数据自动上传,节省每年需要支出的碳排放核查费用。

(3)通过监测结果可及时发现问题并整改。碳排放自动采集与监测系统能够实时采集碳排放数据,及时地进行数据分析,可与历史情况、国内外同类企业排放数据进行对比分析,如发现排放异常情况,可根据分析结果提出整改措施,有助于企业促进绿色、低碳技术发展。

10.2.2 碳排放监测的政策要求

2017年,国务院发布的《"十三五"节能减排综合工作方案》明确指出"要健全节能减排计量、统计、监测和预警体系,建立健全能耗在线监测系统和污染源自动在线监测系统"。

2020年8月,福建省人民政府对《福建省碳排放权交易管理暂行办法》(省政府令第214号)进行了修改,第二十四条规定,重点排放单位应当按照省人民政府碳排放权交易主管部门的要求,制订年度碳排放监测计划。重点排放单位应当依据监测计划实施监测。第二十五条要求,省人民政府碳排放权交易主管部门应当利用在线监测平台开展相关工作。这个规定是国内首次提出利用在线监测平台开展碳排放核查工作。2018年7月,福建省计量科学研究院启动了福建省碳排放在线监测与应用公共平台的建设工作,厦门奥普拓自控科技有限公司是平台的承建单位。2020年9月,福建省生态环境信息中心发布了福建省碳排放监测与预警体系建设研究的单一来源采购审核前公示,由福建省闽量校准技术中心承担相关工作,该工作表明,福建省将会在碳排放监测与预警体系建设方面建设更加完善的体系。

2022年3月,韩正在碳达峰碳中和工作领导小组全体会议上强调,要加强基础能力建设,建立统一规范的碳排放统计核算体系,推动能耗"双控"向碳排放总量和强度"双控"转变,狠抓绿色低碳技术攻关和推广应用。国家应对气候变化战略研究和国际合作中心总经济师张昕在2022年5月接受第一财经记者采访时表示,全国碳市场碳排放数据质量出现一系列问题,包括技术服务机构和重点排放单位不按照技术规范要求监测碳排放活动水平数据和采制煤样,不按照频次要求开展化验分析,用经验值补齐缺失煤质数据,参数选用和数据统计错误,以及原始数据记录混乱,不按技术规范要求开展数据核算、检测、核查等。碳市场碳排放数据有两种成熟的统计方法,即核算法和连续在线监测法,两种方法可以互相校验。部分专家认为,连续在线监测法可及时、直接获得碳排放量,且比核算法获得的数据精度高,建议在全国碳市场推行碳排放连续在线监测法。核算法是国外主要碳市场和国内试点碳市场碳排放主流的统计方法。目前,中国碳交易要求管控企业开展碳排放核算,仅极少数发电企业开展碳排放连续在线监测。连续在线监测法适用于计量有组织排放源的碳排放,如发电机组碳排放监测统计。受设备成本和技术管理条件限制,连续在线监测法在目前不适用于计量无组织排放源。中国港口的直接碳排放设备主要是各类港口流动机械,一般是由大功率柴油机(一般200kW以上)驱动,柴油机排气管处的排放属于有组织排放,具备安装连续在线监测系统的可行性。

总体来说,目前国内尚未建立服务港口企业的碳排放数据在线监测与应用平台。

10.2.3　碳排放在线监测方案

碳排放监测法是通过对排放源的碳排放量进行实际监测然后汇总得到排放源的碳排放量的方法。目前,碳排放监测方法主要有以下两种。

1. 直接监测法

通过安装检测仪器、设备等对企业温室气体排放量进行测量与监测。主要是通过监测仪器或连续计量设施,测量排放气体的流量、流速和浓度等参数,再通过公式计算气体的排放总量。根据测量仪器和手段的不同,监测方法分为手工监测法和基于烟气排放监测系统(continuous emissions monitoring system,CEMS)的连续监测法。手工监测法多用于仪器校准,通过便携的手持监测设备在预留好的监测点可进行短时间的测量。烟气排放监测系统(CEMS)指通过采样方式或直接测量方式实时、连续地测定固定污染源排放的烟气中各种污染物浓度的监测系统,目前的应用主要是对电厂开展连续性的烟气参数监测,监测的参数主要有CO、NO_x、SO_2、O_2、CO_2等,烟气连续监测系统的初始投资较高,但数据实时性强、准确度高,欧美国家应用较多。

机动车尾气排放遥感检测系统是一种灵活安置于道路两侧,可对单向和双向车道上行驶的车辆的排气污染物进行实时遥感检测的系统。它采用光谱吸收技术对机动车尾气排放的二氧化碳(CO_2)、一氧化碳(CO)、碳氢化合物(HC)、氮氧化合物(NO_x)进行检测,该系统一般为汽柴一体化设计,可对汽油车、柴油车进行检测。

2. 间接监测法

间接监测法应用物联网技术,实现碳排放企业的各种能源种类数据实时在线采集与监测,然后根据《2006年IPCC国家温室气体清单指南》给出的各类能源消费产生的碳排放因子,采用排放因子法计算得到企业能源燃烧产生的碳排放量。采用间接测量法对产生碳的源头进行计量,实现企业碳排放总量的在线监测与核算。以能耗在线监测为基础,进一步扩展系统功能,开发碳排放在线监测系统,完善的能源计量体系是碳排放交易的基础技术支撑。能耗和碳排放监测系统方案见图10-1。

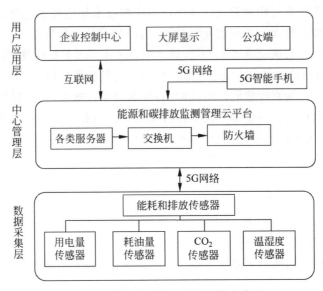

图 10-1　能耗和碳排放监测系统方案图

10.2.4　国外碳排放监测情况

欧盟碳排放交易监测、报告、核查(Monitoring Reporting and Verification,MRV)体系测量方法包括样本法和连续监测法。欧盟要求规模超过 20MW 的火电机组定期上报碳排放核算数据,可采用排放因子法和在线监测两种方法。随着欧盟碳排放交易体系(EU ETS)法规制度的不断完善,欧盟对碳排放核算方法进行了优化。一是增强了核算方法的灵活性,根据成本估算和电厂实际情况可采取两种方法相结合的方式;二是提高了核算数据的质量要求,核查的数据必须进行不确定性分析;三是提高了在线监测法的认可度,安装烟气排放监测系统(CEMS)的电厂无须证明在线监测数据的准确度高于排放因子法。烟气连续监测系统示意图见图 10-2。

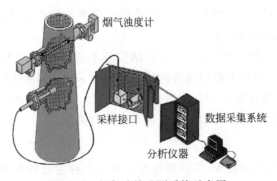

图 10-2　烟气连续监测系统示意图

美国强制性温室气体报告制度要求对碳排放源进行监测。美国火电主要采用在线监测法核算碳排放量。根据官方统计数据,70%左右的火电安装 CEMS 设备进行碳排放监测,积累了丰富的碳排放在线监测经验。根据燃料种类、装机容量,部分电厂还可选择计算法用于核算。煤炭的成分复杂,产地、年份都会影响煤炭的碳含量。因此,美国要求燃煤电厂必须安装 CEMS,用于监测二氧化碳排放量。成分固定的天然气、石油等燃料,碳排放量易于核算且产生的误差较小,使用此类燃料的电厂选择核算方法的自由度较大,可使用计算法或在线监测法。

有研究人员构建了一个近乎实时更新的每日二氧化碳排放数据集"碳监测",以监测自2019 年 1 月 1 日以来,在国家层面上,化石燃料燃烧和水泥生产产生的二氧化碳排放量变化,几乎覆盖全球。每天的二氧化碳排放量是根据各种各样的活动数据估算的,包括 31 个国家的每小时到每天的发电量数据、62 个国家/地区的每月生产数据和工业过程生产指数,以及全球 416 个城市的地面交通每日流动数据和流动指数。个别航班位置数据和月度数据用于航空和海运部门的估计。此外,根据 206 个国家每日气温修正的每月燃料消耗数据被用来估计商业和住宅建筑的排放量。这一碳监测数据集受工作日和节假日,以及每日、每周和季节变化及 COVID-19 大流行的影响,显示了二氧化碳排放的动态性质。碳监测实时二氧化碳排放数据显示,与 2019 年同期相比,2020 年 1 月 1 日至 6 月 30 日,全球二氧化碳排放量下降了 8.8%,并检测到 4 月下旬二氧化碳排放量再次增长,这主要归因于中国经济活动的复苏。这一实时更新的二氧化碳排放数据集可为相关科学研究和政策制定提供技术支撑。

10.2.5 中国碳排放监测情况

2020 年 11 月,以南方电网公司为主制定的中国标准化协会团体标准《火力发电企业二氧化碳排放在线监测技术要求》(T/CAS 454—2020)正式发布,该标准适用于火力发电企业产生的二氧化碳排放量的在线监测。采用化石燃料(煤、天然气、石油等)为能源的工业锅炉、工业炉窑的二氧化碳排放量在线监测可参照执行。该标准规定了火力发电企业烟气二氧化碳排放在线监测系统(简称 CDEMS)中的主要监测项目、性能指标、安装要求、数据采集处理方式、数据记录格式以及质量保证,为国家实现"十四五"期间碳控排目标及考核提供客观依据和数据支持。

目前,中国碳排放监测主要用于火电厂,大型发电厂均安装了碳排放监测装置。

2020 年 12 月 17 日,国华电力联合中国环境监测总站建成的国内首个固定污染源烟气连续监测系统(CEMS)现场集中检测平台,在三河电厂顺利完成首批 9 个型号 CEMS 设备的第一阶段集中统一的适用性检测,标志着中国传统 CEMS 的适用性检测由时空分散方式向集中统一方式转变,实现了多个 CEMS 仪器在同一环境条件下进行检测评价。作为该科技创新平台重要组成部分的 CEMS 现场集中检测平台,严格按照国家标准规范,新建了长达 100m 的 L 形水平烟道,预留了多组烟气、烟尘和湿度比对孔位,可以满足 10 个型号 CEMS 监测设备同时开展适用性检测的需求。其成功投运,为中国环境监测数据"真、准、全"提供了重要保障,有力支撑了"十四五"期间废气排放自动监测的监督管理。

10.3　绿色港口的等级评价制度

绿色港口等级评价主要依据《绿色港口等级评价指南》(JTS/T 105—4—2020)对港口绿色等级进行评定。绿色港口等级评价中涉及很多有关碳排放的指标：如在"行动"部分，节能低碳是一项重要内容，包括主要设备、作业工艺、能源消费、辅助设施等，污染防治也是一项重要内容，其中船舶使用岸电等行动均是港口降低碳排放的重要措施；在"效果"部分，节能低碳中列出了码头生产单位吞吐量可比综合能源消耗、码头生产单位吞吐量二氧化碳排放量两项重要指标。因此，进行绿色港口等级评价也是促进港口碳中和的重要途径。

绿色港口等级评价指标体系及各指标的权重见表 10-1。

表 10-1　绿色港口等级评价指标体系及分值

项　目	内　容	指　标
理念(10)	战略(5.5)	战略规划(2)
		专项资金(2)
		工作计划(1.5)
	文化(4.5)	企业文化(2.5)
		教育培训(1.0)
		宣传活动(1.0)
行动(40)	环境保护(20)	污染防治(16)
		资源利用与生态保护(4)
	节能低碳(20)	主要设备(8)
		作业工艺(4)
		辅助设施(4)
		能源消费(4)
管理(15)	体系(5.25)	管理机构(1.5)
		审计认证(3.75)
	制度(9.75)	目标考核(2.25)
		统计监测(6.75)
		激励约束(0.75)
效果(35)	水平(35)	环保生态(21)
		节约低碳(14)

注：各项指标括号内数字为对应的分值。

最后，根据实际得分以及必要条件来评定等级，分为 3 星、4 星、5 星三个等级，除了得到相应的分数之外，要达到某个等级，有些必要条件一定要满足才行。比如，港口要达到 5 星级绿色港口标准，除了满足相应的评价得分外，还必须满足靠港船舶使用岸电建设和使用比例、原油成品油装船码头的油气回收等要求。目前，在交通运输部的领导下，中国港口协会已开展了集装箱码头、干散货等类型码头绿色港口等级评价工作，2020 年已有一批集装箱码头获得了 4 星级绿色港口称号。2021 年除一批集装箱码头和干散货码头获得 4 星级绿色港口称号外，上海市洋山深水港四期码头和黄骅港煤炭码头获得了 5 星级绿色港口称号。

10.4　节能低碳第三方服务模式

加快完善有利于绿色低碳发展的价格、财税、金融等经济政策，推动合同能源管理、污染第三方治理、环境托管等服务模式创新发展。

1) 合同能源管理

《合同能源管理技术通则》(GB/T 24915—2010)定义的合同能源管理(energy performance contracting,EPC)为节能服务公司与用能单位以契约形式约定节能项目的节能目标,节能服务公司为实现节能目标向用能单位提供必要的服务,用能单位以节能效益、节能服务费或托管费支付节能服务公司的投入及其合理利润的节能服务机制。合同能源管理项目的要素包括用能状况诊断、能耗基准确定、节能措施、量化的节能目标、节能效益分享方式、测量和验证方案等。

合同能源管理是一种新型的市场化节能机制。其实质是以减少的能源费用来支付节能项目全部成本的节能业务方式。能源管理合同在实施节能项目的企业(用户)与节能服务公司之间签订,有助于推动节能项目的实施。在合同能源管理方式中,一般不要求企业自身对节能项目进行大笔投资,项目投资由节能服务公司完成。

2) 污染第三方治理和环保管家模式

环境污染第三方治理是排污者通过缴纳或按合同约定支付费用,委托环境服务公司进行污染治理的新模式。主要坚持排污者付费、市场化运作、政府引导推动等基本原则。环境污染第三方治理的模式同样适用于碳排放第三方治理。

国务院于2014年出台了《国务院办公厅关于推行环境污染第三方治理的意见》(国办发〔2014〕69号),从推进环境公用设施投资运营市场化、创新企业第三方治理机制、健全第三方治理市场、强化政策引导和支持等方面提出了相关意见。为加快推进和规范环境污染第三方治理,原环境保护部2017年9月印发《关于推进环境污染第三方治理的实施意见》,排污单位承担污染治理的主体责任,可依法委托第三方开展治理服务,依据与第三方治理单位签订的环境服务合同履行相应责任和义务。第三方治理单位应按有关法律法规和标准及合同要求,承担相应的法律责任和合同约定的责任。第三方治理单位应按合同约定建立台账记录,记录环保设施的运行和维护情况、在线监测数据等能够反映环保设施运行情况的必要材料。

2019年7月,《国家发展改革委办公厅　生态环境部办公厅关于深入推进园区环境污染第三方治理的通知》(发改办环资〔2019〕785号)提出园区依法委托第三方开展治理服务,提供包括环境污染问题诊断、系统解决方案、污水和固体废弃物集中处理处置、烟气治理、污染物排放监测以及监管信息平台等环境综合治理服务。鼓励第三方研发和推广环境污染治理新技术、新工艺。

污染第三方治理的主要目标是污染治理效率和专业化水平明显提高,社会资本进入污染治理市场的活力进一步激发。环境公用设施投资运营体制改革基本完成,高效、优质、可持续的环境公共服务市场化供给体系基本形成;第三方治理业态和模式趋于成熟,涌现出一批技术能力强、运营管理水平高、综合信用好、具有国际竞争力的环境服务公司。

2016 年 4 月 15 日,原环境保护部印发《关于积极发挥环境保护作用促进供给侧结构性改革的指导意见》(环大气〔2016〕45 号),正式引入"环保管家"概念,明确提出推进环境咨询服务业发展,鼓励有条件的工业园区聘请第三方专业环保服务公司作为环保管家,向园区提供监测、监理、环保设施建设运营、污染治理等一体化环保服务和解决方案。

环保管家是一种合同环境服务,主要指环保服务企业为政府、为企业提供合同式综合环保服务,并视最终取得的污染治理成效或收益来收费,是一种治理环境污染的新商业模式。这种服务是第三方环境治理的"升级版",即为一个区域、项目或企业提供定制化的、全产业链的第三方治污服务。

10.5　加强节能低碳管理

管理节能是指在不改变现有技术、设备、工艺等硬件措施的条件下,加强组织管理,通过各种途径减少原材料消耗,提高能源利用效率,降低能源漏损率等。管理节能是一种间接节能。

港口管理节能是在多方面的协作下进行的:政府主管部门制定节能标准和法规政策,指导、监督和考核港口节能工作;港口企业具体建立管理组织机构、制定自身节能的管理制度、设立能源管理岗位、落实节能目标责任、完善能源计量统计和监测工作、建立考核和激励制度、建立能源审计制度、上报能源状况报告、总结节能经验和交流、开展合同能源管理、做好节能宣传、教育和培训工作,积极推进节能管理工作,使节能的约束性目标得以实现。

10.5.1　国家的节能低碳要求

1. 碳排放的相关法律法规和政策文件

政府为完成国家节约能源目标和能源管理,发布节能法律、法规和相关政策,如《中华人民共和国节约能源法》(简称《节约能源法》)是节能领域的基本法,为推进节能工作奠定了重要的法律基础,为企业开展节能管理工作提供了法律依据。国家领导在国际会议和国内会议上发表的重要讲话也是推进碳排放工作的重要依据,中国的 2030 年碳达峰、2060 年碳中和的目标是今后一段时间碳排放控制工作的重要依据和目标。

2. 节能低碳目标责任制

《节约能源法》第六条规定,"国家实行节能目标责任制和节能考核评价制度,将节能目标完成情况作为对地方人民政府及其负责人考核评价的内容。省、自治区、直辖市人民政府每年向国务院报告节能目标责任的履行情况"。《公路、水路交通实施〈中华人民共和国节约能源法〉办法》第五条规定,"各级人民政府交通运输主管部门应当加强对节能工作的领导,建立健全公路、水路交通节能管理体制,实行节能目标责任制和节能考核评价制度,部署、协调、监督、检查、推动节能工作"。节能目标责任制是上级政府和下级政府之间、政府与企业之间、企业内部以签订目标责任书的形式,规定相关责任人在某一时期内的或与基准期比较的节能目标,通过对节能数据的统计和监测,在期末对相关责任人进行考核的一种节能管理制度。

目前,中国正在执行以碳排放强度控制为主、碳排放总量控制为辅的制度,标志着中国逐步进入到碳排放强度和总量双控的新发展阶段,目标是到2030年,二氧化碳排放强度比2005年降低65％,二氧化碳排放总量达峰。

3. 固定资产投资项目的节能评估和审查制度

《节约能源法》第十五条规定,"国家实行固定资产投资项目节能评估和审查制度。不符合强制性节能标准的项目,建设单位不得开工建设;已经建成的,不得投入生产、使用。政府投资项目不符合强制性节能标准的,依法负责项目审批的机关不得批准建设。具体办法由国务院管理节能工作的部门会同国务院有关部门制定。"国家发展改革委发布的《固定资产投资项目节能审查办法》(国家发改委2016年第44号令)规定,"固定资产投资项目节能审查意见是项目开工建设、竣工验收和运营管理的重要依据。政府投资项目,建设单位在报送项目可行性研究报告前,需取得节能审查机关出具的节能审查意见。企业投资项目,建设单位需在开工建设前取得节能审查机关出具的节能审查意见"。建设单位应编制固定资产投资项目节能报告。

4. 能效标识制度

《节约能源法》第十八条规定,"国家对家用电器等使用面广、耗能量大的用能产品,实行能源效率标识管理。实行能源效率标识管理的产品目录和实施办法,由国务院管理节能工作的部门会同国务院市场监督管理部门制定并公布"。2016年2月,国家发展改革委和国家质量监督检验检疫总局发布了《能源效率标识管理办法》(国家发展改革委质检总局2016年第35号令)。能源效率标识是指表示用能产品能源效率等级等性能指标的一种信息标识,属于产品符合性标志的范畴。国家对节能潜力大、使用面广的用能产品实行能效标识管理。有关研究单位在探索港口设备实施能效标识的可行性。

5. 节能低碳产品认证制度

《节约能源法》第二十条规定,"用能产品的生产者、销售者,可以根据自愿原则,按照国家有关节能产品认证的规定,向经国务院认证认可监督管理部门认可的从事节能产品认证的机构提出节能产品认证申请;经认证合格后,取得节能产品认证证书,可以在用能产品或者其包装物上使用节能产品认证标志"。2015年9月国家质量监督检验检疫总局和国家发展和改革委员发布了《节能低碳产品认证管理办法》(质检总局国家发改委令第168号),节能产品认证是指由认证机构证明用能产品在能源利用效率方面符合相应国家标准、行业标准或者认证技术规范要求的合格评定活动;低碳产品认证是指由认证机构证明产品温室气体排放量符合相应低碳产品评价标准或者技术规范要求的合格评定活动。随着国家对碳排放的重视,将会有更多的产品进行低碳产品认证。

6. 制定用能单位的能耗定额标准

交通运输部发布的《公路、水路交通实施〈中华人民共和国节约能源法〉办法》第二十一条规定,"交通用能单位应当制定并执行本单位产品能耗定额标准,并定期对用能设备进行技术评定,对技术落后的老旧及高耗能设备,提出报废、更新、改造计划"。港口发布的相关标准有《码头作业单位产品能源消耗限额》(GB 31823—2021),包括集装箱码头、干散货码头和原油码头等单位产品能源消耗限额的相关要求。

7. 高耗能特种设备的节能监督管理

港口起重机大部分为功率高、能耗高的特种设备。为加强高耗能特种设备节能审查和监管,提高能源利用效率,促进节能降耗,2009年7月,国家质量监督检验检疫总局发布了《高耗能特种设备节能监督管理办法》。政府部门将根据该办法加强对高耗能特种设备的管理。

10.5.2 企业的节能低碳管理措施

企业是节能的主体,港口节能管理主要体现在港口企业在日常生产运营及其他方面的集约化管理。企业在国家有关法律法规、标准规范的规定下,为降低能耗、提高能源利用效率,就需通过建立能源管理制度,完善能源计量、统计和监测、能源审计、合同能源管理、节能自愿协议等一系列管理措施来推进节能管理工作。

1. 设立管理组织机构和岗位

《节约能源法》第五十五条规定,"重点用能单位应当设立能源管理岗位,在具有节能专业知识、实际经验以及中级以上技术职称的人员中聘任能源管理负责人,并报管理节能工作的部门和有关部门备案。能源管理负责人负责组织对本单位用能状况进行分析、评价,组织编写本单位能源利用状况报告,提出本单位节能工作的改进措施并组织实施。能源管理负责人应当接受节能培训"。设立能源管理岗位是企业加强能源管理的重要部分。中国沿海大型港口集团一般都设立了三级节能管理组织机构,由集团主要领导任组长,各部室负责人组成了集团节能领导小组,明确分工和职责。各公司设立了节能专职部门,公司所属队、站、车间设立主管节能工作的领导和节能员。

2. 增强能源和低碳发展理念

加强港口节能低碳管理工作的组织领导,在港口高层领导逐级树立节能低碳发展理念,增强和提升节能减排意识。港口企业管理者节能低碳意识的高低直接影响着港口能源管理工作的好坏。管理者意识高,在日常的管理工作始终贯穿节能低碳理念,对港口企业节能低碳工作是极大的促进。港口企业应通过发布节能低碳发展规划、节能低碳工作计划、企业可持续发展报告等形式,对企业自身员工以及公众展示节能低碳发展理念。

3. 建立能源管理的体系制度

港口应按照《能源管理体系 要求及使用指南》(GB/T 23331—2021)建立和推行能源管理体系,并通过认证,且把能源管理体系作为港口能力建设的重要组成部分。港口企业在能源管理体系框架下,建立严格能源管理制度,通过制定和实施港口能源管理制度,贯彻《节约能源法》实施细则,制定和实施节能减排发展规划等政策文件,促进港口节能工作的有序开展。能源和节能管理制度包括落实节能目标责任、能源统计和计量制度、奖励激励制度、监督考核制度、能源状况报告制度等。中国大部分港口均按照相关法律法规建立了能源管理体系制度,但在能源管理体系认证等方面仍有较大提升空间。

4. 完善能源的计量、统计和监测工作

《节约能源法》第二十七条规定,"用能单位应当加强能源计量管理,按照规定配备和使用经依法检定合格的能源计量器具"。《公路、水路交通实施〈中华人民共和国节约能源法〉办法》第十九条规定,交通用能单位应当配备和使用经依法检定合格和校准的能源计量器具,对各类能源的消耗实行分类计量。第二十条规定,交通用能单位应当建立能源消耗统计制度,建立健全能源计量原始记录和统计台账,确保能源消耗统计数据真实、完整,并按照规定向有关部门报送有关统计数据和资料。

港口能源计量指港口通过科学合理配备计量器具,以实现港口能源在存储、使用、管理等全过程的单位统一、量值准确可靠的活动。能源计量是港口能耗统计工作的基础,对港口能源消耗核算具有重要意义。通过能耗监测和统计可以了解港口行业能源消耗的变化趋势,分析能耗变化的原则,对节能降耗政策措施的执行效果进行评估。港口能源计量应符合《港口能源计量导则》(JT/T 1258—2019)的规定。能耗和碳排放监测制度利用能源控制与管理系统对港口的所有用能设备进行监测,港口企业可以实时掌握港口设备的能耗情况,具体碳排放监测管理的内容见本章的"碳排放监测管理"部分。

5. 建立和加强能源审计制度

能源审计是一种能源科学管理和服务方法。能源审计是专业的能源审计机构或具备资格的能源审计人员受政府主管部门或企业的委托,依据有关法律、法规和标准,对用能单位的用能系统、设备的运行、管理及能源资源利用状况等用能物理过程和财务过程进行检查、诊断、审核,找出高能耗的原因,对能源利用效率、消耗水平和能源利用经济效果做出评价,并提出改进措施或提高用能效率建议和意见,以增强政府或企业对用能活动的监控能力和提高能源利用的经济效果。能源审计应符合《节约能源法》、《能源审计技术通则》(GB/T 17166—2019)等相关文件的规定。能源审计是港口企业开展能源和节能管理的前提、主要途径和重要手段,同时也是港口企业能源规范化管理的重要标志。

6. 执行节能低碳自愿协议

根据《节能自愿协议技术通则》(GB/T 26757—2011)的定义,节能自愿协议是为达到节能减排目标、提高能源利用效率,政府与用能单位或行业组织签订协议的一种节能管理活动。节能自愿协议一方面是用能单位或行业组织通过实施节能技术达到一定节能减排目标;另一方面是政府部门对完成节能减排目标的用能单位或行业组织给予利息、财政和税费等方面优惠的支持政策和荣誉奖励。目前,中国节能自愿协议还处于起步阶段,港口领域的应用还需进一步加大推广力度,节能自愿协议在第三方机构评估和审计的情况下,更有利于保证协议的实施。港口企业积极执行节能自愿协议,显示了企业的责任担当。

7. 提供碳足迹的计算服务

一些港口和货运公司提供碳足迹计算器,帮助客户做出有效的货运路线决策,以达到货物运输的最小碳足迹或实现碳中和的最佳路径。弗吉尼亚港提供的碳计算器就是很好的应用实例。随着国家碳达峰碳中和战略的实施,港口作为物流服务单位是货物流动中的关键一个环节,提供碳足迹计算服务也是港口企业践行碳达峰碳中和责任担当的体现。

8. 总结节能低碳经验并进行示范推广

港口企业应定期总结和借鉴行业内节能低碳方面的最佳做法和经验,并在公司内部企业或行业内进行示范推广,形式示范效应,促进行业节能减排目标的实现,推进全行业节能减排工作。如港口企业应积极将成熟的绿色低碳技术申请国家《绿色技术推广目录》等,在全国范围内进行经验分享与推广。

9. 做好节能低碳的宣传、教育和培训工作

《节约能源法》第二十六条规定,用能单位应当定期开展节能教育和岗位节能培训。《公

路、水路交通实施《中华人民共和国节约能源法》办法》第七条规定，各级人民政府交通运输主管部门应当组织开展交通运输行业节能的宣传教育，增强交通运输行业节能意识。港口企业应积极参加行业内的节能低碳技术交流培训，港口企业之间及企业内部应相互学习和借鉴节能经验，包括港口设备节能减排操作在内的先进经验，在互相学习节能操作实践经验中提高能源利用效率和管理水平。

第 4 篇

港口碳排放的终端处理技术

第11章

>>>>>>>>>>>>

港口碳排放的终端处理及固碳技术

本章所说的终端处理包括两部分：一是发电源头侧的终端处理，包括碳捕集和封存；二是用户终端（比如港口）排放的二氧化碳的终端处理。

港口碳排放终端处理主要是固碳技术，是采取措施将已经排放的二氧化碳固定下来，并进行处理或利用。

固碳技术手段包括传统手段和新兴手段，即生态固碳和人工固碳：传统手段包括植树造林、恢复湿地以增加自然生态系统的碳汇，即生态碳汇；新兴手段即通过碳捕集、利用和封存(CCUS)技术，直接空气捕集(DAC)技术进行人为固碳，也称为人工固碳。这些固碳技术也称为负碳技术，能够实现二氧化碳的吸收或储存，降低二氧化碳排放。除了以上造林、绿化、碳捕集、利用和封存外，还有生物炭、强化风化、海洋吸碳等技术。

《中共中央 国务院关于完整准确全面贯彻新发展理念做好碳达峰碳中和工作的意见》第二十二条提出，巩固生态系统碳汇能力。强化国土空间规划和用途管控，严守生态保护红线，严控生态空间占用，稳定现有森林、草原、湿地、海洋、土壤、冻土、岩溶等固碳作用。第二十三条提出，提升生态系统碳汇增量。深入推进大规模国土绿化行动，巩固退耕还林还草成果，实施森林质量精准提升工程，持续增加森林面积和蓄积量。

11.1 生态碳汇

根据《联合国气候变化框架公约》(UNFCCC)的定义，碳汇是从大气中吸收二氧化碳的过程、活动或机制。因此，碳汇本身也是一种特殊的碳捕集和封存技术。

2015年，中共中央、国务院发布的《中共中央 国务院关于加快推进生态文明建设的意见》提出积极应对气候变化。坚持当前长远相互兼顾、减缓适应全面推进，通过节约能源和提高能效，优化能源结构，增加森林、草原、湿地、海洋碳汇等手段，有效控制二氧化碳、甲烷、氢氟碳化物、全氟化碳、六氟化硫等温室气体排放。2016年发布的《国务院关于印发"十三五"控制温室气体排放工作方案的通知》提出，增加生态系统碳汇。探索开展海洋等生态系统碳汇试点。2017年，中央全面深改领导小组审议通过的《关于完善主体功能区战略和制度的若干意见》提出，探索建立蓝碳标准体系及交易机制。

碳基能源的循环利用是碳中和的必由之路。碳循环指碳元素（主要是二氧化碳）在大气、海洋及生物圈之间转移和交换的过程，生态碳汇是碳循环的一个重要过程。在不能完全抛弃煤炭、石油和天然气的情况下,这些碳基能源必然会有碳排放,因此,采用生态碳汇等方法实现碳循环非常重要。

碳汇(carbon sink)主要指森林等生态系统吸收并储存二氧化碳的能力。碳源(carbon source)指产生二氧化碳之源。它既来自自然界,也来自人类生产和生活过程。碳源与碳汇是两个相对的概念,碳源指自然界中向大气释放碳的母体,碳汇指自然界中碳的寄存体。减少碳源一般通过二氧化碳减排来实现,增加碳汇则主要采用固碳技术。

生态碳汇即生态固碳,是实现碳中和的重要途径。生态碳汇指通过森林、草地、耕地等植被和海洋进行碳的吸收和固定,生态碳汇包括植被碳汇和海洋碳汇。开展大规模国土绿化行动,可增加森林吸收大气二氧化碳的碳汇功能。保护生物多样性是一种具有多重效益的碳中和路径。据简单测算,每 1000 万 km^2 的森林每年可吸收二氧化碳 10 亿 t。而中国国土面积 960 万 km^2,预计 2020 年的二氧化碳排放量达 100 亿 t,因此,完全依靠生态碳汇来实现碳中和不现实。生态碳汇在未来应对气候变化、实现碳中和目标的过程中,将会扮演越来越重要的角色。加强森林资源培育,开展国土绿化行动,不断增加森林面积和蓄积量,加强生态保护修复,增强草原、绿地、湖泊、湿地等自然生态系统的固碳能力。

海洋生态碳汇也称蓝色碳汇,即"蓝碳",就是利用海洋活动及海洋生物吸收大气中的二氧化碳,并将其固定、储存在海洋中的过程、活动和机制。"十三五"时期,中国政府通过实施"南红北柳""蓝色海湾""生态岛礁"等重大工程恢复海岸带生态系统,改善水质环境,积极发展"蓝碳"。中国具有丰富的海洋资源,发展"蓝碳"也是应对气候变化的重要途径。

11.2　碳捕集、利用和封存

碳捕集、利用与封存(carbon capture, utilization, and storage,CCUS)指将工业及各种用能场所产生的二氧化碳分离并收集起来,通过碳运输,将其输送并封存到海底或地下等于大气隔绝的场所,或加以利用,以避免其排放到大气中的一种技术,见图 11-1。这种技术被认为是未来大规模减少温室气体排放、减缓全球变暖最经济、可行的方法之一。该技术在国外被称为碳捕集与封存(carbon capture and storage,CCS),也被译作碳捕获与埋存、碳收集与储存等。中国的碳捕集、利用和封存定义中,多了一个利用环节,最后的封存和利用可二选一。碳捕集、利用和封存技术分为捕集、运输、储存、利用等环节。

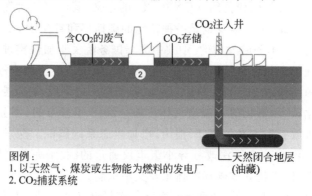

图 11-1　CCUS 系统示意

2021 年 2 月,国务院发布的《国务院关于加快建立健全绿色低碳循环发展经济体系的指导意见》(国发〔2021〕4 号),在推动能源体系绿色低碳转型中提出,开展二氧化碳捕集、利用和封存试验示范。2013 年 4 月,国家发展改革委印发了《国家发展改革委关于推动碳捕集、利用和封存试验示范的通知》,明确了近期推动 CCUS 的试验示范工作,积极开展 CCUS 工程应用。2013 年,科技部发布《"十二五"国家碳捕集、利用与封存科技发展专项规划》,开展了二氧化碳化工利用关键技术研发与示范、二氧化碳矿化利用技术研发与工程示范、燃煤电厂二氧化碳捕集、驱替煤层气利用与封存技术研究与试验示范等 CCUS 科技支撑计划项目。

根据国际能源署和联合国工业发展组织(2011)关于 CCUS 技术在工业领域应用的技术路径研究,预计中国到 2050 年可以实现较高的 CCUS 技术利用水平,可吸收 20%的工业二氧化碳排放量。国际能源署预测,21 世纪末要实现全球气温升幅控制在 2℃以内的目标,9%的碳减排需要依靠 CCUS;实现 1.5℃以内的目标,32%的碳减排任务需要依靠 CCUS。预计到 2050 年,CCUS 将贡献约 14%的二氧化碳减排量。

1. 碳捕集技术

碳捕集是对碳排放源排出的二氧化碳进行分离回收和利用,是减少碳排放量的有效控制方法。

碳捕集技术主要有燃烧后脱碳技术、燃烧前分离技术和富氧燃烧分离技术等。目前应用最多的碳捕集技术是燃烧后脱除技术,主要有吸收分离法、膜法、吸附分离法和低温蒸馏法等。

2. 碳运输技术

碳运输技术主要包括公路、铁路罐车运输,船舶运输及管道运输等方式。

二氧化碳的罐车运输技术已经成熟。罐车运输时,首先将二氧化碳液化,公路罐车运输的二氧化碳的压力和温度保持在 1.7MPa 和−30℃,公路罐车的容量最大为 30t,公路运输二氧化碳的成本约为 1.2 元/(t·km)。公路罐车运输适用于短途运输,具有灵活、适应性强和方便等优点。而铁路罐车适用于长距离二氧化碳运输,铁路输运二氧化碳的压力约为 2.6MPa,铁路罐车的容量最大可为 60t。

船舶运输是最为经济的二氧化碳运输方式,船舶运输包括装载、运输、卸载及返回港口等步骤,运输成本可低至 0.1 元/(t·km)。

管道运输是一种系统化的基础设施工程,具有连续、经济、环保等特点,是最为经济的陆地运输方式。因此,对于大批量的二氧化碳运输来说,管道运输是最合适的二氧化碳运输方式。

3. 碳封存技术

碳封存就是将二氧化碳进行储存和固定,也叫碳储存、碳清除。二氧化碳的封存方式主要有物理封存、化学封存和生物封存等。二氧化碳的物理封存主要包括海洋或深海存储和地质存储,其中地质封存主要是二氧化碳油气藏封存、深层咸水层封存、不可开采煤层封存等。化学封存主要指化学固定利用,即将二氧化碳作为碳源,转换成有用的化学物质,从而达到固定的目的。生物封存指生物固定利用,即依靠植物的光合作用或生物的自养作用。

4. 碳利用技术

关于 CCUS 技术，有些专家认为关注的焦点不是"封存"而是"再利用"，因此，有些文献称其为 CCU 技术。二氧化碳聚合存储和再利用，即 CCU 技术将碳进行物理化学性的转化，变换成替代燃料。目前，二氧化碳的应用主要有两个方面。一方面，碳成为化学制品的原料。二氧化碳是一种多用途分子，可以通过化学方法转化为多种产品，主要是发展完善合成高纯一氧化碳、饮料添加剂、焊接保护气、灭火器、合成可降解塑料、碳酸酯原料、聚酯纤维等，还可用于烟丝膨化、化肥生产、食品保鲜和储存、改善盐碱水质、培养海藻、油田封碳驱油等。另一方面，将碳转换为建筑材料。碳纤维的含碳量高达 92%，虽然比铁轻，但更结实，还有很高的耐腐蚀性、导电性、耐热性。碳产品的这些特性可应用于汽车、建筑、飞机、家电等多个领域，如用来制造"绿色水泥"等。

二氧化碳还是广泛应用的工业潜在原料，包括燃料、化学品、建筑材料以及聚合物等。碳利用的主要新兴领域：二氧化碳衍生燃料、二氧化碳衍生化学品、二氧化碳衍生建筑材料，以及利用二氧化碳提高生物制品的产量。

如德国科思创公司研发出一种能让二氧化碳参与化合的特殊催化剂，能用二氧化碳做出新塑料"Cardyon"，生产过程不仅无碳排放，甚至还能做到"负碳排放"。

5. CCUS 技术的应用

对于港口应用来说，碳捕集、利用和封存主要有两处应用，一个是在电厂的发电侧进行碳捕集和封存，另一个是在港口区域的碳排放出来后进行捕集和封存。

碳捕集、利用和封存技术已经得到全球的重视，许多国家都启动了研发和示范项目，由于还处于技术的发展初期，因此投资和运行成本较高，碳捕集、利用和封存技术应用情况见表 11-1。

表 11-1　碳捕集、利用和封存技术应用情况

技术环节	相应技术	技术发展阶段
碳捕集技术	燃烧后脱碳技术	特定条件下经济可行
	燃烧前脱碳技术	特定条件下经济可行
	富氧燃烧技术	示范阶段
	工业分离技术	成熟的市场
碳运输技术	罐车	成熟的市场
	管道	成熟的市场
	船舶	特定条件下经济可行
地质封存	气田或油田封存	特定条件下经济可行
	咸水层封存	特定条件下经济可行
	强压煤床甲烷回收	示范阶段
海洋封存	分解型直接注入	研究阶段
	湖泊型直接注入	研究阶段
二氧化碳的工业应用		成熟的市场

全球气候变暖问题加剧,CCUS 技术被看作最具发展前景的解决方案之一。然而,目前这一技术的最大困境在于成本太高。将化石能源产生的二氧化碳进行燃烧后捕集的成本约 40 美元/t。预计到 2030 年,中国全流程 CCUS(按 250km 运输计)的技术成本为 310～770 元/t,到 2060 年,将逐步降至 140～410 元/t。

典型的工程应用主要有:

(1) 华能上海石洞口第二电厂碳捕集项目是在其二期新建的两台 66 万 kW 的超超临界机组上安装碳捕集装置,该装置总投资约 1 亿元,由西安热工研究院设计制造,处理烟气量为 $66\,000\mathrm{Nm^3/h}$,约占单台机组额定工况总烟气量的 4%,设计年运行时间为 8000h,年生产食品级二氧化碳 10 万 t。该项目已于 2009 年 12 月 30 日投入运营。

(2) 中电投重庆合川双槐电厂是在一期两台 30 万 kW 的机组上建造碳捕集装置,总投资约 1235 亿元,由中电投远达环保工程有限公司自主研发设计,年处理烟气量为 5000 万 $\mathrm{Nm^3}$,年生产工业级二氧化碳 1 万 t。该碳捕集项目已于 2010 年 1 月 20 日投入运营。2012 年 8 月,中国首个二氧化碳封存至地下咸水层的全流程示范工程建成投产一年多,累计封存二氧化碳超 4 万 t,取得了碳捕集与封存技术领域的突破性进展。这个由中国煤炭企业神华集团实施的 10 万 t/a 示范项目,是中国百万吨级煤直接液化示范项目的环保配套工程。

(3) 2021 年 1 月,美国西方石油公司(U. S. Occidental)的一个子公司宣称,该公司交付了世界上第一批碳中和石油,即整个原油生命周期(从原油开采到终端产品燃烧过程中)所产生的排放已经被消化。它通过工业规模的直接空气捕集(DAC)设施和地质封存,最终通过捕集和封存大气中的二氧化碳来生产这种产品。

(4) 鹿特丹港管理局和相关方正在共同研究在鹿特丹港区建立一个收集和运输二氧化碳的基础设施设备,并将其储存在北海海底的(空的)气田中,以储存方式将二氧化碳封存起来。

11.3　碳减排市场机制

11.3.1　碳减排市场机制比较

实现"双碳"目标的重要内容是实施碳减排政策及其路径选择,而作为在世界范围内影响较大的重要调控机制与政策手段的碳交易和碳税,从一些国家的实施经验来看,是降低二氧化碳的两种比较有效的减排方式,这两种方式在减排作用上并不是对立的,而是互为补充的。碳交易和碳税的优缺点对比见表 11-2。

表 11-2　碳交易和碳税的优缺点比较

项　　目	碳　交　易	碳　　税
优点	1. 直接指向碳排放量,减排效果明确; 2. 政策出台程序相对简单、灵活; 3. 能够吸引银行、基金、企业等参与,资源配置效率高; 4. 碳价格的界定有较高的不确定性	1. 相对简单,管理、运行成本较低; 2. 更高的稳定性,具有固定性和法律性; 3. 更有利于优化企业节能减排; 4. 增加政府收入,用于投资开发新减排技术,以及为企业应用新技术提供补贴

续表

项　目	碳　交　易	碳　税
缺点	1. 人为设计,政府控制市场; 2. 监管成本更高; 3. 潜在的金融风险	1. 税种的出台、调整都有严格的程序,灵活性和灵敏性较差; 2. 通过价格影响碳排放量,效果存在不确定性; 3. 对碳排放量的影响存在不确定性; 4. 缺乏超国家的征税部门,不能解决全球碳减排问题; 5. 引起实施国产业外流风险
实施的国家	自欧盟于 2005 年运行全球首个碳排放权交易市场以来,碳交易在全球的实施版图不断扩大,如欧盟 27 个成员国和冰岛、列支敦士登、挪威。截至 2020 年,全球已运行碳交易体系的国家超过 30 个	截至 2020 年 6 月,已有超过 30 个国家和地区实施碳税政策,如瑞典、芬兰、荷兰、英国、挪威、法国等

从国际经验来看,芬兰、英国、法国等国在碳税制度和碳交易制度的配合方面已有一定的实践,中国可以适度借鉴。在政策适用主体方面,可以借鉴法国经验,将碳交易应用于大的排放主体,碳税应用于小的排放主体,在覆盖范围上形成互补,形成有效的协同机制。在价格方面,可以借鉴英国经验,制定最低碳交易价格。

11.3.2　碳税

碳税是针对一个国家内部的碳排放行为征收的税种,主要目的是通过征税的方式降低二氧化碳排放,在降低二氧化碳的同时还可以同时降低其他污染物。截至 2020 年 6 月,已有超过 30 个国家或地区实施了碳税政策,碳税是遏制气候变化最有效、最为简单的方式。对于发展中国家而言,碳税可以用于应对碳关税。世界贸易组织(World Trade Organization,WTO)协议规定不得进行双重征税。因此,发达国家无法对施行碳税的国家开征碳关税。有研究表明,降低温室气体排放最有效和最节约成本的方式是在国家经济中形成碳排放价格,使得能够在减排成本最低的环节实现减排。如果没有这样的价格机制,期望社会重视减排工作是不现实的。如果将二氧化碳的价格设在 50 美元/t 左右,则可大幅提高低碳技术的应用。设定碳排放价格有助于提高能效,并通过新技术和新能源渠道促进能源结构的多样化,从而提高能源安全。

11.3.3　碳关税

碳关税指主权国家或地区对高耗能产品进口征收的二氧化碳排放特别关税,主要是发达国家采取单边减排措施,可能导致高碳产业的跨国转移。碳关税主要针对在没有执行国际二氧化碳排放协议的国家生产的产品,发达国家在执行碳排放交易机制后,担心其所生产的商品将遭受不公平的竞争,这些产品主要是发达国家从发展中国家进口的排放密集型产品,如铝、钢铁、水泥和化工产品等。发展中国家明确反对碳关税。2021 年 7 月,欧盟委员会宣布,将于 2026 年实施“碳边境税”征收计划,旨在对进口的钢、水泥、化肥及铝等碳密集型产品征税,以保护欧洲企业不会因采用更高环保标准而处于竞争劣势。相关征税方案将与世界贸易组织的贸易规则兼容,如相关产品在原产地国已被征收碳税,那么进口商可以申请碳税减免。同时,欧盟还要求2035年以后,欧盟境内销售的汽车全部为零排放。

11.4 碳排放权交易

11.4.1 碳交易的定义及分类

碳排放权指分配给重点排放单位的规定时期内的碳排放额度。碳排放权交易(简称碳交易)是为促进全球减少二氧化碳等温室气体排放所采用的市场机制。碳交易也称为总量管制和交易,是以较低成本实现特定减排目标的较为重要的政策工具。根据专家对实施碳交易效果的推算,碳交易机制能够明显提升能源效率。

联合国政府间气候变化专门委员会于1992年5月9日通过《联合国气候变化框架公约》,1997年12月,在日本京都通过了该公约的第一个附加协议,即《京都议定书》,该议定书把市场机制作为解决二氧化碳等温室气体减排问题的新路径,即把二氧化碳排放权作为一种商品,从而形成了碳排放权交易,简称碳交易。《京都议定书》是最早提出碳交易的文件。欧盟和美国碳市场的实践已经表明,碳交易是低成本减少碳排放的最有效措施之一。

碳交易分类和框架图见图11-2。碳排放交易主要分为总量控制碳配额交易和项目减排量交易两种,其中总量控制碳配额交易是碳交易市场框架下的重点排放单位与出售碳配额的单位之间发生的交易;项目减排量交易是指重点排放单位与出售核证自愿减排量、自愿减排量等额度的单位之间发生的交易。

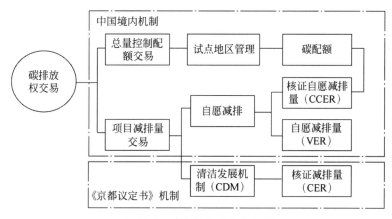

图11-2 碳交易分类和框架图

目前,碳交易仅限于国家或区域范围,全球没有碳交易机制,也没有全球的"碳市场",全球间的碳交易,有一种情况是清洁发展机制,主要指发达国家为了满足碳排放的指标要求,向没有指标要求的发展中国家通过减排项目的形式购买碳排放权。具体分析见11.4.3节。

全球的碳排放权问题应该采用碳减排责任分担机制。如何体现不同国家/地区和不同发展阶段在排放权益方面的公平性,是排放权分配原则的根本问题。碳排放权应充分考虑历史排放和人均排放问题。由于发达国家发展较早,已经排放了大量的二氧化碳,而发展中国家起步较晚,还处于不断发展中,因此大部分产业均消耗大量二氧化碳。目前,国际社会的普遍共识是二氧化碳的减排责任应该是共同但有区别地承担。

11.4.2　碳资产

碳资产指在强制碳排放权交易机制或者自愿碳排放权交易机制下,产生的可直接或间接影响组织温室气体排放的配额排放权、减排信用额及相关活动。碳资产可分为配额碳资产、减排碳资产。碳配额属于配额碳资产,碳信用属于减排碳资产。碳资产的拥有者可以交易、出售碳资产,并获得一定收入。

1. 碳配额

碳排放配额指在碳排放权交易市场下,参与碳排放权交易的单位或个人依法取得,可用于交易和碳市场重点排放单位温室气体排放量抵扣的指标,简称碳配额。碳交易是在一定管辖区域和一定时限内,设定温室气体排放总量及各排放主体合法的排放权利,一定的排放权利对应相应的碳配额。碳配额像普通商品一样在市场上交易,一般 1 个单位的碳配额相当于 1t 二氧化碳当量。这里的管辖区域可以是全球、全国、全省等区域概念。

碳排放总量的控制方法一般有两种,分别是"自上而下"和"自下而上"。"自上而下"的碳排放总量控制方法是由上级确定碳配额总量,然后逐级确定下级单位的碳配额总量。步骤是先确定总的碳排放目标,并将排放指标分配到各省,各省再到各市,最后将碳排放量分配到企业。这种方式的优点是总量易于控制,缺点是主观性太强。"自下而上"的碳排放总量控制方法是先对重点排放企业进行核查,获得企业的排放水平,然后再根据需求划定覆盖行业及限制值,最后确定碳交易市场的碳配额总量。"自下而上"法一般适用于碳排放交易市场初期,而"自上而下"法适用于碳排放交易市场成熟后使用。

2. 碳信用

碳信用指温室气体减排项目按照有关技术标准和认定程序确认减排量化效果后,由政府部门签发或其授权机构签发的碳减排指标。碳信用可以是图 11-2 中的项目减排量交易,如中国核证自愿减排量(CCER)、自愿减排量(VER)、清洁发展机制下的核证减排量(CER)等,一般一个单位的碳信用相当于 1t 二氧化碳当量。

3. 碳配额和碳信用的区别

1) 定义和对象不同

碳配额即碳排放权是政府通过有偿或无偿方式(现阶段,中国是无偿方式),分配给重点排放企业的指标。重点排放企业有多少碳配额就可以排放多少二氧化碳。在碳配额清缴时,重点排放企业对过去一年的排放量经过第三方机构核查后,如果实际排放量大于碳配额,则需要在市场上购买实际排放量与分配的碳配额差额对应的碳配额,否则就会受到处罚。而如果重点排放企业的实际排放量小于分配的碳配额,其中少排放的相应碳配额可以在碳交易市场上出售。

碳信用是政府或指定机构确认的非重点排放企业的减排量,主要以减排项目的形式进行注册和减排量的签发。非重点排放企业采取了一项新技术,通过与基准比较,核定减少了多少排放量,这部分就是碳信用。因此,碳信用是减排量,是相对值,而碳配额是排放量,是绝对值。

在碳排放交易过程中,当重点排放企业的碳配额不够时,一方面可以购买其他重点排放企业多余的碳配额;另一方面也可以购买非重点排放企业的碳信用,即非重点排放企业的减排量。在各个碳排放交易体系中对购买碳信用的额度进行限制,如最新的《碳排放权交易管理办法(试行)》中规定,重点排放单位每年可以使用国家核证自愿减排量抵消碳排放配额的清缴,抵消比例不得超过应清缴碳排放配额的 5%。用于抵消的国家核证自愿减排量(碳信用),不得来自纳入全国碳排放权交易市场配额管理的减排项目。

2) 交易范围不同

碳配额只能在特定的区域内进行交易,如中国的碳配额只能在规定的范围内进行交易,欧盟的碳配额只能在欧盟范围内交易。而碳信用是可以跨区域的,如清洁发展机制下的核证减排量(CER)可以跨区域进行交易,西方国家曾经购买中国企业的核证减排量。

11.4.3　中国的碳交易情况

中国为了实现碳排放的目标建立了碳交易市场。2011—2019 年是各省区域内的碳交易市场试点。2011 年开始在北京、天津、上海、重庆、湖北、广东和深圳等地开始碳交易市场试点。2013 年,深圳碳交易市场正式启动,作为第一个碳试点城市,拉开了中国城市碳交易市场的帷幕。2017 年 12 月,《全国碳排放权交易市场建设方案(发电行业)》发布,标志着全国碳交易市场正式启动,2017 年是中国碳交易发展的元年。

2021 年 2 月,生态环境部开始实施《碳排放权交易管理办法(试行)》,建立了全国范围的碳交易市场的政策基础。该办法规定了违约责任,重点排放单位虚报、瞒报温室气体排放报告,或者拒绝履行温室气体排放报告义务的,由其生产经营场所所在地设区的市级以上地方生态环境主管部门责令限期改正,处 1 万元以上 3 万元以下的罚款。由于该办法属于部门规章,处罚的力度较小,因此,2021 年 3 月,生态环境部发布了《碳排放权交易管理暂行条例(草案修改稿)》,公开征求意见,该暂行条例属于法律,处罚力度明显加大,对重点排污单位的罪责处罚为 5 万~20 万元,对违规清缴罪责的罚款为 10 万~50 万元,对违规交易的追责为 100 万~1000 万元。可以预见,该条例的发布和实施将有力保障碳交易的有效施行。《碳排放权交易管理暂行条例》已经列入 2021 年国务院立法计划,2021 年 5 月,《国务院办公厅关于印发国务院 2021 年度立法工作计划的通知》(国办发〔2021〕21 号)提出,为推动生态文明建设实现新进步,提请全国人大常委会制定《碳排放权交易管理暂行条例》等,另外《能源法》草案预备提请全国人大常委会审议。

2021 年 7 月 16 日,中国碳排放权交易市场上线交易启动仪式以视频连线形式举行,中国碳市场第一个履约周期为 2021 年全年,纳入发电行业重点排放单位 2162 家(主要集中在山东、江苏、内蒙古等中东部省份,涵盖了发展火电、水电、风电、太阳能等项目的发电企业),覆盖约 45 亿 t 二氧化碳排放量(占中国二氧化碳排放量的近 50%),是全球覆盖温室气体排放量规模最大的碳市场。预计在发电行业碳市场健康运行后,将进一步扩大碳市场覆盖行业范围。2021 年 7 月 16 日,首笔全国碳交易撮合成功,价格为 52.78 元/t,共成交 16 万 t,交易额为 790 万元。

截至 2020 年 12 月,8 个试点省市碳排放市场配额累计成交量约为 4.45 亿 t 二氧化碳当量,成交额为 104 亿元。随着市场的完善、覆盖范围的增加,交易将越来越活跃,至 2030 年,全国碳交易市场的交易规模或将达到 1000 亿元以上。业内预计,长期来看,中国碳资产交易市场规模或将达到 2 万亿～3 万亿元。

1. 总量控制碳配额交易

2014 年,国家发展改革委发布《碳排放权交易管理暂行办法》(国家发展改革委令 2014 年第 17 号),它是一段时期内各级政府执行碳交易的依据。2018 年 4 月起,气候变化的管理部门由国家发展改革委改为生态环境部,碳交易的主管部门由国家发展改革委变为生态环境部。2020 年 12 月,生态环境部发布《碳排放权交易管理办法(试行)》。根据新的办法,温室气体排放单位符合下列条件的,应当列入温室气体重点排放单位(以下简称重点排放单位)名录:①属于全国碳排放权交易市场覆盖行业;②年度温室气体排放量达到 2.6 万 t 二氧化碳当量。重点排放单位应当控制温室气体排放,报告碳排放数据,清缴碳排放配额,公开交易及相关活动信息,并接受生态环境主管部门的监督管理。纳入全国碳排放权交易市场的重点排放单位,不再参与地方碳排放权交易试点市场。

碳交易覆盖的行业包括发电、石化、化工、建材、钢铁、有色金属、造纸和国内民用航空等 8 个行业,均为碳排放占比较大的行业。另外,在碳交易市场试行执行过程中,部分省市还纳入了特色行业,如深圳市、上海市等省市在交通运输部门执行了碳排放交易。

生态环境部根据国家温室气体排放控制要求,综合考虑经济增长、产业结构调整、能源结构优化、大气污染物排放协同控制等因素,制定碳配额总量确定与分配方案。省级生态环境主管部门应当根据生态环境部制定的碳配额总量确定与分配方案,向本行政区域内的重点排放单位分配规定年度的碳配额。

碳排放权的初始分配方法包括免费分配、有偿分配及混合分配 3 种方式。目前,中国碳配额分配以免费分配为主,可以根据国家有关要求适时引入有偿分配。重点排放单位每年可以使用国家核证自愿减排量抵消碳配额的清缴,抵消比例不得超过应清缴碳配额的 5%。其中国家核证自愿减排量指对国家境内可再生能源、林业碳汇、甲烷利用等项目的温室气体减排效果进行量化核证,并在国家温室气体自愿减排交易注册登记系统中登记温室气体减排量。

碳配额清缴是重点排放单位按照核定的年度实际碳排放量,通过登记系统上缴足额的配额进行履约。企业必须在规定时间内向主管部门提交与审定的年度碳排放量相当的配额,以履行清缴义务。企业实际排放量大于所分配配额数量的,必须在碳排放权交易中心购买缺额,履行清缴。

根据生态环境部最新发布的《碳排放权交易管理办法(试行)》,全国碳排放权交易市场的交易产品为碳配额,碳排放权交易应当通过全国碳排放权交易系统进行,可以采取协议转让、单向竞价或者其他符合规定的方式。

碳配额交易方式通常发生在两个具有碳配额的企业之间,其通过交易允许以碳排放量的形式实现买卖过程。

例如:对于甲港口与乙港口来说,如果在 2020 年内,两港口的碳配额皆为 3 万 t,而在实际运营过程中,由于甲港口装卸技术存在不足或者是需要扩大生产规模,其需要排放 3.5 万 t,而乙港口在实际生产中由于采用了节能减排技术的原因,仅仅排放了 2.5 万 t。这时,甲港口为了保证自身的碳排放量符合相关要求且不受到处罚,便可通过交易的方式购买乙港口剩余的 0.5 万 t 碳配额,用来清缴碳配额,这样便保证了甲港口的碳排放量符合相关要求,以上过程便是碳交易。由于甲港口碳排放量超过碳配额,所以需要通过付出金钱的方式来购买其他企业的富余碳配额,以此来保证自身企业碳排放符合相关控排要求。

目前已经执行碳交易的省市运行情况如下。

1) 广东省

2017年,广东省确定纳入碳排放管理和交易范围的6个行业分别是电力、水泥、钢铁、石化、造纸和民航,控排企业为6个行业内年排放2万t二氧化碳(或年综合能源消费量1万t标准煤)及以上的企业,2017年度碳配额总量约为4.22亿t,其中,控排企业碳配额3.99亿t,储备碳配额0.23亿t。2017年度,企业碳配额分配主要采用基准线法、历史强度下降法和历史排放法。

2) 深圳市

深圳市管控单位为电力、燃气、供水企业等单一产品行业的,其年度目标碳强度和预分配碳配额应当结合企业所处行业基准碳排放强度和期望产量等因素确定;管控单位为其他工业行业企业的,其年度目标碳强度和预分配碳配额应当结合企业历史排放量、在其所处行业中的排放水平、未来减排承诺和行业内其他企业减排承诺等因素确定。管控单位的实际碳配额计算方法:①属于单一产品行业的,其实际碳配额等于本单位上一年度生产总量乘以上一年度目标碳强度;②属于其他工业行业的,其实际碳配额等于本单位上一年度实际工业增加值乘以上一年度目标碳强度。《深圳市生态环境局关于做好2019年度碳排放权交易相关工作的通知》提出,2019年度,碳排放权交易管控范围的单位共计721家,其中港口企业有盐田国际集装箱码头有限公司、赤湾集装箱码头有限公司、蛇口集装箱码头有限公司、深圳妈湾电力有限公司、深圳大铲湾现代港口发展有限公司等。

3) 上海市

根据《上海市纳入碳排放配额管理单位名单(2020版)》及《上海市2020年碳排放配额分配方案》,上海市生态环境局确定上海市2020年度碳排放交易体系碳配额总量为1.05亿t。2021年1月发布了纳入碳配额的管理名单,有314家纳入管理名单,包括工业、建筑、交通等部门,有关港口企业有:上海国际港务(集团)股份有限公司、上海冠东国际集装箱码头有限公司、上海沪东集装箱码头有限公司、上海盛东国际集装箱码头有限公司、上海明东集装箱码头有限公司、上海浦东国际集装箱码头有限公司。航运企业包括中远海运能源运输股份有限公司、上海时代航运有限公司、中外运集装箱运输有限公司、中波轮船股份公司、上海北海船务股份有限公司、上海振华船运有限公司、上海海华轮船有限公司、上海锦江航运(集团)有限公司、上海中谷物流股份有限公司、上海国电海运有限公司、上海安盛汽车船务有限公司等。

上海市航空港口及水运企业采用历史强度法计算碳配额。根据企业历史碳排放强度基数和年度业务量,确定企业年度基础碳配额。计算公式为:

$$企业年度基础碳配额 = 历史强度基数 \times 年度业务量$$

历史强度基数取企业2017—2019年单位业务量碳排放的加权平均值。

年度业务量为经第三方核查机构核查且经有关部门审定确认的企业2020年度业务量数据。

上海市规定纳管企业可使用符合要求的国家核证自愿减排量(CCER)进行碳配额清缴,每吨CCER相当于1t碳配额。CCER所属的自愿减排项目应是非水电类项目,且其所有核证减排量均应产生于2013年1月1日后。CCER的使用比例不得超过企业经市生态环境局审定的 2020 年度碳排放量的 3%。

在企业碳配额分配的两个方法中,与基准线法相比,历史排放法的计算相对简单且易于操作,仅需要了解企业历史碳排放数据就可以计算出企业碳配额。但也存在问题:一是历史排放法根据历史数据进行分配,这样做的结果是导致历史排放较高的企业将获得较高的碳配额,而对于那些较早采取减碳措施的企业不公平,这些企业尽早采取了减碳措施,但获得碳配额少;二是长期来看,基准线法的基准期数据可能没有考虑企业的近期经济发展状况。

2. 项目减排量交易

项目减排量交易可以分为清洁发展机制和自愿减排交易。项目减排量交易可以作为碳信用进行碳排放量的抵消。

1)清洁发展机制

2011 年,国家发展改革委、科技部、外交部和财政部联合发布《清洁发展机制项目运行管理办法》,明确清洁发展机制是发达国家缔约方为实现其温室气体减排义务与发展中国家缔约方进行项目合作的机制,通过项目合作,促进公约最终目标的实现,并协助发展中国家缔约方实现可持续发展,协助发达国家缔约方实现其量化限制和减少温室气体排放的承诺。

清洁发展机制(CDM)在碳排放权交易层面主要体现为核证减排量(CER)的转让,即从《京都议定书》附件一以外的国家转让至《京都议定书》附件一所列减排义务的国家。在中国,由国家发展改革委(原来是清洁发展机制的中国境内实施机构)审核批准的清洁发展机制项目产生相应的 CER,并由项目公司将该 CER 通过协议转让或自愿取消的方式转让至相关的负有减排义务国家的买方。如 2007 年湖北启动 CDM 开发合作项目,合作的 15 家企业包括武钢水电开发有限公司、宜昌长丰水电开发有限公司、五峰南河水电开发有限公司等,19 个项目涉及工业节能降耗、可再生能源开发、燃料替代等领域。其中,武钢 4 个项目实现每年 250 多万 t 的二氧化碳减排量,被意大利国家电力公司购得,年获利达 2 亿元。据介绍,发达国家在国内每减少一吨二氧化碳排放量,成本可能在 100 美元以上,而购买发展中国家的减排指标,每吨只需要 10 美元左右。

2)自愿减排交易

按照国家发展改革委 2012 年 6 月发布的《温室气体自愿减排交易管理暂行办法》(发改气候〔2012〕1668 号),"国家自愿减排项目"需经主管部门核证其减排效果,并在"国家自愿减排交易登记系统"备案后,方可获得与减排效果相当数量的国家核证自愿减排量(CCER)。

碳市场引入 CCER 的主要作用在于鼓励碳市场覆盖范围之外的企业进行节能减排,从而延伸碳市场的作用。这一做法来源于清洁发展机制,鼓励发展中经济体自愿减排,实现的减排量在经核证后(经核证的减排量称为 CER)可以向发达经济体的碳市场出售获利。

自愿减排量交易主要针对的企业类型是具有强制性节能减排目标的企业,以及没有节能减排目标但能够产生核证减排量的企业。例如,丙港口在 2019 年的碳配额为 3 万 t,但是现在其需要拓展生产规模,预计碳排放数量为 3.5 万 t,其拥有两种方式获得 0.5 万 t 的额度,第一就是通过碳配额交易购买其他项目余量,第二就是通过其他具有节能减排效应的自愿减排项目取得允许购买额度(如应清缴碳配额的 5%)的减排量,剩余的应清缴碳配额也应从碳交易市场购买。

通过碳交易市场或绿色电力交易市场来购买碳配额,一方面可以满足企业自身碳配额的要求;另一方面可用于企业碳抵消,抵消后企业可以实现零碳排放。通过可再生能源绿色电力证书(以下简称"绿证")采购或者国家核证自愿减排量(CCER)采购的方式,间接地实现企业的"碳中和"承诺。

2017年5月,深圳能源集团旗下妈湾电力有限公司以持有的深圳市碳配额,与深圳中碳事业新能源环境科技有限公司持有的自愿减排量(CCER)以现金加现货的方式,在深圳排放权交易所完成置换,所置换的CCER规模为68万t,一举创下国内单笔碳配额置换交易量纪录。

11.4.4　碳交易的价格情况

2020年,试点碳市场受新冠疫情等因素影响,成交量相比2019年有所降低,但平均成交价格大幅升高,达到27.48元/t,相比2019年的22.30元/t上涨23%。截至2021年4月29日,中国碳试点的碳价在5.53~42.02元/t,平均价格20元左右,其中深圳的碳市场碳价最低,为6.44元/t,北京最高,为47.6元/t。截至2020年12月,8个试点省市的碳排放市场配额累计成交量约为4.45亿t二氧化碳当量,成交额为104亿元,平均价格为23.3元/t。

作为全球首个且正在运行的最大碳排放交易市场,2015年启动的欧盟碳排放交易系统(EU ETS)被认为是欧盟气候变化政策的一个基石。2021年5月,欧盟碳排放交易系统的二氧化碳价格突破50欧元/t,创下欧盟碳市场创立以来的最高价格。2021年1月,欧盟碳排放交易系统的碳价还是33欧元/t,刚刚进入5月即突破50欧元/t,意味着仅仅5个月,欧盟碳价的涨幅逾50%。这说明,随着各国碳中和政策的发布和推进,欧盟的碳交易市场表现出强劲势头。

韩国是全球碳排放交易量第二的国家,其碳排放交易市场于2015年1月启动。2020年,韩国碳排放交易量为2095.4万t,是2015年的16倍。

碳交易价格将会对产业和市场产生影响。一方面,碳交易价格的上升会直接导致钢材、水泥、电力等的生产成本上升,从而导致钢材、水泥、上网电价的上升,并导致居民生活的出行用油成本、日常生活的用电成本上升。另一方面,碳交易价格的上升将推动低碳发展,碳成本上升促进企业进行低碳投资,可再生能源及CCUS使用将实现经济效益商业可行,可再生能源及储能技术使用为企业创造更多的净利润。

11.5　碳抵消

碳抵消指排放单位用核算边界以外的投资项目所产生的温室气体排放的减少量、生态碳汇、碳信用、碳配额等碳汇量的形式来补偿或抵消排放单位边界内的温室气体排放量的过程。生态环境部发布的《碳排放权交易管理办法(试行)》提出,重点排放单位每年可以使用国家核证自愿减排量抵消碳排放配额的清缴,抵消比例不得超过应清缴碳排放配额的5%。用于抵消的国家核证自愿减排量不得来自纳入全国碳排放权交易市场配额管理的减排项目。

碳抵消是港口实现碳中和的重要路径。在使用绿色电力、能源结构调整、节能降碳措施等过程控制技术后,港口企业还有一定的碳排放量,可以通过港口核算边界外碳抵消的方式补偿核算边界范围内还有的碳排放量,实现港口核算边界内的碳中和。

参考文献

[1] 李海波.靠港船舶使用岸电和低硫油效益分析[J].水运科技,2019(8).

[2] 李海波,李睿瑜,贾远明.船舶靠港使用岸电技术及应用[M].武汉:武汉理工大学出版社,2019.

[3] 李海波.港口节能与能效评价技术[M].武汉:武汉理工大学出版社,2021.

[4] 李海波.集装箱正面吊的节能减排技术应用[J].集装箱化,2014(6):20-22.

[5] 李海波.港口机械能耗检测和评价方法的探讨[J].港口装卸,2014(8):46-49.

[6] 李海波.港口流动设备能效评价现状和趋势分析[J].中国水运,2018(10):115-119.

[7] 李海波.节能减排技术在港口集装箱牵引车上的应用[J].港口装卸,2012(1):6-8.

[8] 李海波,贾志平,姚立柱.港口燃油动力设备节能减排技术[J].水运工程,2010(12):79-83.

[9] 李雯,孙晓伟,李海波.中国船舶碳排放监管现状及监管体系构建研究[J].中国水运,2021(3):122-125.

[10] 彭传圣.港口碳排放核算方法:以新加坡裕廊港 2010 年碳足迹报告为例[J].港口经济,2012,7:5-9.

[11] 彭传圣.港口生产能耗和排放计算问题研究[J].港口装卸,2011(6):25-30.

[12] 李海波,马文杰,任良成.应用自动导引车的港口物流系统的分析与比较[J].水运科学研究,2010(2):23-27.

[13] 李海波.集装箱自动导引车系统的应用技术特性分析[J].港口装卸,2010(3):15-18.

[14] 李海波,陈荣敏.我国集装箱自动导引车关键技术研发成果[J].集装箱化,2011(11):25-27.

[15] 冯玥,李海波.水路、公路和铁路运输方式的优势比较[J].水运管理,2020(4):1-2.

[16] 任川,李海波.集装箱码头堆场设备供电方案对比分析[J].中国水运,2019(11):107-108.

[17] 孙晓伟,李海波.港口设备能效等级认证方法和路径[J].中国水运,2019(11):105-106.

[18] 任川,李海波.运输车辆移动供电技术应用及展望[J].中国水运,2018(12):104-105.

[19] 李海波.集装箱门式起重机轻量化技术研究及应用[J].港口装卸,2014(5):1-3.

[20] 李海波,刘晋川,梁熠.空箱堆场起重装卸设备选型探讨[J].水运工程,2010(2):125-128.

[21] 彭传圣,朱建华,陈俊峰.夯实法律基础推动靠港船舶使用岸电.中国水运报,2021,4.

[22] 王志轩.碳中和目标下中国电力转型战略思考.[EB/OL].(2020-12-12)[2021-09-06].http://www.tanpaifang.com/tanzhonghe/2020/1212/75804_5.html.

[23] 瑞银全球研究.从 100 亿吨到 0:中国如何实现碳中和目标?[EB/OL].(2021-01-26)[2021-09-06].http://www.solarpwr.cn/bencandy.php?fid=61&id=54947.

[24] 美国西方石油公司.美国西方石油公司首批推出碳中和石油[EB/OL].https://www.xianjichina.com/news/details_251235.html,2021-02-03/2022-10-07.

[25] Maclin Vasanth,Carbon Footprinting of Container Terminal Ports in Mumbai,June 2012,Conference:International Conference on Impact of climate change on Food,Energy and Environment,https://www.researchgate.net/publication/269702576_Carbon_Footprinting_of_Container_Terminal_Ports_in_Mumbai.

[26] 中国水运网综合报道.航运业碳中和"提档加速".[EB/OL].(2021-02-19)[2021-09-06].http://www.zgsyb.com/news.html?aid=582165.

[27] Sim J. A carbon emission evaluation model for a container terminal[J]. Journal of Cleaner Production,2018,526-533.

[28] Yun P,Xianda L I,Wen yuan W,et al. A simulation-based research on carbon emission mitigation strategies for green container terminals[J]. Ocean Engineering,2018,163:288-298.

[29] Yang Y C. perating strategies of CO_2 reduction for a container terminal based on carbon footprint perspective[J]. Journal of Cleaner Production,2017,141:472-480.

[30] 方舟,李倩雯.推动宁波舟山港集装箱内河集疏运体系建设[J].浙江经济,2019(17).

[31]　王志美.重点温室气体排放在线直测系统的建设[J].中国计量,2020(7)：31-32.

[32]　马虹.智慧能源及碳排放监测管理云平台系统方案研究与应用[J].计算机测量与控制,2020,28(4)：28-31.

[33]　孙天晴,刘克,杨泽慧,等.国外碳排放 MRV 体系分析及对我国的借鉴研究[J].中国人口环境与资源,2016(5)：17-21.

[34]　方仁桂.福建省推行碳排放数据在线监测工作的思考[J].质量技术监督研究,2017(4)：45-48.

[35]　骆仲泱,方梦祥.二氧化碳捕集封存和利用技术[M].北京：中国电力出版社,2012.

[36]　严秉忠,夏婷.从实现碳中和角度浅谈中国电力发展[EB/OL].https://www. in-en. com/finance/html/energy-2245512. shtml,2021-01-20/2022-10-06.

[37]　邵鑫潇,张潇,蒋惠琴.中国碳排放交易体系行业覆盖范围研究[J].资源开发与市场,2017,33(10)：1197-1200.

[38]　吴金娜,李擘.青岛港自动化集装箱码头经济效果分析[J].港工技术,2019(6)：89-91.

[39]　Zhu Liu, Philippe Ciais, Zhu Deng. Carbon Monitor, a near-real-time daily dataset of global CO_2 emission from fossil fuel and cement production. Scientific Datavolume 7, Articlenumber：392(2020).

[40]　韩文科,康艳兵,刘强.中国 2020 年温室气体控制目标的实现路径与对策[M].北京：中国发展出版社,2012.

[41]　国家发展改革委应对气候变化司.中华人民共和国气候变化第一次两年更新报告[R].2016.

[42]　生态环境部.中华人民共和国气候变化第二次两年更新报告[R].2018.

[43]　国家发展改革委应对气候变化司. 中华人民共和国气候变化第二次国家信息通报[R].2016.

[44]　生态环境部.中华人民共和国气候变化第三次国家信息通报[R].2018.

[45]　国家统计局能源统计司.中国能源统计年鉴 2019.北京：中国统计出版社,2020.

[46]　陶德馨,严云福.工程机械手册·港口机械[M].北京：清华大学出版社,2017.

[47]　肖向东.集装箱码头装卸设备的新发展[J].起重运输机械,2004(4)：10-11.

[48]　李海波,饶京川,刘晋川.节能减排技术在新型轮胎式集装箱门式起重机上的应用[J].交通与计算机,2008(7)：20-22.

[49]　富茂华,张明海.岸边集装箱起重机综合节能技术的研究与应用[J].起重运输机械,2014(1)：86-89.

[50]　洪辉.关于岸边集装箱起重机节能降耗的探讨[J].港口科技,2008(8)：114-116.

[51]　hyperlooptt. HyperPort cargo solution[EB/OL]. https://www. hyperlooptt. com/projects/hyperport/,2022-10-06.

[52]　The Editorial Team. GoodFuels, Berge Bulk complete first bio-bunkering[EB/OL]. https://safety4sea. com/goodfuels-berge-bulk-complete-first-bio-bunkering/,2021-07-07/2022-10-06.

[53]　Li Haibo, Li Wen, Sun Xiaowei. Study on Port Energy Consumption Inventory and Monitoring. ICTIS2019 Liverpool. 2019. 7.

[54]　刘志平,翟俊杰,陶德馨.自动化集装箱码头中的 AGV 技术[J].物流技术,2006(7)：14-17.

[55]　郑见粹,李海波,谢文宁,等.自动化集装箱码头装卸工艺系统比较研究[J].水运科学研究,2011(2)：26-33.

[56]　邱惠清,卢凯良.国际自动化集装箱码头技术发展评述[C]//第八届物流工程学术年会论文集.2008.

[57]　田洪.中国首个集装箱全自动化堆场[J].港口装卸,2005(5)：69-71.

[58]　于汝民.现代集装箱码头经营管理[M].北京：人民交通出版社,2007.

[59]　赵彦虎.新型自动化集装箱码头装卸工艺系统研究[J].港口装卸,2009(3)：22-24.

[60]　赵镜涵.水平运输机械发展动态[J].集装箱运输,2010(4)：10-12.

[61]　张煜,王少梅.自动化集装箱码头中自动导引小车的交通策略研究[J].武汉理工大学学报：交通科

学与工程,2007,31(4):641-644.

[62] 容芷君,张煜.港口自动导引小车的优化调度研究[J].湖北工业大学学报,2005,20(3):106-108.

[63] 黄辉先,史忠科.城市单交叉路口交通流实时遗传算法优化控制[J].系统工程理论与实践,2001(3):102-106.

[64] 朱文兴,贾磊,杜晓通.单路口信号灯模糊-遗传算法优化配时研究[J].系统仿真学报,2004(6):1193-1197.

[65] 中交水运规划设计院编.现代集装箱港区规划设计与研究[M].北京:人民交通出版社,2006.

[66] 徐承军,陶德馨.AGV 在集装箱码头中的应用[J].中国水运,2008(12):24-26.

[67] 彭传圣.汉堡港的自动化集装箱码头[J].集装箱化,2005(2):21-23.

[68] 彭传圣.集装箱码头的自动化运转[J].港口装卸,2003,(2):1-6.

[69] 包起帆.集装箱自动化无人堆场[J].上海海事大学学报,2017,28(2):58-61.

[70] 成自强.日本名古屋港无人化集装箱码头的研究开发[J].中国港口,2006(9):25-26.

[71] 王伟,姚振强,包起帆.自动化堆场集装箱先进装卸工艺的探讨[J].机械设计与研究,2007(2):84-87.

[72] 樊跃进.港口集装箱 AGV 自动搬运技术可行性浅析[J].港口装卸,2006(3):6-8.

[73] 林浩,唐勤华.新型集装箱自动化码头装卸工艺方案探讨[J].水运工程,2011(1):159-163.

[74] 舟橋淳等.港湾の物流革新に貢献する自動化シミュレーション技術[J].三菱重工技報,2004(1):1-41.

[75] 星野智史等.自動コンテナターミナルにおける運用を考慮したAGV_搬送システムの設計.計測自動制御学会産業論文集,2005,1498/108:1-4.

[76] JFE エフジアリフワ株式会社.JFE-ACTS 自動化コンテナターミナル.

[77] H O GUENTHER, GRUNOW M, LEHMANN M. AGV Dispatching Strategies at Automated Seaport Container Terminals. International Symposium on Operations Research and Its Applications (ISORA'05),2005:48-64.

[78] Automated Seaport Container Terminals. International Symposium on OR and Its Applications 2005.

[79] CHENG Y L, SEN H C, NATARAJAN K, Hock-Chan Sen, Karthik Natarajan. Dispatching Automated Guided Vehicles in a Container Terminal. Perminal. Part of the Applied Optimization book series(APOP,volume 98).

[80] Tom Todd. ALTEWERDER AND DELTA COUNT COST OF AUTOMATION. Port Strategy[J], http://www. portstrategy. com/features101/port-operations/planning-and-design/automation/altenwerder_and_delta__cost_of_automation.

[81] 生态环境部.中华人民共和国气候变化第二次国家信息通报.[EB/OL].(2019-04-19)[2021-09-06].http://www. mee. gov. cn/ywgz/ydqhbh/wsqtkz/201904/P020190419524738708928. pdf.

[82] 杨瑞,郑见粹,谢文宁,等.集装箱自动化码头管控系统技术探讨[J].集装箱运输,2011(6):10-13.

[83] 何继红,林浩,姜桥.自动化集装箱码头装卸工艺设计研究[C]//水运工程创新技术交流会论文集.2015.

[84] 张德文.智慧绿色集装箱码头[M].北京:清华大学出版社,2020.

[85] 图解全国碳市场②|为了实现碳中和,中国加速"脱碳"中.https://www. thepaper. cn/newsDetail_forward_13249887.

[86] 傅志寰,孙永福,翁孟勇,等.交通强国战略研究[M].北京:人民交通出版社股份有限公司,2019.

[87] 段苏振.节能降耗技术在轮胎式集装箱门式起重机中的应用探讨[C]//第十四届全国电气自动化与电控系统学术年会.

[88] 世界可持续发展工商理事会,世界资源研究所.《温室气体议定书——企业核算与报告准则》(The Greenhouse Gas Protocol:A Corporate Accounting and Reporting Standard).